空间科学与技术研究丛书

空间太赫兹遥感技术

Space Terahertz Remote Sensing Technology

胡伟东 李雅德 吕昕 著

内容简介

本书共分为10章。首先，概述了空间太赫兹遥感技术的国内外发展状况；然后，从太赫兹遥感理论基础出发，阐述了太赫兹遥感的辐射计系统和指标、太赫兹天线及其影响因素、太赫兹接收机和定标技术、太赫兹遥感图像的数学模型和评价指标、太赫兹遥感图像分辨率增强和复原技术等；最后，阐述了其在安检领域的应用。

本书适用于电子信息工程专业大学高年级学生、研究生和遥感领域工程技术人员阅读，也可供大气遥感领域和安检成像领域的研究人员参考。

版权专有　侵权必究

图书在版编目（CIP）数据

空间太赫兹遥感技术/胡伟东，李雅德，吕昕著．
--北京：北京理工大学出版社，2021.3
ISBN 978-7-5682-9657-1

Ⅰ.①空… Ⅱ.①胡…②李…③吕… Ⅲ.①大气遥感 Ⅳ.①P407

中国版本图书馆 CIP 数据核字（2021）第 049871 号

出版发行 /	北京理工大学出版社有限责任公司
社　　址 /	北京市海淀区中关村南大街 5 号
邮　　编 /	100081
电　　话 /	（010）68914775（总编室）
	（010）82562903（教材售后服务热线）
	（010）68944723（其他图书服务热线）
网　　址 /	http://www.bitpress.com.cn
经　　销 /	全国各地新华书店
印　　刷 /	北京虎彩文化传播有限公司
开　　本 /	710 毫米×1000 毫米　1/16
印　　张 /	19.25
字　　数 /	338 千字
版　　次 /	2021 年 3 月第 1 版　2021 年 3 月第 1 次印刷
定　　价 /	120.00 元

责任编辑 / 曾　仙
文案编辑 / 曾　仙
责任校对 / 周瑞红
责任印制 / 李志强

图书出现印装质量问题，请拨打售后服务热线，本社负责调换

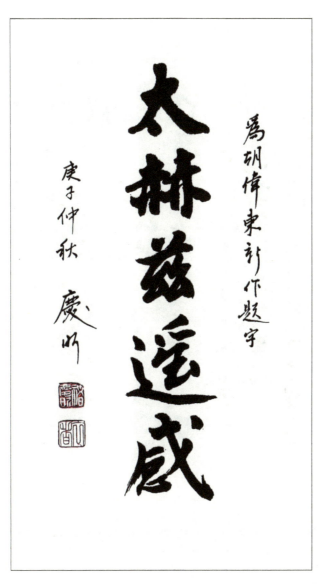

褚庆昕，华南理工大学电子与信息学院教授，博士生导师，IEEE Fellow 和中国电子学会会士。

丰佩东，CCTV 纪录片《百年巨匠——舒同》执行导演，书法家。

序

  太赫兹科学与技术的发展方兴未艾,并与多个学科交叉,展现出广阔的应用前景。空间科学、信息科学与大气科学的交叉融合可让我们更加了解人类生存的大气层及其变化规律。在卫星平台上利用太赫兹技术对大气进行遥感就是人类探索大气层的有效手段。NASA 和 ESA 最早在该领域取得了重要成果。我国的风云气象卫星应用毫米波太赫兹探测技术,可提供高精度的天气预报,正在为全球 93 个国家和地区以及国内 2 600 多家用户提供卫星资料和产品。

  空间太赫兹遥感技术可用来探测大气温度、湿度以及痕量气体的浓度和分布,并进行高分辨成像。高精度的太赫兹遥感仪器需求牵引着太赫兹集成电路、太赫兹大口径天线、太赫兹接收机和太赫兹成像算法的发展,美国 Aura 对地观测卫星太赫兹仪器探测频率为 118 GHz ~ 2.5 THz,欧洲航天局 Herschel 卫星太赫兹仪器频率覆盖 450 GHz ~ 5 THz,相关仪器设计、结构材料、加工工艺、测试定标和成像算法等都对研究者提出了挑战,新原理、新方法和新技术有待探索。我国风云四号气象卫星的探测频段位于 54 ~ 425 GHz,已经突破了多频段准光馈电网络、高灵敏接收机、宽频段毫米波太赫兹定标,以及太赫兹遥感成像等关键技术。

  北京理工大学毫米波与太赫兹技术北京市重点实验室胡伟东团队长期从事太赫兹技术研究,承担国家自然科学基金重大科研仪器项目等研究任务,在太赫兹自主芯片、太赫兹雷达、太赫兹大气探测与遥感等方面取得了一系列成果。该团队参与了风云四号气象卫星毫米波太赫兹探测仪的仿真设计,先后攻克了星载辐射计的大口径天线仿真、空间分辨率增强技术和太赫兹图像处理等

一系列关键技术，为风云卫星太赫兹遥感应用做出了积极贡献。

  本书是作者在该领域研究成果的总结和提炼，对于促进太赫兹技术在遥感领域的应用起到积极的推动作用。未来深空探测将成为科技的制高点，太赫兹遥感将是重要的手段之一。本书也可作为遥感领域的工程师和研究生的教材，提供新的参考。

  太赫兹遥感技术在人体安检领域的应用和产业化才刚刚开始，本书也将起到抛砖引玉的作用。

中国科学院院士　崔铁军

2021 年 3 月

前 言

太赫兹技术被誉为"改变未来世界的十大技术之一",是人类探索未知世界的有力工具。太赫兹遥感就是在一定的距离上感知物体辐射的太赫兹波能量,从而反演温度、湿度乃至成像。广义的空间是指地球之上的空间,包括地面、大气层、临近空间及外层太空,太赫兹技术是空间探测的利器。

2016 年 12 月 11 日,我国风云四号气象卫星发射成功,搭载了最高工作频率为 425 GHz 的太赫兹成像仪,这是我国第一次尝试在静止轨道(距离地球 36 000 km)上应用太赫兹技术。2018 年 3 月,美国发射立方星,搭载 883 GHz 的太赫兹冰云探测仪。相信在不久的将来,有更多太赫兹载荷出现。

近年来,人工智能在各国得到广泛重视,数字地球、智慧城市、智慧安全、智慧气象、智慧医疗等概念不断推广,而通过太赫兹遥感获取的大量的数据,可以用数据驱动的思想和超分辨卷积神经网络的方法进行处理,本书做了有益的探索和尝试,在被动微波遥感领域应用大数据和人工智能方法做出了开拓性工作。

太赫兹遥感技术已经被应用于大气探测、安检成像、医疗检查以及无损检测等领域,本书抛砖引玉,为太赫兹技术的应用提供一定的参考。太赫兹遥感成像在安检领域的产业化已经开始,其原理与空间探测基本相同,由于其"无辐射、无感知、无停留、无触摸"的特点,可用于机场、地铁、海关、医院等处检测人体隐匿违禁物品,已成为当前太赫兹技术的应用热点。

本书针对太赫兹遥感应用,系统地梳理了太赫兹遥感的理论、太赫兹反射面天线、太赫兹接收机、太赫兹遥感空间分辨率增强技术以及太赫兹人体安检应用,重点介绍了空间分辨率增强方法,可为系统设计提供重要依据。本书适用于高年级本科生、研究生和微波遥感领域的工程技术人员；对于人工智能和深度学习方法在微波遥感领域的应用，本书重点阐述了图像复原与分辨率匹配，因此也适合人工智能应用领域的工程技术人员参考。

本书共分为10章，第1、3、4、5、6、7、8、10章由胡伟东撰写，第2章由吕昕撰写，第9章由李雅德撰写。全书由胡伟东统稿。

风云卫星项目张志清总师、胡秀清总师、董瑶海总师和陈文强总指挥对本书的出版给予极大关注，在此谨致谢忱！感谢国家卫星气象中心陆风、徐娜、商建、安大伟、吴琼、王静、窦芳丽等同事和数值预报中心韩威研究员的合作和支持！感谢俄罗斯外籍院士、荷兰代尔夫特理工大学 Leo P. Ligthart 教授对全书章节结构及学术创新点的指导！感谢中国科学院国家空间科学中心董晓龙教授，中电集团首席科学家年夫顺先生，中国计量科学研究院崔孝海研究员，南京大学赵坤教授，北京师范大学闫广健教授，清华大学赵自然教授，北京航空航天大学苗俊刚教授，北京邮电大学俞俊生教授，首都师范大学张存林教授，上海航天技术研究院余世里研究员、徐红新研究员、谢振超研究员，中电集团电真空技术研究所冯进军研究员、蔡军研究员，航天恒星科技有限公司董涛研究员，中国空间技术研究院西安分院李浩研究员、崔万照研究员、朱忠博研究员的建议和支持！感谢北京理工大学校长张军院士的指导和支持！感谢北京理工大学盛新庆教授、孙厚军教授、薛正辉教授、王学田教授、何芒教授、李镇研究员、章传芳研究员提出的宝贵建议！感谢北京理工大学毫米波与太赫兹技术北京市重点实验室师生的共同努力，包括博士研究生陈实、刘阳、许志浩、司炜康、袁文泽、张凯旗、Waseem Shahzad、Abdul Samad、Vahid Rastinasad，硕士研究生孟祥新、张文龙、季金佳、王雯琦、王璐、张欣、孙健航、岳芬、刘芫嵝、任豪、赵云璋、邢柏阁、倪佳琪、张铱宸、韩钟德、赵鹏、周思远、蒋环宇、姚智宇、丰志妍、刘庆国、Hamid Raza。本书的相关研究得到了国家自然基金重大科研仪器项目（61527805）、国家自然科学基金创新研究群体（61421001）、国家自然科学基金重点项目（61731001）和教育部"111"引智项目（B14010）、北京理工大学研究生院的资助，在此表示衷心感谢。本书的出版得到了北京理工大学出版社的大力支持，特别是李炳泉、曾仙、宋肖等编辑做了大量工作，在此一并表示感谢。

限于作者水平，书中难免有疏漏之处，恳请读者批评指正。

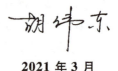

2021 年 3 月

目　录

第 1 章　绪论 ⋯⋯⋯⋯⋯⋯⋯⋯⋯⋯⋯⋯⋯⋯⋯⋯⋯⋯⋯⋯⋯⋯⋯⋯⋯⋯⋯⋯⋯⋯⋯ 001
 1.1　空间太赫兹遥感技术 ⋯⋯⋯⋯⋯⋯⋯⋯⋯⋯⋯⋯⋯⋯⋯⋯⋯⋯⋯⋯⋯⋯ 002
 1.2　空间太赫兹遥感技术的发展 ⋯⋯⋯⋯⋯⋯⋯⋯⋯⋯⋯⋯⋯⋯⋯⋯⋯⋯ 003
  1.2.1　国外发展现状 ⋯⋯⋯⋯⋯⋯⋯⋯⋯⋯⋯⋯⋯⋯⋯⋯⋯⋯⋯⋯⋯ 003
  1.2.2　国内发展现状 ⋯⋯⋯⋯⋯⋯⋯⋯⋯⋯⋯⋯⋯⋯⋯⋯⋯⋯⋯⋯⋯ 006
 1.3　空间太赫兹遥感技术的应用 ⋯⋯⋯⋯⋯⋯⋯⋯⋯⋯⋯⋯⋯⋯⋯⋯⋯⋯ 007
 1.4　空间太赫兹技术的相关应用 ⋯⋯⋯⋯⋯⋯⋯⋯⋯⋯⋯⋯⋯⋯⋯⋯⋯⋯ 011
  1.4.1　空间通信 ⋯⋯⋯⋯⋯⋯⋯⋯⋯⋯⋯⋯⋯⋯⋯⋯⋯⋯⋯⋯⋯⋯⋯ 011
  1.4.2　空间探测雷达 ⋯⋯⋯⋯⋯⋯⋯⋯⋯⋯⋯⋯⋯⋯⋯⋯⋯⋯⋯⋯⋯ 016
  1.4.3　太赫兹人体安检成像 ⋯⋯⋯⋯⋯⋯⋯⋯⋯⋯⋯⋯⋯⋯⋯⋯⋯⋯ 018
 参考文献 ⋯⋯⋯⋯⋯⋯⋯⋯⋯⋯⋯⋯⋯⋯⋯⋯⋯⋯⋯⋯⋯⋯⋯⋯⋯⋯⋯⋯⋯ 019

第 2 章　空间太赫兹遥感理论 ⋯⋯⋯⋯⋯⋯⋯⋯⋯⋯⋯⋯⋯⋯⋯⋯⋯⋯⋯⋯⋯ 025
 2.1　太赫兹辐射基本理论 ⋯⋯⋯⋯⋯⋯⋯⋯⋯⋯⋯⋯⋯⋯⋯⋯⋯⋯⋯⋯⋯ 026
  2.1.1　普朗克黑体辐射定律 ⋯⋯⋯⋯⋯⋯⋯⋯⋯⋯⋯⋯⋯⋯⋯⋯⋯⋯ 026
  2.1.2　瑞利－琼斯定律 ⋯⋯⋯⋯⋯⋯⋯⋯⋯⋯⋯⋯⋯⋯⋯⋯⋯⋯⋯⋯ 027
 2.2　大气传输方程 ⋯⋯⋯⋯⋯⋯⋯⋯⋯⋯⋯⋯⋯⋯⋯⋯⋯⋯⋯⋯⋯⋯⋯⋯ 028
 2.3　大气分子的吸收与散射 ⋯⋯⋯⋯⋯⋯⋯⋯⋯⋯⋯⋯⋯⋯⋯⋯⋯⋯⋯⋯ 029
  2.3.1　大气吸收 ⋯⋯⋯⋯⋯⋯⋯⋯⋯⋯⋯⋯⋯⋯⋯⋯⋯⋯⋯⋯⋯⋯⋯ 029

  2.3.2 大气散射 ·· 031
 2.4 太赫兹波与大气的相互作用 ··· 033
  2.4.1 太赫兹波谱 ·· 033
  2.4.2 太赫兹波的吸收与衰减 ··· 038
 参考文献 ··· 040

第3章 太赫兹遥感辐射计 ·· 043

 3.1 太赫兹辐射计的类型 ··· 044
  3.1.1 全功率型辐射计 ··· 044
  3.1.2 迪克型辐射计 ·· 046
 3.2 太赫兹辐射计的空间分辨率 ··· 047
 3.3 太赫兹辐射计的指标 ··· 050
 3.4 太赫兹辐射计的相关应用 ·· 051
 参考文献 ··· 053

第4章 太赫兹反射面天线及其容差分析 ··································· 055

 4.1 反射面天线的工作原理及主要参数 ······························· 056
  4.1.1 天馈系统基本组成及工作原理 ······························· 056
  4.1.2 主要参数及指标 ··· 057
 4.2 反射面天线系统建模与仿真 ··· 058
 4.3 反射面天线热形变对天线性能的影响 ··························· 059
 4.4 反射面天线位变对天线性能的影响 ······························· 061
  4.4.1 天线第一副反射面位变仿真分析 ··························· 061
  4.4.2 天线第二副反射面位变仿真分析 ··························· 069
  4.4.3 小结 ·· 074
 参考文献 ··· 075

第5章 太赫兹辐射计定标与接收机链路 ··································· 077

 5.1 国内外辐射计定标方法 ··· 078
 5.2 太赫兹辐射计定标方法 ··· 079
  5.2.1 周期两点定标法 ··· 079
  5.2.2 定标误差分析 ·· 081
 5.3 接收机系统仿真 ··· 082
  5.3.1 接收机关键参数 ··· 082

5.3.2 接收机通道仿真 ……………………………………………… 083
5.4 接收机通道增益压缩仿真 …………………………………………… 099
参考文献 ……………………………………………………………… 106

第6章 空间太赫兹遥感图像 …………………………………………… 107

6.1 遥感图像退化模型 …………………………………………………… 108
6.2 遥感图像质量评价指标 ……………………………………………… 110
  6.2.1 不需要参考图像的评价指标 …………………………………… 110
  6.2.2 需要参考图像的评价指标 ……………………………………… 111
6.3 遥感分辨率增强技术 ………………………………………………… 114
6.4 遥感图像复原技术 …………………………………………………… 118
参考文献 ……………………………………………………………… 120

第7章 过采样数据空间分辨率增强 …………………………………… 125

7.1 过采样数据 …………………………………………………………… 126
7.2 维纳滤波去卷积算法 ………………………………………………… 126
  7.2.1 算法概述 ………………………………………………………… 126
  7.2.2 实验结果与分析 ………………………………………………… 128
7.3 Backus – Gilbert 反演算法 ………………………………………… 131
  7.3.1 算法概述 ………………………………………………………… 131
  7.3.2 模拟数据分析 …………………………………………………… 137
  7.3.3 MWRI 实测数据分析 …………………………………………… 145
7.4 改进维纳滤波去卷积算法 …………………………………………… 148
  7.4.1 改进维纳滤波去卷积算法原理 ………………………………… 149
  7.4.2 模拟数据仿真 …………………………………………………… 150
  7.4.3 模拟数据处理与分析 …………………………………………… 155
  7.4.4 实测数据处理与分析 …………………………………………… 163
参考文献 ……………………………………………………………… 169

第8章 非过采样数据空间分辨率增强 ………………………………… 171

8.1 非过采样数据 ………………………………………………………… 172
8.2 插值重建算法 ………………………………………………………… 172
  8.2.1 算法概述 ………………………………………………………… 172
  8.2.2 模拟数据仿真及分析 …………………………………………… 175

  8.2.3 实测数据处理及分析 ·················· 177
 8.3 超分辨重建算法 ·················· 180
  8.3.1 算法概述 ·················· 180
  8.3.2 插值重采样 ·················· 180
  8.3.3 逆滤波 ·················· 182
  8.3.4 模拟数据分析 ·················· 182
  8.3.5 MWRI 实测数据分析 ·················· 184
 8.4 图像融合技术 ·················· 186
  8.4.1 算法概述 ·················· 186
  8.4.2 模拟数据分析 ·················· 188
  8.4.3 MWRI 实测数据分析 ·················· 191
 参考文献 ·················· 196

第 9 章 基于深度学习的遥感图像复原 ·················· 197

 9.1 基于卷积神经网络的遥感图像超分辨 ·················· 198
  9.1.1 卷积神经网络 ·················· 198
  9.1.2 遥感图像超分辨 ·················· 200
  9.1.3 遥感图像退化模型 ·················· 201
 9.2 基于 SRCNN 的遥感图像超分辨 ·················· 204
 9.3 基于 EDSR 网络的遥感图像超分辨 ·················· 217
 9.4 基于可调网络的遥感图像分辨率匹配 ·················· 227
 参考文献 ·················· 248

第 10 章 太赫兹遥感技术在人体安检中的应用 ·················· 253

 10.1 太赫兹人体安检成像技术现状 ·················· 254
 10.2 太赫兹人体安检成像指标 ·················· 257
  10.2.1 辐射计性能指标 ·················· 257
  10.2.2 图像去噪质量评价指标 ·················· 258
 10.3 太赫兹人体安检成像去噪算法 ·················· 260
  10.3.1 被动安检常见噪声类型 ·················· 261
  10.3.2 小波域安检图像噪声类型估计 ·················· 262
  10.3.3 应用于太赫兹安检成像的全变差去噪 ·················· 265
 10.4 太赫兹人体安检图像特征提取与图像分割 ·················· 270
  10.4.1 被动安检图像特征结构分析 ·················· 270

  10.4.2 相对全变差算法结构特征提取 …………………………… 271
  10.4.3 被动安检图像分割 …………………………………………… 272
 参考文献 ……………………………………………………………………… 276
附录 术语表 ……………………………………………………………… 277
索引 ………………………………………………………………………… 281

第 1 章 绪 论

凡是过往,皆为序章。

——莎士比亚

太赫兹波与物质相互作用时表现出极为丰富的物理内涵,太赫兹科学与技术已经发展为物理科学、材料科学、信息科学、生命科学以及航空航天等的交叉科学,空间太赫兹遥感技术已经被应用于大气探测、环境监测以及天文观测等领域。未来,太赫兹技术将在深空探测、空间通信以及雷达探测领域发挥越来越突出的作用,极大地推动空间科学的发展。

1.1 空间太赫兹遥感技术

太赫兹（Terahertz，THz）波是指频率范围在 0.1~10 THz（1 THz = 10^{12} Hz）的电磁波，它在频谱上介于微波和红外线之间。太赫兹波的光子能量低（4 meV），远小于 X 射线（100 keV），可穿透介质，且不会对生物组织产生有害的电离。相较于微波，太赫兹波的波长更短，其具有波束窄、方向性好、功率密度高、成像分辨率高等优点；相较于红外线，太赫兹波的波长较长，其具有波束宽度适中、易于实现对目标的跟踪等优点。太赫兹波具有较强的穿透性，能以较小的损耗穿透沙尘烟雾及非金属材料，能对大气中的气体分子产生共振，且具有指纹谱特征；将太赫兹波应用于通信，其能比微波提供更大的带宽、更高的传输速率，有利于实现天线的尺寸小型化。太赫兹波的这些特性使得太赫兹技术在遥感领域起着越来越重要的作用。

太赫兹波涉及的对象范围涵盖生命个体乃至宇宙天体，在与物质相互作用时表现出极丰富的物理内涵。近二十多年来，随着太赫兹核心器件的技术突破，太赫兹技术已发展为横跨固体物理学、材料科学、信息科学、生命科学以及航天航空的交叉科学，并展示了其在空间通信（宽带通信）、空间遥感、空间环境、空间安全、电子对抗、电磁武器、空间生物以及天体物理学等领域的巨大应用前景。随着空间技术的进步，太赫兹波在大气遥感领域的应用越来越广泛，并能与现有的波段形成有力互补，进一步推动空间科学的发展。遥感

(remote sensing）即遥远的感知，空间太赫兹遥感就是利用空间中的太赫兹波辐射对目标进行遥远的感知和成像。

与可见光和红外成像系统相比，太赫兹遥感大气探测受到的大气衰减较小，可以像红外系统一样在低能见度的黑夜正常工作，其对云雾、烟尘、雨雪和沙暴等物质的穿透能力极强，可实现全天时、全天候的观测。与主动系统相比，太赫兹波的辐射图像与光学图像很相似，有利于物体的辨认。因此，空间太赫兹遥感技术在大气探测领域具有良好的应用前景。

1.2 空间太赫兹遥感技术的发展

空间太赫兹遥感技术在很多领域已经得到了工程化应用，在大气温度、水汽廓线、冰粒子大小形状探测以及云和降水测量等方面均具有非常大的应用潜力[1]。目前已发射的用于星载太赫兹遥感的载荷主要有瑞典的 Odin、美国航空航天局（NASA）的 Aura、欧洲航天局（ESA）的 Herschel 等，这些装置为宇宙探测、大气遥感、气候变化和环境监测提供了平台[2-4]。

20 世纪 70 年代，苏联相继发射了 Cosmos 669 卫星和 Salyut 6 空间站，星载辐射计正式迈入商业应用阶段。20 世纪 90 年代以来，互联网和计算机技术飞速发展，对遥感数据的获取、传输、共享速度与质量的提高起到了推动作用。同时，新材料、新器件的发展日新月异，星载大气探测仪的结构与性能越来越完善，并向着高频段、多通道、高分辨率成像和一体化的方向发展[5,6]。

1.2.1 国外发展现状

在空间太赫兹遥感技术方面，欧美等国家和地区已经取得了一系列研究成果，涵盖气象、环境、天文等领域，探测要素包括温湿探测、冰云探测、气体成分探测和宇宙深空探测等[7]。

1. 美国

1983 年，NASA 发射了第一颗天基太赫兹波段全空间天文观测卫星，其观测频率为 2.5~37.5 THz。1991 年，NASA 发射的高层大气研究卫星（UARS）上搭载了微波临边探测器（Microwave Limb Sounder，MLS），MLS 的多个辐射计的观察波段中心频率为 63 GHz、183 GHz、205 GHz，从而使用外差高分辨率远红外谱线测量方式第一次测定了同温层中的臭氧、水等分子含量随大气压力变化的轮廓。1998 年，美国发射的亚毫米波天文卫星（SWAS）携带了冷却到 170 K 的肖特基混频外差接收系统，这是 NASA 研究恒星结构及星际化学物质的小型卫星，主要用于寻找宇宙星云间的氧气分子（487 GHz）、水分子（547 GHz、557 GHz）、碳原子（492 GHz）及一氧化碳分子（551 GHz）。这一肖特基混频外差接收系统观察波段的中心频率为 550 GHz、490 GHz，带宽为 ±350 MHz，堪称第一次实现亚毫米波范围内的高精度外差探测。NASA 于 2004 年 7 月 15 日发射升空的卫星 Aura 是对地观测系统（Earth Observing System，EOS）中最重要的组成部分，它携带了更为先进的外差式太赫兹探测器 MLS，其观察波段中心频率分别为 118 GHz、190 GHz、240 GHz、640 GHz、2.5 THz。

另外，美国的 NOAA 系列、DMSP 系列以及最新一代的 JPSS 系列气象卫星都是典型的极轨卫星，均涉及毫米波太赫兹辐射计的搭载。

NOAA 系列由美国国防部牵头研制，是世界上最早的气象卫星系列。1970 年 12 月 11 日—1976 年 7 月 29 日，艾托斯（ITOS）/NOAA - 1 ~ 5 系列卫星发射。目前在轨运行的主要是在 1998—2009 年间发射的第五代气象卫星（NOAA - 14 ~ 19），NOAA 卫星上携带的先进的微波探测装置有 A 型（AMSU - A）和 B 型（AMSU - B）两种。AMSU - A 的工作频段在 23.8 ~ 89 GHz，其主要用途为探测可降水、云中液态水和大气温度；AMSU - B 有 5 个通道，其工作频段在 89 ~ 183 GHz，主要用于可降水、云中液态水和大气湿度的探测[8,9]。

美国国防气象卫星（DMSP）是世界上唯一专用于军事领域的气象卫星，该系列发展至今已有 7 代 40 多颗卫星，目前在轨工作的是第六代的部分卫星和第七代卫星（DMSP 5D - 3F15 ~ 18，1999—2009 年发射）。SSM/T - 1、SSM/T - 2 和 SSM/I 是 DMSP 系列卫星搭载的微波辐射计，SSM/T - 1 有 7 个探测通道，其工作频段在 50 ~ 60 GHz，主要用于大气温度廓线的探测；SSM/T - 2 有 5 个探测通道，其工作频段在 91 ~ 183 GHz，主要用于大气湿度廓线的探测[10]；SSM/I 是 DMSP 卫星的主要探测仪器之一，有 7 个探测通道，其工作频段在 19 ~ 89 GHz，主要用于微波亮温的观测，并通过云层、地面和海上亮温的观测数据来得到海冰分布、云层水汽含量、风速、降水量等数据[11,12]。

JPSS（联合极轨卫星）是美国最新一代极轨气象卫星系列，于 2017 年 11 月发射了 JPSS - 1，所搭载的微波探测仪（ATMS）有 22 个探测通道，其工作频段在 23.8 ~ 183.3 GHz，幅宽扩宽为 2 500 km，每条扫描线上的扫描点数变为 96 个，是 AMSU - A 的 3 倍，所以 ATMS 的空间分辨率更高且覆盖范围更广[12]。

2. 欧洲航天局

1995 年，欧洲航天局（ESA）发射的红外空间天文台（Infrared Space Observatory，ISO）携带了 2 300 L 超流体液氦，用于超低温冷却（1.8 K）掺镓的锗光电导探测器，探测频率为 1.25~150 THz，测定了氢分子的同位素比例。2001 年，瑞典发射了 Odin 太赫兹波段卫星，用于天文及高层大气研究，其对大气的观察高度范围为 15~120 km，观察频率范围为 118.25~119.25 GHz、486.1~503.9 GHz 及 541.0~580.4 GHz，可以监测氯化物和臭氧层信息。2004 年，ESA 发射罗塞塔人造飞行器（MIRO），其工作频率为 188 GHz、560 GHz，用于探测彗尾和彗核中存在的一氧化碳、氨、甲醇等物质的含量。2009 年 5 月，ESA 将迄今最大的空间天文台 Herschel 成功发射上天，Herschel 具有 3 套探测仪器，包括 PACS 和 SPIRE 两个红外波段的辐射热计及 HIFI 远红外外差接收装置。HIFI 为高分辨率外差分光计，结合使用超导（SIS）探测器（工作频段在 480~1.250 THz）与热电子辐射热计（HEB）（工作频率为 1.4~1.9 THz 和 2.4~2.7 THz）进行混频。ESA 与 JAXA（日本宇宙航空研究开发机构）合作的 EarthCARE 项目已列于发射计划，旨在进行云/气溶胶辐射过程探测。

"气象业务"（MetOp）系列是欧洲的极轨气象卫星，第一代共有 3 颗卫星（MetOp - A，B，C），分别于 2006 年 10 月、2012 年 9 月和 2018 年 11 月发射，所搭载的微波探测载荷与 NOAA 系列相同[13]。

欧洲的新一代极轨气象卫星 MetOp - SG 计划将在 2022 年发射，MWS 是 MetOp - SG A 星所搭载的唯一的微波载荷，有 24 个探测通道，其工作频段在 23.8~229 GHz。2013 年，ESA 通过了 MetOp - SG B 星搭载太赫兹载荷 ICI 的决定，用于探测冰云和成像[14]。国际亚毫米波机载辐射计（ISMAR）已被设计和研制用于冰云成像仪（Ice Cloud Imager，ICI）的空中演示和论证，该样机的机载实验已于 2015 年开始。ISMAR 共有 16 个通道，分别为中心频率为 118.75 GHz（5 个通道）和 424.7 GHz（3 个通道）的温度探测通道，325.15 GHz 和 448 GHz 的湿度探测通道（各 3 个通道）以及 243.2 GHz、664 GHz 和 874 GHz 的大气准窗口通道，所有通道均为双边带通道。其中，874 GHz 对冰云中的较小冰晶粒子更敏感，为近几年新开发出的频点[15]。

随后，ESA 在 ICI 的基础上进行改进，设计了可用于小卫星搭载的太赫兹冰云探测仪，增加了 157 GHz 和 874 GHz 通道，且所有通道均为双极化通道。由于通道数目较多，因此使用多颗小卫星将 664 GHz、874 GHz 与其他频段的通道分开搭载[16]。

3. 苏联

1974年，苏联发射的 Cosmos 699 第一次实现了远红外太赫兹意义上对地和对太空的观测，Cosmos 699 搭载了制冷辐射热计（cooled bolometer），探测频率约为300 GHz。1978年，苏联发射的 Salyut 6 空间站搭载了天文望远镜，其探测频率为0.2~15 THz，受技术所限，早期的亚毫米波太赫兹探测所观测的只是低谱线分辨的宽带谱[17]。

4. 日本

日本宇宙航空研究开发机构（JAXA）于2009年发射亚毫米波临边探测器 JEM/SMILES，并将其搭载于 HTV 货运飞船进入国际空间站（International Space Station，ISS）。JEM/SMILES 使用了液氦冷却 SIS 探测器，其探测频段为624~639 GHz。SMILES 主要用于探测如臭氧、HCl（$H^{37}Cl$ 和 $H^{35}Cl$）、ClO、HO_2、HOCl、BrO、CH_3CN 等大气微量物质。

1.2.2 国内发展现状

我国在2005年举行的以"太赫兹科学技术的新发展"为主题的第270次香山科学会议上，与会专家就发展我国太赫兹科学技术进行了交流和研讨，确定了太赫兹科学技术的发展方向。

在真空太赫兹源技术研究方面，"十五"和"十一五"期间，中国工程物理研究院[18]对太赫兹返波管器件、回旋超辐射器件和微电真空行波管等器件进行了深入研究，并取得了许多较好的实验结果。中国科学院上海微系统所[19]在国内率先研制了太赫兹量子级联激光器，逐步实现了基于太赫兹量子级联激光器的文件、图像及声频传输与通信演示，实现了基于电子学器件和电路的太赫兹成像演示等。

首都师范大学自2002年就展开了对太赫兹技术的研究，并于2006年建立了北京市太赫兹波谱与成像重点实验室。在太赫兹脉冲辐射的产生、太赫兹时域光谱技术、太赫兹光谱应用以及太赫兹波段光学功能材料的设计、制备、物理学研究和应用方面，取得了富有特色的研究成果[20,21]。北京理工大学利用国内技术设计并生产了国内第一个自主产权的太赫兹肖特基二极管（其截止频率高达2.6 THz），研制出了国内第一个自主产权的太赫兹焦平面阵列，以及国内第一台太赫兹雷达原理样机。该原理样机的工作频率为220 GHz，天线增益为30 dB，发射功率为5 mW，实测成像分辨率为3 cm[22]。2009年，南京邮电大学光通信研究所利用线缺陷的波导和频率而选择的微腔实现了3.8721 THz 光子晶体选频滤波器。此外，中国科学院紫金山天文台、天津大学、中国科学院电子所、电子科技大学、浙江大学等机构也开展了太赫兹研究工作，并取得了一系列重要的成果[23-25]。

目前，我国太赫兹无源遥感技术正处于蓬勃发展阶段，在气象、大气环境、深空探测等领域取得了不少成果。在气象领域，"风云三号"在轨微波湿度计的最高探测频点为 183.31 GHz，正在研制的静止轨道毫米波亚毫米波探测仪的工作频率为 54～425 GHz，天线口径达 5 m。"风云四号"A 星于 2016 年发射，该卫星搭载了一台微波辐射计，最高工作频率为 425 GHz，成功获得了全球第一幅静止轨道 425 GHz 微波图像。正在研制的冰云被动探测载荷的工作频率为 183～664 GHz，可实现对冰云粒子的多角度探测。在环境领域，目前针对大气环境的探测主要依赖"高分五号"光学载荷；作为对光学探测的补充，在"十三五"期间开展了亚毫米波临边探测仪的研制，其工作频率为 118～640 GHz，灵敏度优于 1.5 K。在深空探测领域，目前主要以地基探测、太赫兹探测为主，缺乏天基手段与规划。

1.3 空间太赫兹遥感技术的应用

随着科学技术的进步，人类已经将科学探索的领域从地球向宇宙拓展，并从外太空的视角来重新认识地球。要想探索和开发空间资源，就必须掌握大量空间信息。从地面目视光学观测、射电天文探测，发展到使用卫星搭载科学载荷在太空进行全新视角的观测，并不断扩展频段，在红外和微波之间开展太赫兹频段的观测，人类已经获得了大量有价值的科学资料[26]。

1. 对地大气观测

在地球气象观测中，为了获得高分辨率数值预报，就必须借助于卫星观测网提供的高分辨率的时间、空间地球气象观测资料。

传统的天基对地遥感载荷为红外相机和微波辐射计。红外探测通道虽然能对地面（或云顶）成像，但难以提供诸如锋面结构、气旋生成、强对流等天气现象的信息。辐射计是一种被动式遥感载荷，通过接收被观测场景辐射的微波能量来探测目标特性。辐射计天线的主波束指向地面，接收地面辐射、地面散射和大气辐射等辐射流量，引起天线视在温度的变化，进而确定所观测目标的亮温，该温度值包含辐射体和传播介质的物理信息。辐射计具有全天候、全天时的对地观测能力，能够获取大气温度、湿度、水汽、降雨量、海冰分布等地表、海洋和大气的重要信息，是气象卫星、海洋卫星和对地观测卫星的重要遥感载荷，在天气预报、军事气象海洋保障、强对流灾害天气监测等方面发挥着巨大作用。但是,传统微波探测通道可能直接穿透主要大气活动区域,不能细致观测云层内部气象条件的变化。太赫兹波作为微波和红外线的中间波段,兼具微波穿透性好和红外线分辨率高的特点,可通过设置多个亚毫米波段的通道来得到大气垂直分布的精确信息。

近年来,辐射计的工作频段已经扩展到太赫兹频段,这有利于避开频率越来越高的地面和空间通信的干扰信号。另外,在更大的频带宽度里细化探测通道,可以更加细致地了解探测对象的物理特性,特别是在对大气温度、湿度廓线探测方面,细化探测分层十分有利于提高三维反演精确度。

在 1 GHz ~ 1 THz 频段,大气中主要吸收的气体是水汽(H_2O)和氧气(O_2)。通过对氧气吸收谱线进行测量,可以反演大气温度的垂直分布廓线;通过对水汽吸收谱线进行测量,可以反演大气湿度的垂直分布廓线。在此频段范围内,有 3 条较强的氧气吸收线(57.29 GHz、118.75 GHz 和 424.76 GHz)和两条较强的水汽吸收线(183.31 GHz、380.20 GHz)[27,28]。

目前在轨应用的美国第三代气象辐射计(Advanced Technology Microwave Sounder,ATMS)[29,30](图 1-1)、俄罗斯的 MTVZA 系列辐射计[31,32](图 1-2)都已经设置了 183 GHz 通道。俄罗斯正在研究 0.13 ~ 0.38 THz 的 8×8 辐射计阵列[33]。此外,新一代的同步轨道辐射计已经开始设计 183 GHz、220 GHz、340 GHz、380 GHz、425 GHz 等通道,可用于对地表降水和大气水汽含量的探测。

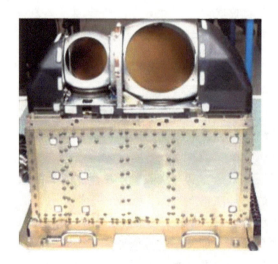

图 1-1 美国 ATMS 辐射计的两幅天线分别接收 23.8 ~ 60 GHz 频段和 89 ~ 183 GHz 频段[30]

图 1-2 俄罗斯 MTVZA-GY 辐射计在 183 GHz 附近具有 3 个细分的通道[32]

2. 气体成分探测

除气象活动观测之外，太赫兹波段探测载荷还可以实现大气成分的检测。在太赫兹波段，由于大气中的许多微量气体分子具有特征吸收线，因此可以通过识别这些组分来进而确定其中的大部分气体（包括羟基自由基在内的多种大气成分的浓度），从而可以反演出微量气体垂直廓线，实现大气监测。例如，目前广泛应用的氧气 118 GHz 吸收带就位于太赫兹频段。相较于其他波段，太赫兹波反演温度廓线能减小接收天线的孔径尺寸，提高空间分辨率。

太赫兹波对含氯、硫、氮和氰等因人类活动而排放的废气具有特殊的敏感性，我们可利用此特性进行臭氧层的大气环保监测。近年来发展的太赫兹时域光谱技术还能测混合气体的化学成分和组分浓度，以及用于研究其他气体的转动光谱及分子碰撞引起的谱线展宽，如卤甲烷、氨气等。

2004 年，NASA 发射的 Aura 对地观测卫星上搭载了微波临边探测仪（MLS），其可用于对地球大气中 OH^-、臭氧、氯氧化合物等成分的浓度和分布进行探测成像[34]，探测频率为 118 GHz ~ 2.5 THz，目前已经获得了丰富的观测数据。瑞典发射的 Odin 卫星主要载荷为太赫兹波辐射计，于 2007 年 4 月探测到了星际介质中的氧气分子。

3. 冰云探测

太赫兹波可用于探测冰云粒子。可见光波段的反射率仅能反映冰云顶部的粒子特性[35]，红外线和毫米波波段只对部分冰云粒子敏感，而太赫兹波的波长与典型的冰云粒子尺寸相当。研究[36]表明，太赫兹波对尺度大于 100 μm 的粒子敏感，且能测量尺度在 10 μm 以下的粒子。因此，太赫兹大气遥感将在探测冰云微物理参数上有更多应用。

针对气象遥感中冰云粒子的探测需求，NASA 研发的 CoSSIR 包括 183 GHz、220 GHz、380 GHz、640 GHz 和 874 GHz 等 5 个探测频点，在 2007 年完成了飞行实验。NASA 设计的 IceCube 是一款小卫星搭载的太赫兹冰云探测仪，仅采用冰云小冰晶最敏感的 874 GHz 一个探测频点，并于 2017 年 5 月成功进入太空。欧洲新一代极轨气象卫星 MetOp - SG 搭载的冰云成像仪（ICI）的工作频率为 183 ~ 664 GHz。基于 ICI，ESA 设计了可用于小卫星搭载的太赫兹冰云探测仪，该仪器比 ICI 增设了 157 GHz、874 GHz 两个探测通道。

4. 深空探测

从宇宙大爆炸至今，宇宙的背景温度已降至约 2.73 K，依据热辐射理论，宇宙射线中太赫兹频段的能量几乎占宇宙背景辐射总能量的 80%。开展对深空的太赫兹探测可以获得空间的物理信息、潜在的远地文明和资源信息。目前深空探测的五大重点领域包括月球探测、火星探测、水星与金星探测、巨行星及其卫星探测、小行星与彗星探测[37]，具体观测内容包括：月球能源、矿产的含量、类型和分布；月壤的厚度、成分。此外，探测器会着陆于行星及卫星、彗星等，进行物质现场分析等。现有的探测载荷包括各频段的频谱探测器，已经拓展到了太赫兹频段。美国好奇号火星探测器携带了质谱仪、气相色谱仪、激光分光计及化学摄像机等，可对激光气化的固态物质进行成分分析[38]。为了获得更加丰富的物质信息，未来可以开发太赫兹频段质谱仪，其功能与现有的太赫兹时域频谱系统（THz – TDS）类似，能同时获得很宽频带内的信息，但其在体积、质量、功耗方面受到的严苛限制将成为其实现的最大挑战。

目前已有多种太赫兹深空探测载荷在轨应用。例如，美国于 1998 年发射的 SWAS 卫星（探测频率为 487～557 GHz）主要研究恒星结构及星际化学物质，以确定构成恒星的星际云成分；2004 年，欧洲航天局（ESA）的 Rosetta 深空探测卫星携带的多种科学探测载荷中包括 1 台 562 GHz 的频谱探测器，它飞往彗星 Comet 67P/Churyumov – Gerasimenko 并穿越其彗尾，研究彗星挥发物质（包括水汽、一氧化碳、氨、甲醇的含量），并通过特征谱线的多普勒频移来定量分析挥发物质从彗核逸散的速度[39]。

2007 年，欧洲航天局（ESA）发射 Herschel 卫星前往地日拉格朗日 L2 点。Herschel 卫星是一台口径为 3.5 m 的被动制冷望远镜（该项目早期名称为"远红外与亚毫米波望远镜"），其主要载荷为高分辨率外差频谱仪（HIFI，图 1 – 3），覆盖 450 GHz～5 THz 频段，使用低噪声的超导 – 绝缘 – 超导（Superconductor Insulator Superconductor，SIS）探测器和热电子辐射量热计（Hot Electron Bolometer，HEB）混频器，旨在对深空进行宽频段探测。与地面探测设备相比，由于没有大气干扰，因此其可以获得更远的探测距离和更高的分辨率。

图 1 – 3　Herschel 卫星搭载的 HIFI 载荷[39]

1.4 空间太赫兹技术的相关应用

1.4.1 空间通信

太赫兹波在新一代无线通信领域有非常好的应用前景。太赫兹频率介于红外线和高频无线电之间,它的载波频率比微波约高2个量级,信息容量更大,是很好的宽带信息载体;而且,太赫兹波波长更短,其发射方向性要优于微波。与光通信相比,太赫兹波不受人眼安全功率的限制,且不会遇到强度调制/直接检测(IM/DD)灵敏度不足和相干通信设备复杂的难题。工作在太赫兹频段的自由空间光学设备可以将无线电波和可见光的优点相结合,在中短距离高容量无线通信中具有很好的应用潜力,是无线通信在500 MHz~5 GHz频段资源日趋稀缺情况下的热门频段。国际电信联盟已指定0.12 THz和0.22 THz的频段分别用于下一代地面无线通信和卫星间通信,并在2012年世界无线电通信大会(WRC-12)明确指出,275~3 000 GHz之间频段资源可提供登记使用[40]。典型太赫兹通信系统的研究情况列于表1-1。

表1-1 典型太赫兹通信系统的研究情况

研究机构	国家	年份	参数	特性
布伦瑞克工业大学	德国	2004	传输速率:25 kbps 平台:宽带THz-TDS	电控二维电子气调制
日本电报电话公司[41,42]	日本	2004 2006	工作频率:120 GHz 传输速率:10 Gbps 传输距离:>1 km	分别由高速单行载流子光电探测器(UTC-PD)和InP高迁移率器件实现
俄罗斯ELVA-1毫米波公司[43]	俄罗斯	—	工作频率:96 GHz 传输速率:1 Gbps	商用,在不同信道环境下自适应
中国科学院上海技术物理研究所[44]	中国	2009	工作频率:4.1 THz;	桌面实验系统,使用高集成QCL和QWP
中国工程物理研究院[45]	中国	2012 2017	工作频率:0.14 GHz 传输速率:10 Gbps 传输距离:0.5 km	16 QAM,实时解调和软件解调
电子科技大学[46]	中国	2016	工作频率:0.22 THz 传输速率:10 Gbps 平均误码率:<10^{-6}	直接调制,千米级高清视频传输

2019年，经过全球6个区域电信组织多次协调，中、美、德、法、加等国代表进行充分讨论，世界无线电通信大会（WRC-19）批准了275～296 GHz、306～313 GHz、318～333 GHz 和 356～450 GHz 频段（共137 GHz带宽资源）可无限制条件地用于固定业务和陆地移动业务应用。这是国际电联首次明确275 GHz 以上太赫兹频段地面有源无线电业务应用可用频谱资源，并将有源业务的可用频谱资源上限提升到450 GHz，这将为全球太赫兹通信产业发展和应用提供基础资源保障。

1. 太赫兹抗黑障干扰测控通信技术

航天器再入段的测控通信是航天任务执行过程的要害环节，再入航天器穿越稠密大气层经历的黑障现象严重威胁航天任务的安全执行；空天飞行器要实现能在2小时内达到地球上任何一点，就需要持续以10倍左右声速穿行于临近空间，这同样面临黑障阻断通信的难题。

飞行器再入稠密大气时，舱体与周围空气发生剧烈摩擦，形成温度高达数千摄氏度的高温等离子体鞘套，如图1-4所示。等离子体鞘套中的等离子共振频带很宽，对现有无线电通信波段发生强烈吸收和反射，形成电磁屏蔽，使返回舱与外界的无线电通信衰减，甚至中断，导致飞行器与地面控制中心失去联系；同时，雷达电波被等离子体鞘套吸收，导致雷达无法发现返回舱的踪迹。这个测控通信的盲区称为"黑障区"，提升通信载波频率是解决黑障问题的有效措施[47]。

图1-4 航天飞机再入时被热等离子体鞘套包覆情形示意图

等离子体鞘套的电磁特性随着飞行器的速度和飞行环境的变化而变化，依据其中的电子密度、等离子体角频率、碰撞频率等电特性参数，可以确定等离子体对在其中传输的电磁波产生的作用。

等离子体电子密度 n_e 与空气密度和等离子体区温度有关,飞行速度越高,鞘套内的等离子体电子密度越大[48,49]。

等离子体中的电子受外力影响会偏离平衡位置,在分离的正负电荷电场力牵引下产生复合振荡过程,其振荡频率 ω_p 称为电子等离子体振荡频率,为某一等离子体环境的固有参数,与等离子体电子密度的关系如下:

$$\omega_p = \sqrt{\frac{n_e e^2}{\varepsilon_0 m_e}} \quad (1-1)$$

式中,e, m_e ——单电子的电量、质量;

ε_0 ——真空中的介电常数。

碰撞频率 v 用来度量电子在等离子体内与中性粒子的碰撞速率,反映等离子体对电磁波信号的损耗程度。该参数与空气密度和温度有关,表示为

$$v = cT\frac{\rho}{\rho_0} \quad (1-2)$$

式中,c ——真空中的光速;

ρ_0 ——海平面标准大气压下的空气密度;

ρ ——飞行高度处的空气密度;

T ——空气温度。

由电磁场基本理论可得某环境中电磁波的波数表达为

$$k = \beta + i\alpha = \omega\sqrt{\mu_0 \varepsilon_0 \varepsilon_r} \quad (1-3)$$

式中,α ——吸收系数;

β ——相位系数;

ω ——载波角频率;

μ_0 ——真空磁导率;

ε_r ——等离子体介电系数。

吸收系数与各参数之间存在重要关系,可表示为

$$\alpha = \omega\sqrt{\frac{\mu_0 \varepsilon_0}{2}}\sqrt{-1 + \frac{\omega_p^2}{\omega^2 + v^2} + \sqrt{\left(1 - \frac{\omega_p^2}{\omega^2 + v^2}\right)^2 + \left(\frac{v^2}{\omega^2} + \frac{\omega_p^2}{\omega^2 + v^2}\right)^2}} \quad (1-4)$$

分析可知,当 $\omega \leqslant \omega_p$ 时,等离子体呈导体特性,电磁波在其中传输时严重衰减,并在等离子体-周围空气界面形成强反射;反之,当 $\omega \gg \omega_p$ 时,电磁波在等离子体中传播相当于在自由空间传输,吸收和反射非常少,如果将这个波段的电磁波作为通信载波,就可以顺利穿透等离子体,不会造成通信黑障。美国较早关注到黑障区通信问题,并系统研究了载波频率的选择对消除黑障作用的影响。早在 20 世纪 60 年代,美国便开展了无线电衰减测量(Radio

Attenuation Measurements，RAM）实验。结果表明，随着载波频率的提升，黑障区高度及时间均被明显压缩，与理论吻合得很好。限于当时的技术条件，测试频率的高端仅达到 X 波段，且并不能完全消除黑障现象。目前正在开展 Ka 波段的测控通信研究，但仍不能有效穿透极端条件下的等离子体鞘套[50]。

进一步将载波提升到太赫兹波段，可望突破黑障现象。假设均匀等离子体鞘套的简单情形，其电子密度 $n_e = 2 \times 10^9 \mathrm{~m}^{-3}$，等离子体鞘套的厚度 d 分别为 1 cm、6 cm、10 cm 3 种情况，仿真得到功率透射谱，如图 1-5[51] 所示。从图中可以清晰看到，在极高频（EHF）以上，进入太赫兹波段，衰减小于 3 dB。因此，提升通信频率至太赫兹波段有望实现突破黑障的低衰减率通信。现阶段直接使用太赫兹波段进行通信存在一些困难，主要是太赫兹波段在近地富含水汽的稠密大气中损耗过大，加之高功率太赫兹辐射源技术不成熟（例如，工作于太赫兹波段的连续波真空电子器件的功率仅达到瓦特量级，基于半导体工艺的片上器件平均功率仅为百毫瓦左右），难以支持地面站至再入航天器和空天飞行器的通视链路，需要考虑使用空天平台在对流层以上的空间进行中继。空天平台包括跟踪与数据中继卫星系统（Tracking and Data Relay Satellite System，TDRSS）、临近空间气球/飞艇等。对于需要在本土回收的航天器，可以在着陆场部署多个临近空间气球/飞艇构成中继测控网，搭载太赫兹波段的通信测控终端，与再入航天器进行无间断通信，并与地面站使用传统无线电波段进行信息传输，以实现对再入航天器的全程测控（图 1-6），中继测控网络构形、自适应覆盖都是需要开展研究的课题。对于在全球范围执行任务的空天飞行器，可以使用多平台接力中继方式或平台-中继卫星复合测控方式，以保证其在飞行的任意弧段可以完成无间断的通信业务[52]。

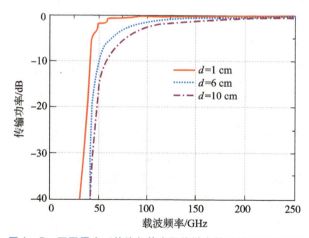

图 1-5　不同厚度 d 的均匀等离子体鞘套模型的功率透射谱

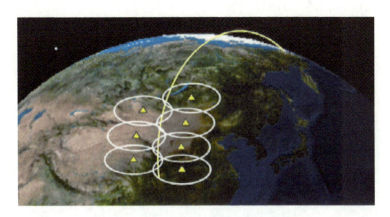

图 1-6　临近空间平台测控通信网示意图

2. 基于太赫兹链路的动态卫星通信网络

星间链路是通信卫星技术发展的一个新领域，也是支撑未来卫星通信业务扩大和发展的基础。星间链路可以节约不可再生的地球静止轨道资源和频谱资源，减少传输延时（克服双跳），提高覆盖、连接能力，减少地面站天线数量，是克服卫星通信中日凌中断的唯一方法。太赫兹波频率高、绝对带宽大、通信容量大、波束窄，将成为星间链路技术的重要发展方向。

太赫兹波段星间链路具有优异的安全性。太赫兹波的波束宽度较小，方向性较好，其抗截收能力和抗干扰（特别是对核电磁脉冲干扰）能力强；在太赫兹波波段，大气衰减特别显著，可以避免来自地面的信号干扰，还能防止星间链路信号泄漏到大气层以内干扰其通信系统，具有天然的保密特性，这对于防止敌方侦收具有实际意义。

编队飞行技术是 21 世纪空间系统的核心技术。编队飞行小卫星群具有较好的灵活性和冗余度，可降低任务失败的风险，实现单颗大卫星所不能实现的功能[52]，可用于地球同步轨道上编队飞行的区域导航、对地全球遥感、三维立体观测、电子侦察、深空探测等方面。目前编队飞行正在快速发展，典型系统有美国的 A-Train 卫星编队系统、德国的 TanDEM-X 双星系统、瑞典的 Prisma 双星系统，以及我国的"神舟七号"飞船与其伴飞卫星系统等。2007年，美国先进研究项目局（DARPA）启动了 F6 项目[53]（图 1-7），旨在构建"通过信息交换链接的未来、快速、灵活、分离模块化、自由飞行的航天器"系统。编队飞行网络和分布式载荷的特点包括：节点间距较近（典型为几米~几十千米）；基线动态变化；分布工作模式决定了有海量数据需要交换或交由中心处理；节点多为微小卫星系统（甚至纳星系统）、平台小，对载荷的体积、质量、功耗的要求较高。

图 1-7　美国 F6 项目示意图

使用太赫兹波段短距星间链路可以有效适应此类系统的需求，其表现在：现有器件水平可以满足短距离通信的需求；太赫兹频段普遍使用单片微波集成电路（Monolithic Microwave Integrated Circuit，MMIC）及小天线技术，可以实现小型、轻量、低功耗的通信载荷；太赫兹高速通信能满足大数据交换量的要求。需要突破的技术包括：太赫兹小型化通信载荷集成技术；信号高动态范围自适应技术；简易的动态跟瞄技术（相较于激光通信）；太赫兹频段智能天线技术；等等。针对这些关键技术，现已展开广泛的研究[54]。

1.4.2　空间探测雷达

太赫兹波段的雷达载荷有望在空间防御中收到独特的效益。与传统微波雷达相比，将太赫兹波作为雷达载波的优势有：太赫兹雷达波长更短，信号绝对带宽大，纵向分辨率高[55]，且对相同目标雷达散射截面（Radar Cross Section，RCS）大；相同的天线可以提供更高增益，实现窄波束，获得多目标识别能力和高的横向分辨率；短的雷达波对目标微小的多普勒变化更敏感，可通过对微动目标的测量来反演其独特的运动和结构特性；窄的天线波束可以减少干扰信号注入雷达主瓣波束的概率，且高增益能有效抑制旁瓣，抗干扰性好。

太赫兹雷达工作频率可选在太赫兹波衰减小的大气窗口内，太赫兹波在 1.40 THz 以下和 1.50 THz、1.98 THz、2.52 THz 等频率附近有多个相对透明的大气窗口。但是因大气中水分子的吸收，太赫兹波在地面附近的衰减比微波大得多。在 0.1~1 THz 的大气窗口内，衰减系数介于 0.04~100 dB/km。大气衰减限制了太赫兹雷达在地面附近远距离探测中的应用，将太赫兹雷达应用于远距离成像和探测还需要进行深入探索。

与激光雷达相比，将太赫兹波作为雷达载波的优势有：视场范围宽，搜索能力强；对于相同尺寸的天线，太赫兹雷达的波束宽度比激光雷达宽得多，故探测视场要大得多，对同样的视场范围能更快地完成扫描，故搜索能力更强；太赫兹波穿透能力强，其波长长于光波，可以穿透对光波段形成障碍的雾、尘等环境，实现应用领域更广的探测和成像。典型太赫兹雷达系统的研究情况列于表 1-2。

表 1-2 典型太赫兹雷达系统的研究情况

研究机构	国家	年份	参数	特性
喷气推进实验室[56-58]	美国	2008—2010	工作频率：120~670 GHz 分辨率：<1 cm	全固态，扫描成像
FGAN – FHR/MHS 研究所[59]	德国	2007	工作频率：220 GHz 带宽：>8 GHz 分辨率：<2 cm	ISAR 模式，FM-CW，全固态 MMIC 设备，快速成型
俄罗斯 ELVA-1 毫米波公司	俄罗斯	—	工作频率：94 GHz 工作距离：500 m 分辨率：5 mm	商用系统
中国工程物理研究院[60,61]	中国	2012	工作频率：140 GHz 带宽：>5 GHz 分辨率：3 cm	ISAR 模式，微波倍频链作为电源
		2013	工作频率：670 GHz 带宽：28.8 GHz 分辨率：1.3 cm	
电子科技大学[62,63]	中国	2015	工作频率：220 GHz 输出功率：3 mW 带宽：4.8 GHz 分辨率：3.2 cm	全固态，采用收发天线分置、调频连续波工作体制
中国电子科技集团第十研究所[64]	中国	2019	工作频率：330 GHz 成像距离：≥0.2 m 距离分辨率：≤3 mm	三维近场成像系统

1.4.3 太赫兹人体安检成像

空间太赫兹遥感技术最直接的转化应用就是被动式太赫兹人体安检,太赫兹人体安检成像是一种新型的无源探测技术,它采用辐射计接收来自人体和背景的太赫兹辐射,将其转换为电压信号,由信号处理单元进行分析,最终给出直观的太赫兹图像,以此来反映人体和违禁物品之间辐射能力的差异,以实现对目标的成像和识别功能。

太赫兹人体安检成像系统向小体积、高频率及低成本方向发展,并将逐渐投入商用。利用人体和违禁物品太赫兹辐射特性的不同以及太赫兹波对织物的穿透能力,可以发现隐匿违禁物品,且由于成像系统本身不发射电磁波,即不会对人体造成任何伤害,因此太赫兹安检成像技术具有"无辐射、无感知、无停留、无触摸"的特点,可用于机场、地铁、海关、医院等人流密集场所检测人体隐匿违禁物品。表1-3所示为具有代表性的太赫兹人体安检成像系统。

表1-3 具有代表性的太赫兹人体安检成像系统

研究机构	国家	型号	参数	技术途径
ThruVision	英国	T4000	工作频段:250 GHz 分辨率:3 cm@3 m 视场范围:3~15 m 温度分辨率:>1 K	焦平面成像
Millivision	美国	Vela 125	工作频段:94 GHz 分辨率:5 cm@1.6 m 帧速率:10 Hz 阵元数:64个 温度分辨率:3 K	焦平面阵技术、机械扫描; 利用楔形透镜旋转研制了Vela 125型被动成像仪
IPHT	德国	Safe-Visito	工作频段:350 GHz 分辨率:1 cm@1 m 帧速率:10 Hz 阵元数:10~20个	焦平面阵列技术、机械扫描 卡塞格伦天线结构和0.3 K吸附制冷机
博威太赫兹信息科技有限公司	中国	TeraSnap Mini	工作频段:90 GHz 分辨率:5 cm 成像帧率:6~8帧/s 成像距离:3~8 m	焦平面成像

续表

研究机构	国家	型号	参数	技术途径
同方威视技术股份有限公司	中国	TH1000	工作频段：100 GHz 成像帧率：12 帧/s 成像距离：3.5~10 m 线分辨率：1.5 cm@4~6 m 景深：1.5 m@5 m 视场范围：1.6 m×2 m@5 m	准光焦平面成像
欧必翼太赫兹（北京）科技有限公司	中国	BTS-1	工作频段：250 GHz 成像距离：3~8 m 成像帧率：10 帧/s	准光焦平面成像

参考文献

[1] 胡伟东，季金佳，刘瑞婷，等. 太赫兹大气遥感技术 [J]. 中国光学，2017（5）：656-665.

[2] 周胜利，张存林. 太赫兹遥感技术综述 [J]. 航天返回与遥感，2009，30（4）：32-35.

[3] 张存林，张岩，赵国忠，等. 太赫兹感测与成像 [M]. 北京：国防工业出版社，2008.

[4] LEE Y S. 太赫兹科学与技术原理 [M]. 崔万照，等译. 北京：国防工业出版社，2012.

[5] 戴宁，葛进，胡淑红，等. 太赫兹探测技术在遥感应用中的研究进展 [J]. 中国电子科学研究院学报，2009，4（3）：231-237.

[6] 边明明，王世涛，雷利华，等. 太赫兹技术及空间应用国内外发展现状研究 [J]. 空间电子技术，2013（4）：80-84.

[7] BROWN E R. Fundamentals of terrestrial millimeter-wave and THz remote sensing [J]. International Journal of High Speed Electronics and Systems, 2003, 13（4）：995-1097.

[8] REALE A, TILLEY F, FERGUSON M, et al. NOAA operational sounding products for advanced TOVS [J]. International Journal of Remote Sensing,

2008, 29(16): 4615-4651.

[9] 董海萍, 郭卫东, 李兴武. ATOVS卫星资料同化对台风预报的试验研究[C]//第28届中国气象学会年会, 厦门, 2011: 142-161.

[10] 姚崇斌, 徐红新, 赵锋, 等. 微波无源遥感有效载荷现状与发展[J]. 上海航天, 2018, 35(2): 1-12.

[11] 周旋, 周晓中, 吴耀平. 美国气象卫星的现状与发展[J]. 中国航天, 2006(1): 30-33.

[12] 龚燃. 美国下一代极轨气象卫星系统及最新发展[J]. 国际太空, 2014(1): 19-23.

[13] D'ADDIO S, KANGAS V, KLEIN U, et al. Microwave imager instrument for MetOp second generation [C]//2014 the 13th Specialist Meeting on Microwave Radiometry and Remote Sensing of the Environment, Pasadena, 2014: 236-239.

[14] THOMAS B, BRANDT M, WALBER A, et al. Submillimetre-wave receiver developments for ICI onboard MetOP-SG and ice cloud remote sensing instruments [C]//2012 IEEE International Geoscience and Remote Sensing Symposium, Munich, 2012: 1278-1281.

[15] FOX S, LEE C, MOYNA B, et al. ISMAR: An airborne submillimetre radiometer [J]. Atmospheric Measurement Techniques, 2017, 10(2): 477-490.

[16] 王虎, 段崇棣, 吕容川, 等. 星载太赫兹冰云探测技术发展和面临问题[J]. 太赫兹科学与电子信息学报, 2017, 15(5): 722-727.

[17] 王忆峰, 毛京湘. 太赫兹技术的发展现状及应用前景分析[J]. 光电技术应用, 2008, 23(1): 1-4.

[18] 黎明, 柏伟, 杨兴繁, 等. 紧凑型自由电子激光太赫兹源研究进展[J]. 信息与电子工程, 2011, 9(3): 342-346.

[19] 曹俊诚. 太赫兹辐射源与探测器研究进展[J]. 功能材料与器件学报, 2003, 9(2): 112-117.

[20] 刘盛纲, 钟任斌. 太赫兹科学技术及其应用的新发展[J]. 电子科技大学学报, 2009, 38(5): 481-486.

[21] 刘丰, 朱忠博, 崔万照, 等. 太赫兹技术在空间领域应用的探讨[J]. 太赫兹科学与电子信息学报, 2013, 11(6): 857-866.

[22] 胡伟东, 张萌, 武华锋, 等. 频率步进太赫兹脉冲成像技术研究[J]. 强激光与粒子束, 2013, 6: 1605-1608.

[23] KIRBY P L, PUKALA D, MANOHARA H, et al. Characterization of micromachined

silicon rectangular waveguide at 400 GHz [J]. IEEE Microwave and Wireless Components Letters, 2006, 16 (6): 366 – 368.

[24] 崔博华, 王成, 郑英彬. 太赫兹 MEMS 滤波器性能影响因素 [J]. 太赫兹科学与电子信息学报, 2013, 11 (2): 319 – 322.

[25] 郑英彬, 施志贵, 席仕伟, 等. MEMS THz 滤波器的制作工艺 [J]. 微纳电子技术, 2011, 48 (6): 399 – 402.

[26] FITCH M, OSIANDER R. Terahertz waves for communications and sensing [J]. John Hopkins APL Technical Digest, 2004, 25 (4): 348 – 355.

[27] 卢昌胜, 吴振森, 李海英, 等. 基于 HITRAN 的太赫兹波大气吸收特性 [J]. 太赫兹科学与电子信息学报, 2013, 11 (3): 346 – 349.

[28] 张蓉蓉, 李跃华, 王剑桥, 等. 相对湿度对 0.4 THz 电磁波大气传输衰减的影响 [J]. 太赫兹科学与电子信息学报, 2013, 11 (1): 66 – 69.

[29] LIU X Z, KIZER S, BARNET C D, et al. Retrieving atmospheric temperature and moisture profiles from SUOMI NPP CRIS/ATMS sensors using CrIMSS EDR algorithm [C]//2012 IEEE International Geoscience and Remote Sensing Symposium, Munich, 2012: 1956 – 1959.

[30] KIM E, LYU J C-H, BLACKWELL W J, et al. The advanced technology microwave sounder (ATMS): A new operational sensor series [C]//2012 IEEE International Geoscience and Remote Sensing Symposium, Munich, 2012.

[31] GRANKOV A G, MIL'SHIN A A, SHELOBANOVA N K, et al. Comparison of data measured in the North Atlantic region by the MTVZA radiometer of a meteor – 3M satellite and by the SSM/I radiometer of the F – 13 (DMSP series) satellite [J]. Journal of Communications Technology and Electronics, 2006, 51 (2): 158 – 163.

[32] CHERNY I V, CHERNYAVSKY G M, GOROBETS N N. Advanced antenna of microwave imager/sounder for spacecraft "METERO – M" [C]//The 4th European Conference on Antennas and Propagation, Barcelona, 2010: 1 – 2.

[33] ZABOLOTNY V F, YAKOPOV G V, MINGALIEV M G, et al. High sensitive 0.13 ~ 0.38 THz TES array radiometer for the big telescope azimuthal of Special Astrophysical Observatory of Russian Academy of Sciences [C]//Joint the 32nd International Conference on Infrared and Millimeter Waves, and the 15th International Conference on Terahertz Electronics. IRMMW – THz, Cardiff, 2007: 117 – 118.

[34] MUELLER E R, HENSCHKE R, ROBOTHAM W E, et al. Terahertz local

oscillator for the microwave limb sounder on the Aura satellite [J]. Applied Optics, 2007, 46 (22): 4907-4915.

[35] CHO H M, ZHANG Z, MEYER K, et al. Frequency and causes of failed MODIS cloud property retrievals for liquid phase clouds over global oceans [J]. Journal of Geophysical Research - Atmospheres, 2015, 120 (9): 4132-4154.

[36] MENDROK J, BARON P, KASAIA Y. Studying the potential of terahertz radiation for deriving ice cloud microphysical information [C]//Remote Sensing of Clouds and the Atmosphere XIII, 2008: 710704.

[37] 欧阳自远, 李春来, 邹永廖, 等. 深空探测的进展与我国深空探测的发展战略 [J]. 中国航天, 2002 (12): 28-32.

[38] MAHAFFY P, WEBSTER C R, CONRAD P G. The sample analysis at Mars investigation and instrument suite [J]. Space Science Reviews, 2012, 170 (1): 401-478.

[39] GULKIS S, FRERKING M, CROVISIER J, et al. MIRO: Microwave instrument for rosetta orbiter [J]. Space Science Reviews, 2007, 128 (1-4): 561-597.

[40] YEE D S, JANG Y D, KIM Y C, et al. Terahertz spectrum analyzer based on frequency and power measurement [J]. Optics letters, 2010, 35 (15): 2532-2534.

[41] KLEINE - OSTMANN T, PIERZ K, HEIN G, et al. Audio signal transmission over THz communication channel using semiconductor modulator [J]. Electronics Letters, 2004, 40 (2): 124-126.

[42] NAGATSUMA T, HIRATA A, SATO Y, et al. Sub - terahertz wireless communications technologies [C]//The 18th International Conference on Applied Electromagnetics and Communications, Dubrovnik, 2005.

[43] HIRATA A, KOSUGI T, TAKAHASHI H, et al. 120 GHz band millimeter wave photonic wireless link for 10 Gbps data transmission [J]. IEEE Transactions on Microwave Theory and Techniques, 2006, 54 (5): 1937-1944.

[44] 谭智勇, 陈镇, 韩英军, 等. 基于太赫兹量子级联激光器的无线信号传输的实现 [J]. 物理学报, 2012, 61 (9): 098701.

[45] 邓贤进, 王成, 林长星, 等. 0.14 THz 超高速无线通信系统实验研究 [J]. 强激光与粒子束, 2011, 23 (6): 1430-1432.

[46] 陈哲. 固态太赫兹高速无线通信技术 [D]. 成都: 电子科技大学,

2017.

[47] HARTUNIAN R A, STEWART G E, FERGASON S D, et al. Causes and mitigation of radio frequency (RF) blackout during reentry of reusable launch vehicles: ATR-2007 (5309) -1 [R]. El Segundo: The Aerospace Corporation, 2007.

[48] 李江挺, 郭立新, 方全杰, 等. 高超声速飞行器等离子鞘套中的电磁波传播 [J]. 系统工程与电子技术, 2011, 33 (5): 969-973.

[49] 韦震, 龙方, 韩中生, 等. 用于飞船返回舱再入段测量的太赫兹雷达 [J]. 太赫兹科学与电子信息学报, 2013, 11 (2): 199-202.

[50] 胡红军, 陈勇, 陈菊. 飞行器黑障区测控技术问题探讨 [J]. 弹箭与制导学报, 2012, 32 (2): 197-199.

[51] MARINI J W. On the decrease of the radar cross section of the Apollo command module due to reentry plasma effects: NASA-TN-D-4784 [R]. Greenbelt: NASA Goddard Space Flight Center, 1968.

[52] 陈志明, 王惠南, 刘海颖. 与信息一致性的分布式卫星姿态同步研究 [J]. 宇航学报, 2010, 31 (10): 2283-2288.

[53] 刘豪, 梁巍. 美国国防高级研究计划局F6项目发展研究 [J]. 航天器工程, 2010, 19 (2): 92-98.

[54] 林长星, 陆彬, 王成, 等. 基于802.11协议的0.34 THz无线局域网实验系统 [J]. 太赫兹科学与电子信息学报, 2013, 11 (1): 12-15.

[55] YASUI T, KABETANI Y, YOKOYAMA S, et al. Real-time, terahertz impulse radar based on asynchronous optical sampling [C]//The 33rd International Conference on Infrared, Millimeter and Terahertz Waves, Pasadena, 2008: 1-2.

[56] COOPER K B, DENGLER R J, LLOMBART N, et al. Penetrating 3-D imaging at 4 and 25 meter range using a submillimeter-wave radar [J]. IEEE Transactions on Microwave Theory and Techniques, 2008, 56 (12): 2771-2778.

[57] COOPER K B, DENGLER R J, CHATTOPADHYAY G, et al. A high-resolution imaging radar at 580 GHz [J]. IEEE Microwave and Wireless Components Letters, 2008, 18 (1): 64-66.

[58] COOPER K B, DENGLER R J, LLOMBART N, et al. Fast, high-resolution terahertz radar imaging at 25 meters [J]. Proceedings of SPIE-The International Society for Optical Engineering, 2010, 7671: 281-290.

[59] ESSEN H, WAHLEN A, SOMMER R, et al. High-bandwidth 220 GHz experimental radar [J]. Electronics Letters, 2007, 43 (20): 1114-1116.

[60] 蔡英武, 杨陈, 曾耿华, 等. 太赫兹极高分辨力雷达成像试验研究 [J]. 强激光与粒子束, 2012, 24 (1): 7-9.

[61] 成彬彬, 江舸, 陈鹏, 等. 0.67 THz 高分辨力成像雷达 [J]. 太赫兹科学与电子信息学报, 2013, 11 (1): 7-11.

[62] 李大圣, 邓楚强, 刘振华, 等. 太赫兹成像雷达系统研究进展 [J]. 微波学报, 2015, 31 (6): 86-91.

[63] ZHANG B, PI Y M, LI J. Terahertz imaging radar with inverse aperture synthesis techniques: System structure, signal processing, and experiment results [J]. IEEE Sensors Journal, 2015, 15 (1): 290-299.

[64] 黄建, 裴乃昌, 王志辉, 等. 0.33 THz 雷达三维近场成像系统设计及成像试验 [J]. 电讯技术, 2019, 59 (6): 621-626.

第 2 章

空间太赫兹遥感理论

宇宙中最不可理解的事情，就是宇宙是可以被理解的。
——阿尔伯特·爱因斯坦

> 太赫兹遥感理论的基础是普朗克黑体辐射定律。空间太赫兹载荷观测地球时，要解决的最基本问题就是太赫兹波与大气之间如何相互作用。大气对太赫兹波的吸收和散射是两种最常见的现象。此外，太赫兹波谱包含了丰富的物理和化学信息，对于基础物理相互作用的研究具有重要的意义。

2.1 太赫兹辐射基本理论

2.1.1 普朗克黑体辐射定律

物理学中,普朗克黑体辐射定律又称普朗克定律或黑体辐射定律,用于描述在任意温度下从一个黑体发射的电磁辐射的辐射率与其频率的关系。

黑体是指一种能够吸收来自所有频率、所有入射方向的电磁波而没有反射的理想物体[1]。黑体既可以是一个完全的吸收体,也可以是一个完全的发射体。黑体是一个完全理想化的概念,在自然界和工程应用中是没有的。在研究自然界的物体(非黑体)时,可以将黑体辐射的理论作为标准。1900 年,德国物理学家普朗克在量子理论的基础上提出了普朗克定律[2],用于描述黑体在对外辐射时的亮度和其他参数之间的关系:

$$B_f = \frac{2hf^3}{c^2}\left(\frac{1}{e^{hf/(kT)} - 1}\right) \quad (2-1)$$

式中,B_f——黑体辐射的亮度;

h——普朗克常数,6.63×10^{-34} J·s;

k——玻尔兹曼常数,1.38×10^{-23} J/K;

f——黑体的辐射电磁波的频率;

T——黑体的绝对温度；

c——真空中的光速，约为 3×10^8 m/s。

2.1.2 瑞利-琼斯定律

瑞利-琼斯定律是指黑体的单色发散本领与波长 λ、温度 T 之间的关系。对普朗克定律而言，当 $hf/(kT) \ll 1$ 时，可以通过泰勒级数来对 $e^{hf/(kT)}$ 进行展开，则式（2-1）可以简化为

$$B_f = 2kT/\lambda^2 \tag{2-2}$$

式（2-2）即瑞利-琼斯定律，在微波到太赫兹波段用该公式计算较为方便。由式（2-2）可知，在微波频段黑体向外辐射的谱亮度越大，物体的物理温度就越高。将 Δf 作为带宽，物理温度为 T 的黑体所具有的亮度为

$$B = B_f \cdot \Delta f = \frac{2kT}{\lambda^2} \cdot \Delta f \tag{2-3}$$

由式（2-1）和式（2-2）能看出，理想黑体辐射的亮度 B_f 只与温度和频率有关，与电磁波的辐射方向、极化和距离无关。但现实中并不存在理想黑体。实际物体的热辐射功率相对于黑体较小且具有方向性，我们称其为灰体。灰体的光谱亮度（辐射功率）可用比其温度更低的等效理想黑体的光谱亮度（辐射功率）表示：

$$B(\theta,\varphi) = \frac{2k}{\lambda^2} T_B(\theta,\varphi) \Delta f \tag{2-4}$$

式中，$B(\theta,\varphi)$——实际物体的光谱亮度；

$T_B(\theta,\varphi)$——等效理想黑体的光谱亮度。

式（2-4）可用基尔霍夫定律导出，从中可得出亮度温度（简称"亮温"）的基本概念：实际物体的光谱亮度可以用"温度"为 $T_B(\theta,\varphi)$ 的等效理想黑体光谱亮度表示，$T_B(\theta,\varphi)$ 是用于描述物体本身的物理特性的一个参数。

辐射率 e 为物体辐射能量与黑体辐射能量之比，也可定义为 $T_B(\theta,\varphi)$ 与热力学温度 T 之比，表达式为

$$e(\theta,\varphi) = \frac{T_B(\theta,\varphi)}{T} = \frac{B(\theta,\varphi)}{B_{bb}} \tag{2-5}$$

式中，B_{bb}——黑体的光谱亮度。

由于 $B(\theta,\varphi) \leq B_{bb}$，且物体的亮度温度永远不高于其实际热力学温度，故 $0 \leq e(\theta,\varphi) \leq 1$。物体的辐射率 e 是一个受多种因素影响的参数，它不仅取决于观测方向、极化和频率，还受物体的材质、介电常数、实际物理温度等物理性质的影响。

2.2 大气传输方程

大气辐射传输学是研究辐射能在地球大气中的传输和转换过程的学科，是气象学和大气物理学中的一个分支，近年来又获得新的发展。大气辐射传输学的理论建立在分子光谱学和电磁波传播理论的基础上，其近代应用主要是大气遥感和气候研究[3,4]。

大气辐射传输是指电磁波在大气介质中的传播输送过程。在这一过程中，辐射能与介质相互作用而发生吸收和散射，同时大气也发生辐射。大气中吸收太阳辐射的主要成分是氧气、臭氧、水汽、二氧化碳、甲烷等，不同气体对不同波段辐射的吸收作用也不同，这种性质称为大气对辐射能的选择吸收。散射作用的强弱取决于入射电磁波的波长及散射质点的性质和大小。电磁辐射在大气中的传输规律对于研究地球辐射能量收支、环境资源遥感及反演大气温度和湿度的分布情况有重要意义。

电磁辐射在介质中传输时，通常因其与物质的相互作用而减弱。辐射强度的减弱主要是由物质对辐射的吸收和物质散射造成的，有时也会因相同波长上物质的辐射以及多次散射而增强，多次散射使其他方向的一部分辐射进入所研究的辐射方向。当电磁辐射为太阳辐射，且忽略多次散射产生的漫射辐射时，光谱辐射强度的变化规律可以表述为

$$\frac{\mathrm{d}I_\lambda}{k_\lambda \rho \mathrm{d}s} = -I_\lambda \qquad (2-6)$$

式中，I_λ——辐射强度；

s——辐射通过物质的厚度；

ρ——物质密度；

k_λ——对波长 λ 辐射的质量消光截面。

令在 $s=0$ 处的入射强度为 $I_\lambda(0)$，则经过一定距离 s_1 后，其出射强度可由式（2-6）积分得到，即

$$I_\lambda(s_1) = I_\lambda(0)\exp\left(-\int_0^{s_1} k_\lambda \rho \mathrm{d}s\right) \qquad (2-7)$$

假定介质是均匀的，则 k_λ 与距离 s 无关，因此定义路径长度为

$$\mu = \int_0^{s_1} \rho \mathrm{d}s \qquad (2-8)$$

则式（2-7）可表示为

$$I_\lambda(s_1) = I_\lambda(0)\exp(-k_\lambda\mu) \quad (2-9)$$

式（2-9）就是比尔定律，又称朗伯定律。它指出，通过均匀消光介质传输的辐射强度按简单的指数函数减弱，该指数函数的自变量是质量消光截面和路径长度的乘积。它不仅适用于强度量，还适用于通量密度和通量。

根据式（2-9），可以定义单色透过率 T_λ 为

$$T_\lambda = \frac{I_\lambda(s_1)}{I_\lambda(0)} = \exp(-k_\lambda\mu) \quad (2-10)$$

在大气辐射传输实际应用中，通常假定局域大气为平面平行的，因此只允许辐射强度和大气参数（温度和气体分布廓线）在垂直方向（即高度和气压）上变化，这种假定在物理意义上是适当的。

2.3　大气分子的吸收与散射

2.3.1　大气吸收

大气吸收是指大气中的各种成分对电磁波辐射在其中传播时的吸收作用。大气吸收是选择吸收。太阳辐射经过大气路径，经大气吸收后到达地表，被吸收的能量转变为热能、离化能或其他形式的能量，这对确定各层大气的物理状态和化学状态起着重要作用。

大多数太阳紫外辐射在高层大气中被氧气和氮气吸收（2 600 Å 至更短波长），所以高层大气中氧气分子和氮气分子遭受光化学离解，以原子态出现。2 000～3 000 Å 左右的太阳紫外辐射主要由臭氧吸收。太阳可见光辐射的吸收较少，因为这里是大气窗区。

在红外范围内辐射的主要吸收气体是水汽（H_2O）、二氧化碳（CO_2）和臭氧（O_3）。在微波范围内，主要吸收成分是氧气（波长 4～6 mm 和 2.53 mm）和水（波长为 1.35 cm 和 1.64 mm）。几种主要的大气红外吸收气体的吸收带中心波长如表 2-1 所示，微波大气吸收谱如图 2-1 所示。

表2-1　几种主要的大气红外吸收气体的吸收带中心波长

气体	强吸收/μm	波数/cm^{-1}
水汽（H_2O）	1.4	7 142
	1.9	5 263
	2.7	3 704
	6.3	1 587
	13.0~1 000	—
二氧化碳（CO_2）	2.7	3 704
	4.3	2 320
	14.7	680
臭氧（O_3）	4.7	2 128
	9.6	1 042
	14.1	709

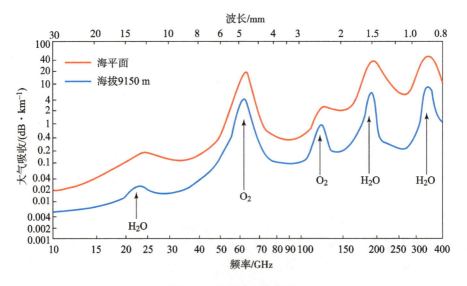

图2-1　微波大气吸收谱

　　氧气分子具有磁偶极矩，水分子具有剩余电偶极矩。在电磁场的作用下，当电磁波的频率与分子转动能级跃迁频率一致时，分子吸收电磁波的能量，其转动能级由低向高跃迁，形成共振吸收。在分子碰撞的情况下，这种共振吸收谱线不是频率单一的谱线，而是有一定的频谱宽度。这样，氧气分子和水分子不仅激烈地吸收与吸收谱线中心频率十分相近的电磁波，还会吸收频率不一致的电磁波。

光辐射在通过大气到达被照面的过程中，大气层对光辐射的吸收、散射及反射作用造成光辐射削弱，光辐射的这种削弱程度称为大气吸收系数，可表示为

$$K_a = \frac{\Phi_i - \Phi_0}{\Phi_i} \times 100\% = \frac{\Delta\Phi}{\Phi_i} \times 100\% \qquad (2-11)$$

式中，K_a——大气吸收系数；
Φ_i——刚进入大气时的光通量；
Φ_0——光到达被照面的光通量；
$\Delta\Phi$——大气吸收的光能量。

2.3.2 大气散射

大气散射是指电磁波与大气分子或气溶胶等发生相互作用，使入射能量以一定规律在各方向重新分布的现象。其实质是大气分子或气溶胶等粒子在入射电磁波的作用下产生电偶极子或多极子振荡，并以此为中心向四周辐射与入射波频率相同的子波，即散射波。散射波能量的分布与入射波的波长、强度以及粒子的大小、形状和折射率有关。

大气散射是重要且普遍发生的现象，大部分进入人眼的光都是散射光。如果没有大气散射，那么不被太阳直接照射的地方都将一片黑暗。大气散射削弱了太阳的直接辐射，同时使地面除了接收到经过大气削弱的太阳直接辐射外，还能接收到来自大气的散射辐射，这大大增加了大气辐射问题的复杂性。大气散射是大气光学和大气辐射学中的重要内容，也是微波雷达、激光雷达等遥感探测手段的重要理论基础。

光和粒子的相互作用，按粒子与入射波波长 λ 的相对大小不同，可以采用不同的处理方法：当粒子尺度比波长小得多时，可采用比较简单的瑞利散射公式；当粒子尺度与波长可相比拟时，应采用较复杂的米散射公式；当粒子尺度比波长大得多时，则采用几何光学进行处理。通常，考虑具有半径 r 的均匀球状粒子的理想散射时，采用无量纲尺度参数 $\alpha = 2\pi r/\lambda$ 作为判别标准：当 $\alpha < 0.1$ 时，可采用瑞利散射；当 $\alpha \geq 0.1$ 时，需采用米散射；当 $\alpha > 50$ 时，可用几何光学。同一粒子对不同波长而言，往往采用不同的散射处理方法。例如，直径为 1 μm 的云滴对可见光应采用米散射公式，但对微波可作瑞利散射处理。

1. 瑞利散射

当粒子尺度远小于入射光波长时（小于波长的十分之一），其各方向上的

散射光强度是不一样的,该强度与入射光的波长四次方成反比,这种现象称为瑞利散射。

由于瑞利散射的强度与波长的四次方成反比,所以太阳光谱中紫光的散射比红光强得多,这就造成大气的散射光谱(散射光能量按波长的分布)对入射的太阳光谱而言,向短波方向移动。因太阳光谱在短波段中以蓝光能量最大,所以在晴空(大气浑浊度小)时,天空在大气分子的强烈散射作用下呈现蔚蓝色。

2. 米散射

当球形粒子的尺度与波长可比拟时,必须考虑散射粒子体内电荷的三维分布。此散射情况下,散射粒子应考虑为由许多聚集在一起的复杂分子构成,它们在入射电磁场的作用下形成振荡的多极子,多极子辐射的电磁波相叠加,就构成散射波。由于粒子尺度可与波长相比拟,所以入射波的相位在粒子上是不均匀的,会造成各子波在空间和时间上的相位差。在子波组合产生散射波的位置,将出现相位差造成的干涉。这些干涉取决于入射光的波长、粒子的大小、折射率及散射角。当粒子增大时,造成散射强度变化的干涉也增大。因此,散射光强与这些参数的关系比瑞利散射更复杂,需用级数表达,该级数的收敛非常缓慢。这个关系由德国科学家古斯塔夫·米首先提出,故称这类散射为米散射。

米散射具有以下特点:

(1)散射强度比瑞利散射大得多,散射强度随波长的变化不如瑞利散射那样剧烈。随着尺度参数增大,散射的总能量快速增加,最后以振动的形式趋于一定值。

(2)散射光强随角度的变化出现许多极大值和极小值,当尺度参数增大时,极值的个数也增加。

(3)当粒子尺度参数增大时,前向散射与后向散射之比增大,使粒子前半球散射增大(图2-2)。

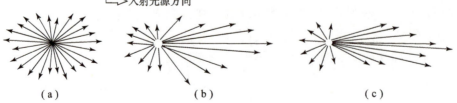

图2-2 米散射三种尺度粒子散射光强的角分布

(a)小粒子;(b)中粒子;(c)大粒子

当尺度参数很小时，米散射的结果可以简化为瑞利散射；当尺度参数很大时，它的结果与几何光学结果一致；在尺度参数比较适中的范围内，只有用米散射才能得到唯一正确的结果。因此，米散射计算模式能描述任何尺度参数的均匀球状粒子的散射特点。

2.4 太赫兹波与大气的相互作用

2.4.1 太赫兹波谱

太赫兹波谱包含丰富的物理信息和化学信息，如许多轻分子的转动频率、大分子活官能团的振动模式和生物大分子的谐振频率都处在太赫兹波段[5]。另外，太赫兹波谱覆盖电子材料的低能激励现象，凝聚态相位介质的低频振动模式，固体材料的声子、磁振子、等离子体激元，以及液体分子振动等激励现象。因此，研究太赫兹波谱对于研究基础物理相互作用具有重要意义。目前，常见的太赫兹波谱技术有太赫兹时域光谱技术、时间分辨光谱技术和太赫兹发射光谱技术[6]。

相对于传统的傅里叶变换红外光谱技术，太赫兹光谱技术有以下 5 大优势：

（1）传统的傅里叶变换红外光谱技术为非相干测量，只能得到材料的功率谱，要想知道材料的复介电常数，则需通过复杂的 K-K 变换才能求得。太赫兹光谱系统是相干测量系统，可直接测得物质的相位信息和功率谱；物质的吸收系数和折射率则可以由振幅和相位通过计算求得。

（2）太赫兹光谱技术所产生的太赫兹场强要远大于相对于传统的傅里叶变换红外光谱技术，且在常温下的信噪比和系统的稳定性都更好。

（3）太赫兹光谱技术中的探测器不需要冷却，方便操作。

（4）太赫兹光谱技术的动态范围更大，可以对物质的光学常数进行更高精度测量。

（5）太赫兹光谱技术不但可以进行亚皮秒的时间分辨率测量，而且可以对多层结构的物质进行测量分析，能有效地探测物质的物理信息和化学信息，对物质进行定性鉴别分析。

1. 太赫兹时域光谱技术

太赫兹时域光谱是将太赫兹脉冲与样品发生相互作用，测量作用后的太赫兹电场强度随时间的变化曲线。由于样品的结构不同，太赫兹脉冲波形的变化也有所不同，由此可求得样品的复折射率、介电常数和电导率等。深入分析这些实验所得的光学参数，可以在一定程度上对样品的种类进行鉴别，并可得到一些与样品有关的物理信息和化学信息。典型太赫兹时域光谱系统主要由飞秒激光器、太赫兹发射极、太赫兹波探测极及时间延迟系统组成，如图2-3所示。它可分为透射式和反射式，在实验中可根据不同的样品和不同的测试要求来采用不同的装置。

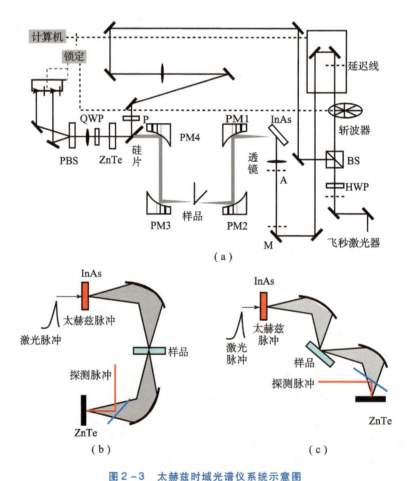

图2-3 太赫兹时域光谱仪系统示意图
BS—分束镜；HWP—半波片；QWP—1/4波片；M—反射镜；
PM—抛物面镜；P—偏振片；A—光阑；PBS—偏振分束镜
(a)系统示意；(b)透射式；(c)反射式

飞秒激光经过分束镜后分为两束：透射较强的作为抽运光，通过可变延迟线入射到太赫兹发射晶体上产生太赫兹脉冲,太赫兹脉冲经过两组离轴抛物面镜,最后被聚焦到探测晶体上;较弱的反射光作为探测光,经过多次反射后通过偏振片,而后由硅片将其反射到探测晶体上,使探测光与太赫兹脉冲共线通过探测晶体。由于太赫兹脉冲电场可使通过电光探测晶体的探测脉冲的偏振态发生改变,因此可间接探测太赫兹脉冲电场的大小及其变化情况。当偏振态改变后的探测脉冲经 1/4 波片后被偏振分束镜分成偏振方向相互垂直的两束光,而后经由一个双眼光电探头连接到锁相放大器上,最后经过计算机进行相应的数据采集。在光路中,抽运光可由斩波器进行调制。延迟线的作用是改变太赫兹脉冲和探测脉冲之间的相对时间延迟,最后取样出太赫兹电场波形。

1) 常规的样品光学常数提取原理

实验室中典型的太赫兹脉冲的峰值功率在微瓦量级,所以太赫兹弱电场和样品的相互作用是线性的。对于样品透射谱的光学常数提取是在真空近似(样品前后两侧的折射率均为1)和弱吸收近似($n \gg k$)的前提下,将实验测得的样品信号和参考信号的频域谱进行相比,即

$$\frac{E_{\text{sam}}(\omega)}{E_{\text{ref}}(\omega)} = T(\omega)\exp(-\mathrm{i}\Delta\Phi(\omega)) \qquad (2-12)$$

式中,ω——信号角频率;

$E_{\text{sam}}(\omega)$,$E_{\text{ref}}(\omega)$——频域中的复电场,分别表示样品信号和参考信号;

$T(\omega)$——透过样品的太赫兹电场;

$\Delta\Phi(\omega)$——相位变化。

$T(\omega)$ 和 $\Delta\Phi(\omega)$ 可从实验中直接测得,由此可确定实折射率 $n(\omega)$、吸收系数 $\alpha(\omega)$ 和消光系数 $k(\omega)$:

$$n(\omega) = 1 + \Delta\Phi(\omega) \cdot \frac{c}{\omega d} \qquad (2-13)$$

$$\alpha(\omega) = \frac{2}{d}\ln\left(\frac{4n(\omega)}{T(\omega)(1+n(\omega))^2}\right) \qquad (2-14)$$

$$k(\omega) = \ln\left(\frac{4n(\omega)}{T(\omega)(1+n(\omega))^2}\right)\frac{c}{\omega d} \qquad (2-15)$$

式中,c——光速;

d——样品厚度。

对于反射谱的情况,在太赫兹脉冲正入射或小角度入射的条件下,如果定义反射率 r 为反射光束 E_2 和入射光束 E_1 比值,则据此可求得

$$r(\omega) = \frac{E_2}{E_1} = \sqrt{R}\exp(\mathrm{i}\varphi), \quad |r| = \sqrt{R} \qquad (2-16)$$

式中，R——反射波与入射波的功率之比；

φ——脉冲的初始相位。

E_1 和 E_2 间的相位变化 $\Delta\varphi$、反射率 $\sqrt{R}$ 可从实验中测得，则折射率 n 和消光系数 k 可通过下式求出

$$n = \frac{1+R}{1+R-2\sqrt{R}\cos\varphi} \qquad (2-17)$$

$$k = \frac{2\sqrt{R}\sin\varphi}{1+R-2\sqrt{R}\cos\varphi} \qquad (2-18)$$

而吸收系数 $\alpha = 4\pi\nu k/c$，ν 表示频率，c 表示光速。

2）不依赖参考光的参数提取方法

传统的光学参数提取方法需要分别测量样品信号和参考信号，而且对波前的质量要求比较高，不太适用于远距离传输和大尺寸焦平面系统。另外，为了避免传统反射式测量系统测量参考信号和样品信号时反射面不能完全重合所造成的相位误差，发展出了不依赖参考光的太赫兹透射谱和反射谱的提取材料吸收特征的方法。该方法不利用太赫兹信号的振幅谱，仅利用样品吸收特性的位相信息即可获得所需的参数。对于透射式太赫兹时域光谱系统，由于弱极化的有机化合物对太赫兹波的吸收弱于对其的散射，因此在适当的近似条件下，可利用折射率 $n(\omega)$ 对频率的一阶导数 $-\mathrm{d}n(\omega)/\mathrm{d}\omega$ 来标定样品的共振频率，即

$$-\frac{\mathrm{d}\left(\dfrac{\Phi_s(\omega)}{\omega}\right)}{\mathrm{d}\omega} = -\frac{d}{c}\mathrm{d}n(\omega)/\mathrm{d}\omega \qquad (2-19)$$

式中，Φ_s——样品信号相位。

由式（2-19）可知，$-\dfrac{\mathrm{d}\left(\dfrac{\Phi_s(\omega)}{\omega}\right)}{\mathrm{d}\omega}$ 包含材料的共振吸收频率特征。同样，对于反射式太赫兹时域系统，在忽略大气吸收的前提下，根据太赫兹反射脉冲相位 $\Phi_s(\omega)$ 对频率 ω 的二阶导数与消光系数对频率 ω 的二阶导数成线性关系，可得

$$\frac{\mathrm{d}^2\Phi_s}{\mathrm{d}\omega^2} \approx \frac{2}{(n_\infty^2-1)}\frac{\mathrm{d}^2 k}{\mathrm{d}\omega^2} \qquad (2-20)$$

对于弱极性分子，$\dfrac{\mathrm{d}^2 k}{\mathrm{d}\omega^2}$ 与 k 具有相同的曲线形状（只是正负相反）。因此，利用样品信号相位的二阶导数 $\dfrac{\mathrm{d}^2\Phi_s}{\mathrm{d}\omega^2}$ 可完全表征化合物分子共振频率的吸收特性。

2. 时间分辨太赫兹光谱技术

时间分辨太赫兹光谱技术为光抽运－太赫兹波探测的光谱技术，是光学抽运技术和太赫兹时域光谱技术结合的一种非接触式的电场探测技术。通过该技术，可以直观地观测到样品信号的光致变化所反映的信息，其分辨率在亚皮秒量级（最高可达 200 fs）。相对于太赫兹时域光谱技术，时间分辨的太赫兹光谱技术更加复杂，前者所测得的信息为样品的静态特性，而后者能测得物质的动态变化信息。时间分辨的太赫兹光谱系统利用同步产生的红外抽运脉冲和太赫兹探测脉冲来实现测量，如图 2－4 所示。当样品被激励之后，随即被太赫兹脉冲探测。通过改变抽运脉冲和探测脉冲之间的时间延迟，可实验测得多种动态过程，如载流子注入、冷却、衰变和捕获等。这种光谱系统主要有太赫兹产生支路、探测支路和可见光抽运支路。当可见光脉冲激励样品后，样品的介电常数会发生改变。介电常数的改变通常是光生自由载流子和极化子等现象导致的，可利用时间分辨的太赫兹光谱技术来研究这种变化。此外，该技术是研究纳米材料电特性的重要手段，因为传统的探测技术很难实现非接触的电特性探测。

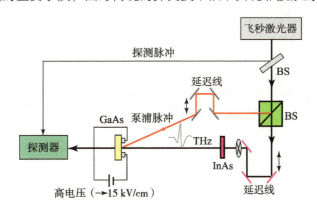

图 2－4 时间分辨的太赫兹光谱系统

时间分辨的太赫兹光谱系统可直接测量出光电导率的光致变化，而光电导率可反映出材料内部载流子浓度及其迁移率的信息。复光电导率 σ 可从材料的复介电常数直接求得：

$$\sigma' = \varepsilon_0 \omega (\eta'' - \varepsilon'') \quad (2-21)$$

$$\sigma'' = \varepsilon_0 \omega (\varepsilon' - \eta') \quad (2-22)$$

式中，η ——光激励介电常数；

ε ——非光激励情况下的静态介电常数；

ε_0 ——自由空间的介电常数；

ω ——角频率。

3. 太赫兹发射光谱技术

太赫兹发射光谱技术是指分析材料辐射出的太赫兹波形的振幅和形状,以此研究材料的特性。太赫兹发射光谱系统实质是太赫兹时域光谱系统的简单变形,只不过它所研究的样品为系统自身的太赫兹发射极。利用太赫兹发射光谱技术,可对半导体、超导体、异质结构(量子阱、超晶格等)、溶剂中的定向分子和磁膜等材料进行研究。当样品被光激励后产生光生电流或因光生极化作用(电极化或磁极化)而辐射出太赫兹脉冲,根据辐射出的太赫兹波形就可以分析其机理过程的动力学。太赫兹发射光谱系统与时域光谱系统和时间分辨太赫兹光谱系统的不同之处在于,不管先期的光激励存在与否,太赫兹脉冲并不是用来探测样品的太赫兹光学特性的,而是用于研究其产生机理。典型的太赫兹发射光谱系统如图 2-5 所示。飞秒激光源发出的飞秒脉冲被分为抽运光和探测光。其中,飞秒脉冲的 99.9% 能量用于激励样品;探测光束需先经过垂直起偏器,而后根据自由空间电光取样技术去探测电磁瞬变。

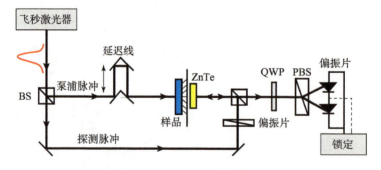

图 2-5 典型的太赫兹发射光谱系统

以上 3 种光谱技术都基于超快光学产生相干太赫兹脉冲技术,是宽带线性光谱探测技术。随着太赫兹相关技术的进步,高宽带、强太赫兹(太赫兹电场能达 kV/cm 量级)波辐射可以实现非线性光谱的测量。太赫兹非线性光谱可用于研究晶格非简谐振动、晶格动力学的相干控制、液体和无序体系的低频运动及半导体的非线性电响应等。另外,基于电子学的高光谱分辨率的窄带太赫兹光谱系统也可以用于研究声子共振、相变、超导体和电荷转移等,与基于光学技术的宽带太赫兹光谱技术形成互补。

2.4.2 太赫兹波的吸收与衰减

大气对辐射能量传输的影响包括大气吸收、散射、大气湍流和背景辐射。

在太赫兹波段，吸收衰减的影响最大，主要表现为线谱吸收、连续体吸收[7,8]。线谱吸收衰减主要来源于大气中各种组分分子的振动或振动能级跃迁，尤其是非极性分子（如水分子）的振动跃迁，这是太赫兹波传输吸收衰减的主体。连续体吸收主要来源于谱线的展宽，包括组分分子的自展宽吸收、大气水分子间自碰撞所致的谱线自碰撞展宽，以及大气水分子与大气中其他组分分子碰撞导致的谱线碰撞展宽吸收[9,10]。地球大气中充满吸收物质，其中有许多物质在特定频段致使大气不透明，尤其是水汽，其在微波到太赫兹频段有成百上千条共振和转动吸收线。尽管氮气在大气中的含量最为丰富，但是氮气在太赫兹领域几乎没有吸收线。因此，本小节忽略氮气的影响，主要考虑水汽和氧气，它们是真实大气中最重要的吸收物质[11,12]。

1. 线吸收

设有频率为 ω 的平面波，电场强度为 $E(z,t)$，沿 z 方向在某媒质中传播，$E(z,t) = E(0,t)\mathrm{e}^{-\mathrm{i}(kz-\omega t)}$。根据经典电磁理论，复传播常数可以表示为

$$k(\omega) = k_0 + \Delta k(\omega) + \mathrm{i}\alpha(\omega)/2 \qquad (2-23)$$

式中，k_0——非共振波矢，$k_0 = \omega(n/c)$；

$\Delta k(\omega)$——描述大气/水汽的共振相互作用导致的相移；

$\alpha(\omega)$——能量吸收系数。

对于具有强度 S_j 的单条（不存在重叠）谱线，吸收系数 $\alpha_V(\omega)$ 可以写为

$$\alpha_V(\omega) = S_j f(v - v_0) \qquad (2-24)$$

式中，$f(v - v_0)$——线性因子。

单条谱线吸收线性函数 $g_\alpha(\omega, \omega_j)$ 可由 VanVleck - Weisskopf（VVW）理论[13]求得：

$$g_\alpha(\omega, \omega_j) = \frac{\Delta\omega_j}{(\omega - \omega_j)^2 + (\Delta\omega_j/2)^2} - \frac{\Delta\omega_j}{(\omega + \omega_j)^2 + (\Delta\omega_j/2)^2} \qquad (2-25)$$

式中，$\Delta\omega_j$——谱线的半宽度；

ω_j——单条谱线的频率。

为了减小线翼效应，修正 VVW 线型，在距中心频率 750 GHz 处截断。而对于某一组分气体的吸收谱线，则需对其所有谱线求和[14]，即

$$\alpha_1(\omega) = \sum_j N S_j \left(\frac{\omega}{\omega_j}\right)^2 g_\alpha(\omega, \omega_j) \qquad (2-26)$$

式中，N——分子数密度；

S_j——线强。

2. 连续体吸收

除了线吸收，连续体吸收也是辐射传输的重要组成部分。目前对连续体吸收机制的认识尚不完备，还有很多方面有待深入研究，因此不同的吸收模型采用不同的连续体吸收参数[13,14]。导致连续体吸收的原因有很多，主要有3方面：水汽自展宽和远翼效应引起的连续吸收；分子与大气中其他分子之间的碰撞导致的谱线碰撞展宽吸收（如 N_2-N_2、N_2-O_2、O_2-N_2、O_2-O_2 以及水汽二聚物、多聚物引起的吸收等）。连续体吸收的计算分为水汽连续体吸收项和干空气连续体吸收项，吸收项的单位为 m^{-1}，表达式分别为[15,16]

$$\alpha_{c,H_2O} = A\left(\frac{v}{225}\right)^B \left(\frac{e}{1\,013}\right)\left(\frac{p-e}{1\,013}\right)\left(\frac{300}{T}\right)^3 \quad (2-27)$$

$$\alpha_{c,dry} = 2.612 \times 10^{-6} \left(\frac{v}{225}\right)^2 \left(\frac{p-e}{1\,013}\right)^2 \left(\frac{300}{T}\right)^{3.5} \quad (2-28)$$

式中，e——水汽压强；

p——大气压强；

v——谱线波数；

T——温度；

A, B——随压强、温度和相对湿度变化的参数，使用线性拟合的方法得到这两个参数的方程为

$$\begin{cases} A = 1.215\,2 \times 10^{-4} \times (\phi/100) + 0.041\,6 \\ B = 0.002 \times \phi/100 + 2.354\,3 \end{cases} \quad (2-29)$$

式中，ϕ——水汽相对湿度。

因此，连续体吸收系数为

$$\alpha_c = \alpha_{c,dry} + \alpha_{c,H_2O} \quad (2-30)$$

对于太赫兹波，大气辐射传输总的吸收系数 α 是线吸收 α_l 和连续体吸收 α_c 的总和，即

$$\alpha = \alpha_l + \alpha_c \quad (2-31)$$

参 考 文 献

[1] BARRETT E C, CURTIS L F. Introduction to environmental remote sensing [M]. New York: Halsted Press, 1978.

[2] 张祖荫,林士杰. 微波辐射测量技术及应用[M]. 北京:电子工业出版社,1995.

[3] 李兴国,李跃华. 毫米波近感技术基础[M]. 北京:北京理工大学出版社,2009.

[4] 张培昌,王振会. 大气微波遥感基础[M]. 北京:气象出版社,1995.

[5] 张存林,牧凯军. 太赫兹波谱与成像[J]. 激光与光电子学进展,2010,47(2):1-14.

[6] 郭澜涛,牧凯军,邓朝,等. 太赫兹波谱与成像技术[J]. 红外与激光工程,2013,42(1):51-56.

[7] KLEIN U, LIN C C, LANGEN J, et al. Future satellite earth observation requirements and technology in millimetre and sub-millimetre wavelength region [C]//The 17th International Symposium on Space THz Technology, 2006:21-28.

[8] CHO H M, ZHANG Z, MEYER K, et al. Frequency and causes of failed MODIS cloud property retrievals for liquid phase clouds over global oceans [J]. Journal of Geophysical Research-Atmospheres, 2015, 120(9):4132-4154.

[9] MENDROK J, BARON P, KASAIA Y. Studying the potential of terahertz radiation for deriving ice cloud microphysical information [J]. Proceedings of SPIE-The International Society for Optical Engineering, 2008, 7107:710704.

[10] GOETZ A F, BOARDMAN J W, KINDEL B, et al. Atmospheric corrections: On deriving surface reflectance from hyperspectral imagers [J]. Proceedings of SPIE-The International Society for Optical Engineering, 1997, 3118:14-22.

[11] 李海英. 太赫兹波大气传播特性建模与遥感探测研究[D]. 西安:西安电子科技大学,2018.

[12] 王玉文. 太赫兹辐射大气传输特性研究与信道分析[D]. 绵阳:中国工程物理研究院,2017.

[13] VAN VLECK J H, WEISSKOPF V F. On the shape of collision-broadened lines [J]. Reviews of Modern Physics, 1945, 17:227-236.

[14] 王玉文,房艳燕,董志伟,等. 太赫兹波沿大气层倾斜路径的传输衰减[J]. 电波科学学报,2015,30(4):783-788.

[15] ROTHMAN L S, GORDON I E, BABIKOV Y, et al. The HITRAN 2008 molecular spectroscopic database [J]. Journal of Quantitative Spectroscopy and

Radiative Transfer, 2009, 110: 533 – 572.

[16] PARDO J R, CERNICHARO J, SERABYN E. Submillimeter atmospheric transmission measurements on Mauna Kea during extremely dry El Nino conditions: implications for broadband opacity contributions [J]. Journal of Quantitative Spectroscopy and Radiative Transfer, 2001, 68: 419 – 433.

第 3 章
太赫兹遥感辐射计

> 合抱之木,生于毫末;九层之台,起于累土;千里之行,始于足下。
>
> ——老子

太赫兹遥感辐射测量的主要设备就是辐射计,空间实孔径太赫兹辐射计的主要指标是空间分辨率,而空间分辨率既依赖于天线的尺寸又依赖于频率。针对定量遥感、高分辨成像和参数反演,将星载太赫兹辐射计低频通道的空间分辨率提高到高频通道的空间分辨率十分有必要。

3.1 太赫兹辐射计的类型

太赫兹辐射计的类型较多,典型的包括全功率型、迪克型、双参考温度自动增益控制型、数字增益自动补偿型等。最早的辐射计为全功率型辐射计,通常情况下,全功率型辐射计的组成包括高增益观测天线子系统、热控定标子系统、准光学馈电网络子系统、高灵敏度宽带接收机子系统、信息采集与处理子系统、扫描和控制子系统、结构和伺服机构子系统、配电与信号网络子系统等部分。受射频器件性能的限制,尤其是受增益稳定性的影响,全功率型辐射计的实际灵敏度差,因此发展了迪克型辐射计。迪克型辐射计使用前端开关对标准源和天线口面进行切换,以改善辐射计的实际灵敏度。随后,出现了平衡式迪克型辐射计、相位开关式、双参考 Hach 型、相关式 K 因子型、交流辐射计等类型的辐射计[1]。这些类型的辐射计可看作以全功率型辐射计和迪克型辐射计为基础的改进形态。接下来,主要介绍全功率型辐射计和迪克型辐射计在太赫兹遥感方面的应用,并进行分析和对比。

3.1.1 全功率型辐射计

作为最早出现的辐射计类型,全功率型辐射计也是其他辐射计的基础,典型的全功率型辐射计系统组成框图如图 3-1 所示。

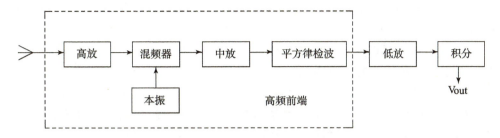

图 3-1　全功率型辐射计系统组成框图

全功率型微波辐射计接收机的组成包括接收天线、定标器、噪声基准源、射频和中频电路、检波器、积分器等部分，后端通常接有信息处理系统。输出电压包括目标场景噪声的贡献和接收机内部噪声的贡献。检波器输出电压为

$$U_d = C_d \cdot G \cdot k \cdot \mathrm{BW}(T_{\mathrm{REC}} + T_A) \quad (3-1)$$

式中，C_d——平方律检波器功率灵敏度常数；

G——检波前的系统总增益；

k——玻尔兹曼常数；

BW——检波前的系统带宽；

T_{REC}——接收机系统噪声温度；

T_A——天线噪声温度，又称天线温度。

从式（3-1）可以看出，检波器输出电压包含接收机噪声检波电压和目标场景噪声检波电压的总和。在全功率型辐射计中，检波电压由直流分量、噪声分量、增益分量组成。噪声起伏引起的系统噪声温度变化为

$$\Delta T_n = \frac{(T_{\mathrm{REC}} + T_A)}{\sqrt{\mathrm{BW} \cdot \tau}} \quad (3-2)$$

式中，τ——积分时间。

从式（3-2）可以看出，接收机噪声温度越低、带宽越大、积分时间越长，由噪声起伏引起的系统噪声温度变化就越小。同时，接收机增益也受环境温度的影响，由增益起伏 ΔG 引起的系统附加温度变化为

$$\Delta T_G = (T_{\mathrm{REC}} + T_A) \frac{\Delta G}{G} \quad (3-3)$$

式中，$\Delta G/G$——接收机增益稳定度。

噪声起伏和增益起伏引起的检测温度变化在统计上是独立的，从而可得全功率辐射计的灵敏度为

$$\Delta T_{\min} = (T_{\mathrm{REC}} + T_A) \sqrt{\frac{1}{\mathrm{BW} \cdot \tau} + \left(\frac{\Delta G}{G}\right)^2} \quad (3-4)$$

在太赫兹频段,由于缺乏低频噪声放大器,通常接收机和第一级直接采用混频器。可见,影响全功率型辐射计灵敏度的主要因素有以下几方面:

(1) 辐射计接收机系统的噪声性能,即接收机的噪声温度。接收机的噪声温度越低,辐射计的灵敏度就越高。

(2) 系统带宽。一般来说,系统带宽越大,辐射计的灵敏度就越高。

(3) 系统增益稳定度。增益稳定度带来的增益起伏越高,辐射计的灵敏度就越低。辐射计的系统增益起伏取决于系统接收机链路的温度稳定特性,通常通过恒温工作和器件增益温度补偿设计来对系统增益起伏进行改善设计。

(4) 积分时间。积分时间越长,系统的灵敏度就越高。但是,积分时间取无限长并不符合实际应用,考虑到星载应用的扫描体制会对积分时间产生限制,通常积分时间为毫秒(ms)量级。

3.1.2 迪克型辐射计

迪克型辐射计接收机输入端使用开关,周期性地在天线与恒定的噪声源(比较负载)之间切换,这个开关称为迪克开关。开关频率要高于增益起伏谱上最高的频谱分量,以保证在一个开关周期内,系统的增益 G_s 基本维持不变[2],其系统原理框图如图3-2所示。

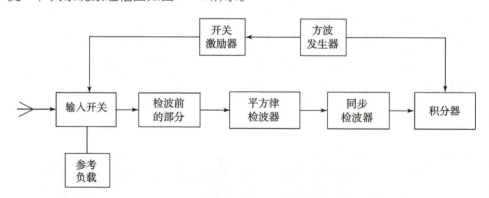

图3-2 迪克型辐射计系统原理框图

对于方波调制,接收机接通天线和参考负载的半个周期内检波器输出电压分别为

$$\begin{cases} U_A = C_d \cdot G_s \cdot k \cdot \mathrm{BW}(T_{\mathrm{REC}} + T_A), & 0 \leqslant t \leqslant T_S/2 \\ U_{\mathrm{REF}} = C_d \cdot G_s \cdot k \cdot \mathrm{BW}(T_{\mathrm{REC}} + T_{\mathrm{REF}}), & T_S/2 < t \leqslant T_S \end{cases} \quad (3-5)$$

式中,T_{REF}——参考负载的噪声温度;

T_S——调制信号的周期。

同步检波器的作用是将天线口面噪声温度输出检波电压和恒定噪声源输出检波电压做差值后积分，其输出电压为

$$U_\mathrm{O} = \frac{1}{2}C_\mathrm{d} \cdot G_\mathrm{s} \cdot k \cdot \mathrm{BW}(T_\mathrm{A} - T_\mathrm{REF}) \qquad (3-6)$$

可见，迪克接收机的输出电压 U_O 与天线温度与参考负载温度之差（即 $T_\mathrm{A} - T_\mathrm{REF}$）成正比，而与接收机系统噪声温度 T_REC 无关。

与全功率型辐射计的分析方法相同，考虑增益变化、参考负载温度变化以及接收机噪声温度变化，迪克型辐射计的灵敏度为

$$\Delta T_\mathrm{min} = \sqrt{\frac{2(T_\mathrm{REC}+T_\mathrm{A})^2 + 2(T_\mathrm{REC}+T_\mathrm{REF})^2}{\mathrm{BW}\cdot\tau} + \left(\frac{\Delta G}{G}\right)^2 (T_\mathrm{A}-T_\mathrm{REC})^2}$$

$$(3-7)$$

从式（3-7）可以看出，迪克型辐射计可以降低系统增益起伏对接收机灵敏度的影响，这也是迪克型辐射计出现的原因，但开关的使用导致系统接收机噪声温度恶化，使辐射计灵敏度的理论值低于全功率型。

除了使用广泛的全功率型辐射计和迪克型辐射计外，太赫兹辐射计还有实孔径、合成孔径、镜像合成孔径等类型。镜像合成孔径辐射计采用稀疏的小口径天线阵列合成一个等效的大口径天线，可有效降低天线的体积与重量，且无须机械扫描即可实现对整个视场的瞬时成像，为提高星载被动太赫兹遥感的空间分辨率提供了一种可行的途径。但是，合成孔径辐射计的优点以系统结构和信号处理复杂度为代价，特别是对于大型星载综合孔径辐射计，其阵元数目过多，系统结构和信号处理非常复杂[3,4]。

3.2 太赫兹辐射计的空间分辨率

空间分辨率是指能够区分的两个相邻目标之间的最小角度间隔或最小线性间隔，即遥感仪器所能分辨的最小单元。空间分辨率越高，遥感仪器能够识别和区分的目标像元就越小。无论是极轨气象卫星搭载的太赫兹辐射计还是静止轨道气象卫星搭载的太赫兹辐射计，在大气探测、对地观测、海洋观测、全球气候监测、灾害性天气预测方面都起着重要作用。然而，太赫兹辐射计受天线尺寸的限制，其固有的空间分辨率较低（为几十千米的量级），这限制了其更为广泛的应用。例如，利用亮温数据对土壤水分反演。土壤水分的反演算法基于太赫兹辐射计的低频数据，而低频通道的空间分辨率以几十千米为量级，因

此反演的土壤水分结果的空间分辨率也为几十千米，然而在对区域尺度上的地气陆面模型的研究中，输入的参数空间分辨率为 1～10 km。可见，太赫兹辐射计的低空间分辨率限制了其更为广泛的应用。另外，有些地球物理参数需要不同波段亮温数据的组合应用，对太赫兹辐射计多通道数据采用统一的空间分辨率进行处理，这就需要解决如何使不同波段空间分辨率进行匹配的问题。一般说来，太赫兹辐射计的空间分辨率既依赖于天线的尺寸又依赖于频率。

受卫星对有效载荷体积和重量的限制，星载太赫兹辐射计无法装配大型天线，所以星载太赫兹辐射计的固有空间分辨率比较低，通常都在十千米量级。例如，SSM/I 依据不同的频率通道，其固有的顺轨方向分辨率（垂直于天线扫描方向）为 15～70 km，而其交轨方向分辨率（沿天线扫描方向）为 13～43 km。星载太赫兹辐射计相对于其他遥感器的空间分辨率较低，这限制了它在陆地和冰川等研究领域的应用。

此外，大部分用于获取地理参数的反演算法，都不止使用一个频率通道。当使用星载太赫兹辐射计不同频率的多通道数据进行目标建模时，往往需要它们有一致的地面覆盖区域，这就要求对于太赫兹辐射计的多频段数据运用统一的空间分辨率进行处理，即要么将高空间分辨率数据降低为低空间分辨率的尺度，要么将低空间分辨率的数据改进或增强为高空间分辨率。由于前者会导致小尺度信息的丢失，故而为了得到地理参数的更精确测量，将星载太赫兹辐射计低频通道数据的空间分辨率提高到高频通道数据的空间分辨率是一个更好的方法。

当然，增强太赫兹辐射计空间分辨率的最大驱动来自应用的需求。随着国民经济的发展，在农业研究、环境保护与规划等方面都需要使用分辨率较高的遥感图像。因此，利用太赫兹辐射计空间分辨率增强算法来得到改进的较高空间分辨率的图像就显得很有必要。

提高太赫兹辐射计的空间分辨率包括物理技术、数据处理两方面的措施。从物理技术角度讲，可以增加辐射计天线的口径、提高辐射计的工作频率，还有近年来发展十分迅速的合成孔径技术。

通常，在太赫兹辐射计图像处理中，不考虑因天线的尺寸有限而造成的衍射的影响（它使得其地面覆盖区域的大小依赖于不同频率）。另外，当采样间隔小到足以使天线的地面覆盖区域产生重叠（它与频率有关）时，在得到的图像数据中会出现模糊。所以，要想增强太赫兹辐射计的空间分辨率，就必须消除这两类图像的退化。然而，目前的各种增强算法都依靠邻近天线测量中增益函数的重叠部分，即天线相邻地面覆盖区域的重叠。

许多对分辨率增强的研究都使用了 Backus 和 Gilbert 提出的基于矩阵反演

技术的方法。该方法最初用于解决从有限的不太精确的地球数据中建立地球模型的反演问题，它本质上是一类有关非唯一性的数学问题，很快被引入其他领域。对于微波辐射计的亮温反演，它通过估计邻近样本对测量值所做的贡献，由天线亮温反推地面亮温，集中消除重叠模糊的影响。很明显，这需要辐射计样本的亮温二维分布在空间上必须有重叠区域，同时要有辐射计天线方向图特征的先验知识。计算的结果会给出比真实的天线方向图更窄的估计，所以衍射模糊的影响也被有限校正。

Sethmann 等[5,6]提出使用图像反卷积技术来改进空间分辨率。通过着重校正衍射模糊来消除天线方向图低通滤波的影响，最终得到没有被平滑的亮温分布（即理想的被无限大的天线测量情况）估计。在处理过程中，它也会降低重叠模糊的影响。为了成功地进行图像反卷积，同样需要样本是相关的（即天线地面覆盖区域是重叠的）；此外，最初的场景如何很好地被近似，还依赖于样本的密度（采用间隔）。反卷积复原算法不需要天线方向图，但需要点扩展函数（PSF）。

还有一些研究者使用 SIR（散射计图像重建）算法来增强辐射计的空间分辨率。SIR 算法最初被设计用于产生多元散射计的图像，是乘法代数重构技术（MART，即最大化熵重建方法）的一种变形。对散射计数据的详细推导是由 Long 等[7]发现的，并被他们引入辐射计。其首先将辐射计测量的分辨率单元分配到矩形网格，然后使用迭代过程从初始亮温估计中得到辐射计图像，SIR 算法为矩形网格的每个元素提供了亮度温度的最大熵估计。这种方法依赖于天线方向图形状及获取分辨率增强的测量重叠。

太赫兹辐射计的空间分辨率表示在其观测视场中能够识别和区分两个紧邻被观测目标的能力。这种能力通常由天线的波束宽度决定，并将天线的半功率波束宽度（Half Power Beam Width，HPBW）作为空间分辨率的度量。空间分辨率 W 与天线口径 D 和天线的探测中心波长 λ 有关，其数学表达式为

$$W = K \cdot \frac{\lambda}{D} \cdot H \tag{3-8}$$

式中，K——比例常数，通常由设计天线的类型决定；

H——相对于地面的高度。

由式（3-8）可以看出，辐射计对地观测的空间分辨率是由辐射计天线口径和探测中心波长共同决定的。当 H 固定时，λ 越大、D 越小，W 就越大，这意味着辐射计识别和区分两个紧邻被观测目标的能力就越弱。因此，要想提高遥感图像分辨能力，就必须增加天线探测中心频段和天线口径。但是，在相同的硬件条件下，同一辐射计对不同频率所表现的空间分辨率不同，而天线口径

尺寸越大，其设计就越难实现，这就导致了分辨率较低的后果。

太赫兹辐射计的发展趋势是实现多频段多通道。对地观测时，通常要求它们的天线波束覆盖具有一致性，这就要求不同频段不同通道的空间分辨率相同。为达到这一目标，有两种思路可以采用：其一，将高分辨率通道降低到与低分辨率通道相同；其二，将低分辨率通道提升到与高分辨率通道相同。很明显，前一种思路会丢失某些小尺度的信息，后一种思路是切实可行的。高分辨率图像有利于识别目标，其等价于像元多且集中，能为后续处理分析过程提供更充分的细节，但分辨率过高将导致难度和成本的大幅度增加。

3.3 太赫兹辐射计的指标

辐射计系统的性能指标包括噪声系数、灵敏度、稳定性、线性度、通频带宽、系统增益等。

1. 噪声系数

噪声系数用于衡量噪声对系统的危害程度，其定义如下：

$$\mathrm{NF(dB)} = 10\lg \frac{\mathrm{SNR_{in}}}{\mathrm{SNR_{out}}} \quad (3-9)$$

式中，$\mathrm{SNR_{in}}$——输入信噪比；

$\mathrm{SNR_{out}}$——输出信噪比。

对于接收机的整体噪声系数定义如下：

$$F = F_1 + \frac{F_2 - 1}{G_1} + \frac{F_3 - 1}{G_1 \cdot G_2} + \cdots + \frac{F_n - 1}{G_1 \cdot G_2 \cdot \cdots \cdot G_{n-1}} \quad (3-10)$$

式中，F_n——第 n 级噪声系数；

G_{n-1}——第 $n-1$ 级增益。

由式（3-10）可知，越是前端，其对噪声系数的影响就越大。

2. 灵敏度

辐射计的灵敏度又称亮温灵敏度，是在信噪比能够接受的前提下，所能观测到的场景辐射亮温的最小变化，用于表征辐射计对场景亮温的分辨能力。辐射计的灵敏度主要受接收机的噪声系数、系统增益起伏和系统带宽等指标的影响[8]。

全功率型辐射计的灵敏度计算公式如下：

$$\Delta T_{\min} = \frac{T_s}{\sqrt{B\tau}} \qquad (3-11)$$

式中，$\Delta T_{\min}$——最小可检测信号，即灵敏度；

T_s——接收机的工作噪声温度，$T_s = T_a + T_m$，T_a 为天线的噪声温度，T_m 为接收机的噪声温度；

B——检波前的噪声带宽；

τ——等效积分时间。

3. 稳定性

星载辐射计作为长期工作在太空环境的机器设备，为获得持续、正确的亮温数据，系统的输出稳定性是非常重要的指标之一。稳定性又称相位幅度稳定性，包括短期稳定性和长期稳定性。由于星载接收机进行周期定标，故短期稳定性能得到较好保证；对定标周期很长的设备而言，受器件温度升高和设备老化等原因的影响，长期稳定性指标会恶化，这种情况一般出现在地基辐射计系统。

4. 线性度

线性度是表征输入噪声温度与输出电压线性关系的指标。各级放大器的线性度、检波器的线性区间是影响该指标的主要因素。在辐射计系统的线性度指标很好的情况下，可以在系统动态范围内采用两点定标法对系统进行定标[9,10]。

3.4 太赫兹辐射计的相关应用

与微波辐射类似，利用太赫兹辐射可以反演大气层温度、湿度以及液态水的垂直剖面情况，还能得到低云的云底温度和高度、雾的厚度等信息。通过加装红外仪器，能够准确地测量云底温度和高度，将其与高分辨率的探测数据相结合，就能得到动力、热力条件随时间变化的情况，再将这些信息与各种气象雷达数据相配合，就可以实现对低云大雾、飞机积冰及强对流等天气现象的监测预警[4]。

1. 人工增雨潜力判别

由于太赫兹辐射计具有探测空中云液态水含量变化情况的能力，因此可将其用于识别并判定人工增雨作业潜势条件。张志红等[11]通过雷达和微波辐射计来探测云和降水随时间的演变特征。其研究发现，地面降水量与空中液态水含量随时间分布有较好的对应关系，液态水在空中的垂直分布等因素对降水产生不同程度的影响；通过分析云液水含量的垂直结构特征、雷达降水回波垂直廓线与液态水含量垂直廓线、各高度层上雷达反射率因子和辐射计液水含量随时间的变化，得出了云降水垂直结构演变特征及成因。高时间分辨率的实测资料有利于针对云中温度层高度、过冷水区等人工增雨作业条件的识别，提高识别的准确性。此外，描述天气和气候的重要物理量——液态水路径和可降水量，也是人工增雨作业条件判别的两个重要指标。利用微波辐射计，可以反演云水路径和可降水量。黄建平等[12]发现微波辐射计计算得出的反演值（液态云水路径和可降水量）与实际观测值较为接近；与卫星反演资料相比，其年变化趋势比较吻合。利用改进的神经网络方法得到的反演结果，在没有降水的情况下，比仪器输出值对云更加敏感、精准。

2. 强对流预警与降水预报

太赫兹辐射计能够对温度、湿度、液态水含量进行连续监测，所得到的监测资料具有时间分辨率高、精度高的优点，可通过分析所得资料来得到短时临近天气预报指标，对降水、冰雹天气有重要的预警和指示作用。黄晓莹等[13]发现太赫兹辐射计监测显示的降水情况与实况雨情基本相符，与探空数据相比，太赫兹辐射计的大气温度、湿度廓线等天气要素的垂直分布合理；通过计算分析 K 指数、深对流指数 CAPE、对流有效位能 SDCL 等常用的对流参数，并选取个例进行分析，结果显示，对流参数变化情况与实际降水的强度有对应关系。郑祚芳等[14]发现太赫兹辐射计对降水的预报具有指示意义，特别是云中液态水含量的急剧增减过程对降水过程的指示意义更大。敖雪等[15]对各量级降水的大气水汽含量 V、云液态水含量 L 进行统计分析，认为 $V>5$ cm、$L>1$ mm 以及经过快速傅里叶变换（FFT）后，V、L 在第 1 个转折点处的特征均可作为降水临近指标；去除背景值后，在各量级降水前 1 h，L 和 V 的波动趋势均无明显变化，V 值大小和波动范围减小，但 L 值无变化。唐仁茂等[16]利用微波辐射计和多普勒天气雷达，采用水汽相变原理和不稳定指数监测分析方法对冰雹天气过程进行监测分析，发现 MKI、KI、TT 和 HI 这 4 个不稳定指数对强对流天气有很好的指示意义，可以作为临近预警的参考指标。苏德斌等[17]

通过探讨"对流启动因子"的探测资料(微波辐射计资料、风廓线雷达资料)来分析对流产生的原因,并结合自动气象站、多普勒天气雷达和卫星等探测设备资料,对降雪的精细时空结构、天气尺度及中小尺度天气系统进行了分析。

3. 数值试验研究

王叶红等[18]发现,微波辐射计资料同化资料对降水强度预报有改善作用。单站及两站微波辐射计资料同化均对降水强度预报有所改善,但改善程度不如3部微波辐射计资料同时同化的结果明显。这说明,同化的中尺度水汽场信息越多,初始场的质量越高,对降水强度预报模拟效果就越好。

4. 雷达路径积分衰减估算

张北斗等[19]利用辐射传输模式和微波辐射计反演出液态水廓线,计算有云情况下的大气整层透过率,进而计算路径积分衰减(PIA)信息,用于试验降水雷达反演分析。

微波辐射计的应用情况完全适用于太赫兹频段。

参 考 文 献

[1] 吴礼. 毫米波辐射计特性参数与性能测试研究[D]. 南京:南京理工大学,2005.

[2] 何杰颖,张升伟. 新型地基大气廓线微波探测仪及其参数反演[J]. 遥感技术与应用,2010,25(2):272-276.

[3] 尹红刚. 微波辐射计图像空间分辨率增强算法研究[D]. 北京:中国科学院,2005.

[4] 王周翔,王旗,于翠红,等. 微波辐射计的应用及研究进展[J]. 现代农业科技,2017,9:223-224,226.

[5] SETHMANN R, BURNS B A, HEYGSTER G C. Spatial resolution improvement of SSM/I data with image restoration techniques [J]. IEEE Transactions on Geoscience and Remote Sensing, 1994, 32 (6): 1144-1151.

[6] SETHMANN R, HEYGSTER G C, BURNS B A. Image deconvolution techniques for reconstruction of SSM/I data [J]. Proceedings of the 11th Annual International Geoscience and Remote Sensing Symposium, 1991, 4: 2377-

2380.

[7] LONG D G, HARDIN P J, WHITING P T. Resolution enhancement of spaceborne scatterometer data [J]. IEEE Transactions on Geoscience and Remote Sensing, 1993, 31 (3): 700 – 715.

[8] 沈林平, 施邦耀. 星载微波辐射计系统定标技术 [J]. 上海航天, 1995, 4: 28 – 32.

[9] 梅亮. 毫米波辐射计接收机的研制与应用 [D]. 南京: 东南大学, 2017.

[10] 程春悦, 孙晓宁, 欧阳滨, 等. 星载毫米波辐射计定标源研究 [C] // 2013 年全国微波毫米波会议, 2013: 1768 – 1771.

[11] 张志红, 周毓荃. 一次降水过程云液态水和降水演变特征的综合观测分析 [J]. 气象, 2010, 36 (3): 83 – 89.

[12] 黄建平, 何敏, 阎虹如, 等. 利用地基微波辐射计反演兰州地区液态云水路径和可降水量的初步研究 [J]. 大气科学, 2010, 34 (3): 548 – 558.

[13] 黄晓莹, 毛伟康, 万齐林, 等. 微波辐射计在强降水天气预报中的应用 [J]. 广东气象, 2013, 35 (3): 50 – 53.

[14] 郑祚芳, 刘红燕, 张秀丽. 局地强对流天气分析中非常规探测资料应用 [J]. 气象科技, 2009, 37 (3): 243 – 247.

[15] 敖雪, 王振会, 徐桂荣, 等. 地基微波辐射计资料在降水分析中的应用 [J]. 暴雨灾害, 2011, 30 (4): 358 – 365.

[16] 唐仁茂, 李德俊, 向玉春, 等. 地基微波辐射计对咸宁一次冰雹天气过程的监测分析 [J]. 气象学报, 2012, 70 (4): 806 – 813.

[17] 苏德斌, 焦热光, 吕达仁. 一次带有雷电现象的冬季雪暴中尺度探测分析 [J]. 气象, 2012, 38 (2): 204 – 209.

[18] 王叶红, 赖安伟, 赵玉春. 地基微波辐射计资料同化对一次特大暴雨过程影响的数值试验研究 [J]. 暴雨灾害, 2010, 29 (3): 201 – 207.

[19] 张北斗, 黄建平, 郭杨, 等. 地基 12 通道微波辐射计反演大气温湿廓线及估算雷达路径积分衰减 [J]. 兰州大学学报（自然科学版）, 2015, 51 (2): 193 – 201.

第 4 章

太赫兹反射面天线及其容差分析

夫过不及,均也。差之毫厘,谬以千里。

——朱熹

空间太赫兹遥感应用中,反射面天线的参数非常关键。受温度和风荷的影响,天线热形变和位变会对天线的工作参数产生影响,进而影响分辨率和定量遥感的结果。通过仿真,能够评估反射面天线的热形变和位变对天线性能的影响。

4.1 反射面天线的工作原理及主要参数

在新一代星载辐射计中，一般采用偏馈式反射面天线。相较于对称式反射面天线，偏馈式反射面天线能够避免馈源和支架对反射面的遮挡，使天线主波束更窄、主波束效率更高。但由此导致天线几何结构非对称，从而使天线在工作模式为线极化时交叉极化更明显、为圆极化时天线波束发生倾斜。要解决这些问题，在偏馈技术的理论分析、天线的设计与加工上都很有难度，尤其需要在馈源的设计上多下功夫[1]。

在星载微波辐射计系统中，为了达到更准确地观测大气、海洋和地面物体的目的，对天线系统的结构和性能的要求越来越高。反射面天线因为具有结构简单、主瓣窄、增益高和频率范围宽等优点，被广泛应用于气象探测、卫星通信和天文观测等领域[2]。

随着辐射计工作频段的扩展，馈源的设计与制作越来越复杂，前端天线的口径也越来越大。无论是天线的热形变，还是位置、角度的变化，都会对整个天馈系统各项性能指标产生较为严重的影响[3-5]。

4.1.1 天馈系统基本组成及工作原理

以新一代气象卫星"风云四号"为例，其搭载的微波载荷的天馈系统为实孔径偏馈式反射面天线，天馈系统（图4-1）由天线主反射面、第一副反射面、准光馈电网络构成。准光馈电网络由多个透射镜、反射镜和馈源喇叭构成，用于改变波束的传播方向，并且将所接收到的观测目标辐射电磁波分解成不同极化和频段的信号，分别馈送至对应的接收机端口。此外，天线系统还包括反射面天线支撑结构、副反射面连接杆、天线展开解锁机构、天线展开解锁机构控制器、天线形面调节机制、天线形面调节控制。

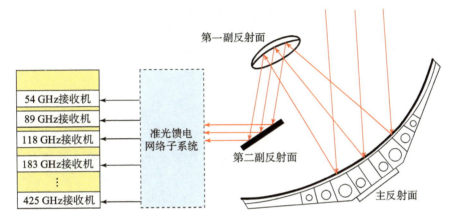

图 4-1　天馈系统示意图

4.1.2　主要参数及指标

1. 主波束效率

天线的主波束效率 η_M 是指天线主波束辐射（或接收）的功率与总波束辐射（或接收）的总功率之比，可表示为

$$\eta_M = \frac{\int_{\Omega_M} F(\theta,\varphi) \, d\Omega}{\int_{4\pi} F(\theta,\varphi) \, d\Omega} \quad (4-1)$$

式中，Ω_M——天线主瓣所张的立体角；

$F(\theta,\varphi)$——天线方向图函数。

2. 天线方向系数和增益

天线方向系数 $D(\theta,\varphi)$ 是目标天线在某方向上的辐射强度 $U(\theta,\varphi)$ 与均匀辐射时的天线平均辐射强度 U_{ave} 之比，即

$$D(\theta,\varphi) = \frac{U(\theta,\varphi)}{U_{ave}} = \frac{|F(\theta,\varphi)|^2}{\frac{1}{4\pi}\iint |F(\theta,\varphi)|^2 d\Omega} = \frac{4\pi}{\Omega_A}|F(\theta,\varphi)|^2 \quad (4-2)$$

式中，Ω_A——波束立体角；

$F(\theta,\varphi)$——天线方向图函数。

由式（4-2）可以看出，方向性完全取决于方向图的函数。

天线把接收到的可用功率转换成辐射功率，用功率增益（简称"增益"）G 来定量描述该过程及其方向性，可表示为

$$G(\theta,\varphi) = \frac{4\pi U(\theta,\varphi)}{P_{in}} \qquad (4-3)$$

式中，$U(\theta,\varphi)$——考虑了天线损耗效应后在 (θ,φ) 方向的辐射强度；

P_{in}——天线接收的输入功率。

3. 天线噪声

天线从周围环境接收到噪声功率，其包括天线自身噪声和外部环境噪声。通常用噪声温度来度量一个系统产生的噪声功率大小。天线等效噪声温度 T_A 的表达式为

$$T_A = \frac{T_a}{L_a} + \left(1 - \frac{1}{L_a}\right) T_0 \qquad (4-4)$$

式中，T_a——天线温度；

L_a——天线系统总损耗；

T_0——天线所处环境的温度。

4.2 反射面天线系统建模与仿真

GRASP 是目前世界上优秀的通用反射面天线及天线辐射场分析软件，是分析单反、双反、多反（波束波导）等配置的通用工具。在该软件中，主要采用的求解方法有：几何光学（GO）、几何绕射理论（GTD）、物理光学（PO）和物理绕射理论（PTD）。这些方法都属于高频辐射分析方法的范畴，可以有效地分析与波长相比尺寸很大的电磁辐射系统。

本章将 GRASP 作为仿真工具，以偏馈三反射面天线为例，针对反射面天线的形变和位变对天线方向图的影响进行研究。反射面天线的工作频段为 54 GHz，主反射面天线为抛物面天线，主反射面口径 D_m = 5 000 mm，焦距 F_m = 3 996.148 mm，偏置高度 D_0 = 3 898.608 8 mm；第一副反射面为双曲面，第二副反射面是口径为 1 400 mm 的平面镜，其仿真模型如图 4-2 所示。仿真结果

如图4-3所示,得到天线增益为66.49 dBi,第一副瓣电平为-24.28 dB,3 dB波束宽度为0.046°。

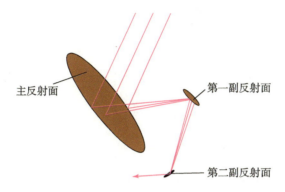

图4-2　三反射面天线GRASP仿真模型

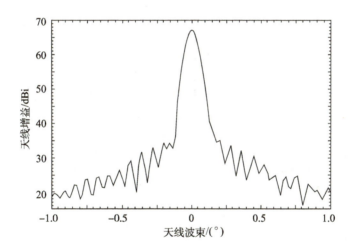

图4-3　未发生形变天线方向图

4.3　反射面天线热形变对天线性能的影响

在天线热形变仿真方面,将天线主反射面的实测热形变数据(分别沿 x 方向变化范围4.16 m,沿 y 方向变化范围5 m)进行相应处理,并转换为GRASP可读的.sfc文件,随后放在指定路径并导入GRASP的天线模型进行仿真。

图4-4所涉及的4组导入数据分别为春分和冬至两个节气当天的形变最

大、最小的实测数据。在成功将实测热形变数据导入模型后，通过物理光学的计算方法来得到仿真结果，天线在这四种情况下的形变前后方向图对比如图 4-4 所示。仿真结果总结如表 4-1、表 4-2 所示。

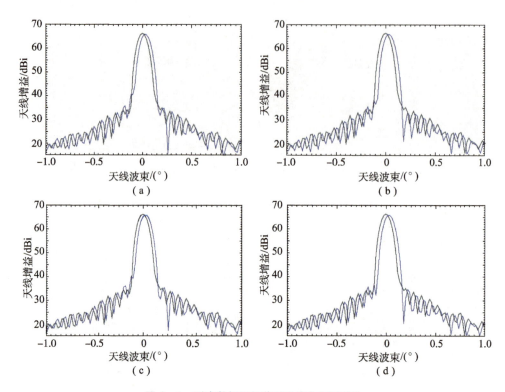

图 4-4　形变数据添加前后天线方向图对比
（a）春分形变最大；（b）春分形变最小；（c）冬至形变最大；（d）冬至形变最小

表 4-1　天线主反射面热形变仿真结果

天线形变程度	增益/dBi	波束指向/(°)	副瓣电平/dB	主波束效率/%
0（原始值）	66.49	0	-25.14	96.15
春分最小	66.23	0.029 31	-20.45	94.87
春分最大	66.15	0.033 07	-22.17	94.72
冬至最小	66.29	0.027 06	-21.15	95.18
冬至最大	66.23	0.030 89	-22.35	95.07

表 4-2　天线主反射面热形变前后指标对比

天线形变程度	增益下降/dBi	波束偏移/(°)	副瓣抬升/dB	主波束效率变化/%
春分最小	0.26	0.029 31	4.69	-1.28
春分最大	0.34	0.033 07	2.97	-1.43
冬至最小	0.20	0.027 06	3.99	-0.97
冬至最大	0.26	0.030 89	2.79	-1.08

从结果可以看出，在（-1°,1°）的范围内，天线方向图形状无明显改变，主要指标变化如下：

（1）在这四组形变情况下，只出现极小的增益下降（约 0.3 dBi）。

（2）从这四组数据的仿真结果可以看出，波束指向偏移量都在 0.03°左右，对应地面观测的偏移量约为 18.8 km。

（3）主波束效率均有减小。其中，春分当天的两组热形变数据的天线方向图主波束效率下降约 1.3%，冬至当天的两组热形变数据的天线方向图主波束效率下降约 1%，但主波束效率都在 95% 左右，在可接受范围内。

4.4　反射面天线位变对天线性能的影响

4.4.1　天线第一副反射面位变仿真分析

在完成对天线主反射面的形变仿真后，需要进一步考虑星载天线在工作过程中副反射面位置变化对天线性能带来的影响。通过分析不难发现，天线在扫描过程中带来的副反射面支架的阻尼振动，往往对处于支架最远端的第一副反射面影响最大。

如图 4-5 所示，由于第一副反射面位置变化包含两个自由度方向的改变，假定最大辐射方向为 x 轴方向，水平方向为 z 轴方向，垂直于纸面方向为 y 轴方向。从主反射面看过去，沿 z 方向位变即第一副反射面沿俯仰方向变化，沿 y 方向位变即第一副反射面在方位面方向变化。俯仰方向（z 方向）变化又分两个方向（即副反射面与主反射面靠近或远离），在这里统一用负号（-）表示远离、用正号（+）表示靠近；沿方位面（y 方向）变化也分两个方向，由仿真结果能够看出，在方位面上，正、负两个方向的仿真结果是对称的。在角度变化方面，统一用正号（+）表示逆时针转动、用负号（-）表示顺时针转动。

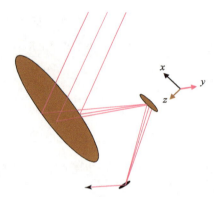

图 4-5 天线第一副反射面位变方向示意图

4.4.1.1 第一副反射面位移变化仿真结果

在上述俯仰方向位变的定义下，分别使主反射面与第一副反射面靠近或远离，得出了天线第一副反射面沿 z 轴移动 -1.5 mm、-0.5 mm、$+0.5$ mm、$+1.5$ mm 情况下天线辐射方向图与初始方向图的对比，如图 4-6 所示。仿真结果总结如表 4-3、表 4-4 所示。

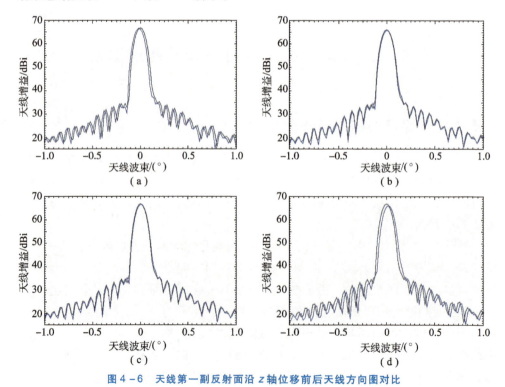

图 4-6 天线第一副反射面沿 z 轴位移前后天线方向图对比

(a) -1.5 mm；(b) -0.5 mm；(c) $+0.5$ mm；(d) $+1.5$ mm

第 4 章　太赫兹反射面天线及其容差分析

表 4-3　天线第一副反射面沿 z 轴位移前后仿真结果

z 向位移	增益/dBi	波束指向/(°)	副瓣电平/dB	主波束效率/%
0（原始值）	66.49	0	-25.14	96.15
-1.5 mm	66.46	-0.013 1	-22.16	96.04
-0.5 mm	66.48	-0.004 5	-23.63	96.12
+0.5 mm	66.50	0.004 6	-23.59	96.18
+1.5 mm	66.50	0.013 7	-22.24	96.22

表 4-4　天线第一副反射面沿 z 轴位移前后指标对比

z 向位移	增益下降/dBi	波束偏移/(°)	副瓣抬升/dB	主波束效率变化/%
-1.5 mm	-0.03	-0.013 1	+2.98	-0.11
-0.5 mm	-0.01	-0.004 5	+1.51	-0.03
+0.5 mm	0.01	0.004 6	+1.55	0.03
+1.5 mm	0.01	0.013 7	+2.90	0.07

由仿真结果可以得出以下结论：

(1) 当天线第一副反射面沿 z 轴位移在 -1.5~1.5 mm 变化时，天线增益几乎不发生变化，副瓣抬升。每靠近（远离）主反射面 0.5 mm，主波束效率提升（下降）0.04% 左右，整体变化不大。

(2) 天线第一副反射面沿 z 轴位移在 -1.5~1.5 mm 变化时，波束指向偏移量在 -0.013 1°~0.013 7° 之间变化。从原点位置向正（负）方向每偏移 0.5 mm，主波束向右（左）偏移 0.004 5° 左右，由系统参数可知，天线波束宽度 0.08° 所对应地面观测时的一个像元为 50 km，故天线第一副反射面由原位置处沿方位面方向每位变 0.5 mm，主波束偏移约 0.004 5°，地面观测的偏移量约为 2.8 km。

同理，在方位面方向位变的定义下，得到了天线第一副反射面沿 y 轴移动 -1.5 mm、-0.5 mm、+0.5 mm、+1.5 mm 下天线辐射方向图与初始方向图的对比，如图 4-7 所示。仿真结果总结如表 4-5、表 4-6 所示。

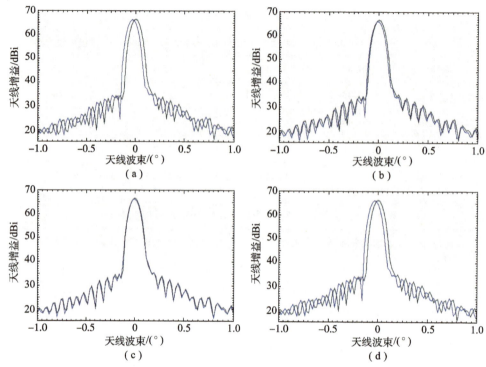

图 4-7 天线第一副反射面沿 y 轴位移前后天线方向图对比
(a) -1.5 mm；(b) -0.5 mm；(c) +0.5 mm；(d) +1.5 mm

表 4-5 天线第一副反射面沿 y 轴位移仿真结果

y 向位移	增益/dBi	波束指向/(°)	副瓣电平/dB	主波束效率/%
0（原始值）	66.49	0	-25.14	96.15
-1.5 mm	66.49	-0.014 4	-22.24	96.15
-0.5 mm	66.49	-0.004 8	-23.28	96.15
+0.5 mm	66.49	-0.004 2	-23.29	96.15
+1.5 mm	66.49	-0.013 9	-22.20	96.13

表 4-6 天线第一副反射面沿 y 轴位移前后指标对比

y 向位移	增益下降/dBi	波束偏移/(°)	副瓣抬升/dB	主波束效率变化/%
-1.5 mm	0	-0.014 4	+2.9	0
-0.5 mm	0	-0.004 8	+1.86	0
+0.5 mm	0	-0.004 2	+1.85	0
+1.5 mm	0	-0.013 9	+2.94	-0.02

第4章 太赫兹反射面天线及其容差分析

由仿真结果可以得出以下结论：

（1）当天线第一副反射面沿 y 轴位移在 $-1.5 \sim 1.5$ mm 变化时，副瓣电平抬升，天线增益不发生变化，主波束效率变化也在 0.02% 以内，变化不大。

（2）天线第一副反射面沿 y 轴位移在 $-1.5 \sim 1.5$ mm 变化时，波束指向偏移量在 $0° \sim -0.015°$ 之间变化。从原点位置沿正（负）方向每偏移 0.5 mm，主波束向左偏移 $0.004\,5°$ 左右，地面观测的偏移量约为 2.8 km，正、负方向的仿真结果是对称的。

同理，在位变的定义下，得到了天线第一副反射面沿 x 轴方向移动 -1.5 mm、-0.5 mm、$+0.5$ mm、$+1.5$ mm 下天线辐射方向图与初始方向图的对比，如图 4-8 所示。仿真结果总结如表 4-7、表 4-8 所示。

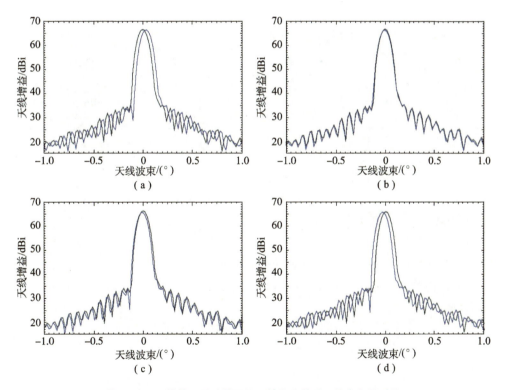

图 4-8　天线第一副反射面沿 x 轴位移前后天线方向图对比
(a) -1.5 mm；(b) -0.5 mm；(c) $+0.5$ mm；(d) $+1.5$ mm

表 4-7　天线第一副反射面沿 x 轴位移前后仿真结果

x 向位移	增益/dBi	波束指向/(°)	副瓣电平/dB	主波束效率/%
0（原始值）	66.49	0	-25.14	96.15
-1.5 mm	66.46	0.008 3	-23.32	96.02
-0.5 mm	66.48	0.002 9	-23.86	96.11
+0.5 mm	66.50	-0.002 9	-24.18	96.18
+1.5 mm	66.51	-0.008 2	-23.27	96.21

表 4-8　天线第一副反射面沿 x 轴位移前后指标对比

x 向位移	增益下降/dBi	波束偏移/(°)	副瓣抬升/dB	主波束效率变化/%
-1.5 mm	-0.03	0.008 3	+1.82	-0.13
-0.5 mm	-0.01	0.002 9	+1.28	-0.04
+0.5 mm	0.01	-0.002 9	+0.96	0.03
+1.5 mm	0.02	-0.008 2	+1.87	0.06

由仿真结果可以得出以下结论：

（1）当天线第一副反射面沿 x 轴位移在 -1.5~1.5 mm 变化时，天线增益几乎不发生变化，每沿 x 轴正（负）方向移动 0.5 mm，主波束效率提升（下降）0.04% 左右，整体变化不大。

（2）天线第一副反射面沿 x 轴位移在 -1.5~1.5 mm 变化时，波束指向偏移量在 0.008 3°~-0.008 2°之间变化。从原点位置向正（负）方向每偏移 0.5 mm，主波束向左（右）偏移 0.002 8°左右，对应地面观测的偏移量约为 1.75 km。

4.4.1.2　第一副反射面角度变化仿真结果

在角度变化的定义下，得到了天线第一副反射面沿 y 轴转动 -0.05°、-0.02°、+0.02°和 +0.05°下天线辐射方向图与初始方向图的对比，如图 4-9 所示。仿真结果总结如表 4-9、表 4-10 所示。

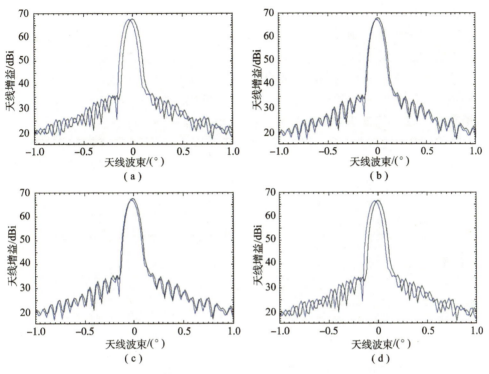

图 4-9 天线第一副反射面沿 y 轴角度变化前后天线方向图对比
(a) $-0.05°$; (b) $-0.02°$; (c) $+0.02°$; (d) $+0.05°$

表 4-9 天线第一副反射面沿 y 轴角度变化仿真结果

y 向角变	增益/dBi	波束指向/(°)	副瓣电平/dB	主波束效率/%
0（原始值）	66.49	0	−25.14	96.15
−0.05°	66.49	−0.008 2	−23.58	96.17
−0.02°	66.49	−0.003 3	−23.22	96.16
+0.02°	66.49	+0.003 4	−23.89	96.14
+0.05°	66.49	+0.008 2	−23.15	96.12

表 4-10 天线第一副反射面沿 y 轴角度变化前后指标对比

y 向角变	增益下降/dBi	波束偏移/(°)	副瓣抬升/dB	主波束效率变化/%
−0.05°	0	−0.008 2	+1.56	+0.02
−0.02°	0	−0.003 3	+1.92	+0.01
+0.02°	0	+0.003 4	+1.25	−0.01
+0.05°	0	+0.008 2	+1.99	−0.03

由仿真结果可以得出以下结论：

（1）当天线第一副反射面沿 y 轴的转动在 $-0.05°\sim0.05°$ 变化时，副瓣抬升。天线增益不发生变化，主波束效率在 96.15% 左右，整体变化不大。

（2）天线第一副反射面沿 y 轴的转动在 $-0.05°\sim0.05°$ 变化时，波束指向偏移量在 $-0.008°\sim0.008°$ 变化。沿 y 轴逆（顺）时针方向每转动 $0.01°$，主波束向右（左）偏移 $0.0017°$ 左右，对应地面观测的偏移量约为 $1\ km$。

在角度变化的定义下，得到了天线第一副反射面沿 x 轴转动 $-0.05°$、$-0.02°$、$+0.02°$ 和 $+0.05°$ 下天线辐射方向图与初始方向图的对比，如图 4-10 所示。仿真结果总结如表 4-11、表 4-12 所示。

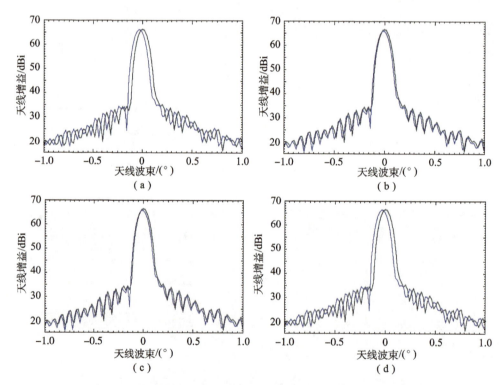

图 4-10　天线第一副反射面沿 x 轴角度变化前后天线方向图对比
（a）$-0.05°$；（b）$-0.02°$；（c）$+0.02°$；（d）$+0.05°$

第4章 太赫兹反射面天线及其容差分析

表 4-11 天线第一副反射面沿 x 轴角度变化仿真结果

x 向角变	增益/dBi	波束指向/(°)	副瓣电平/dB	主波束效率/%
0（原始值）	66.49	0	-25.14	96.15
-0.05°	66.49	-0.008 18	-22.89	96.15
-0.02°	66.49	-0.002 90	-23.05	96.15
+0.02°	66.49	-0.003 45	-23.45	96.14
+0.05°	66.49	-0.008 74	-23.2	96.15

表 4-12 天线第一副反射面沿 x 轴角度变化前后指标对比

x 向角变	增益下降/dBi	波束偏移/(°)	副瓣抬升/dB	主波束效率变化/%
-0.05°	0	-0.008 18	+2.25	0
-0.02°	0	-0.002 90	+2.09	0
+0.02°	0	-0.003 45	+1.69	-0.01
+0.05°	0	-0.008 74	+1.94	0

由仿真结果可以得出以下结论：

(1) 当天线第一副反射面沿 x 轴的转动在 -0.05°~0.05°变化时，副瓣抬升，天线增益几乎不发生变化，主波束效率在 96.15% 左右，整体变化不大。

(2) 天线第一副反射面沿 x 轴的转动在 -0.05°~0.05°变化时，波束指向偏移量在 0~-0.008°之间变化。沿 x 轴逆（顺）时针方向每转动 0.01°，主波束向左（右）偏移 0.001 7°左右，对应地面观测的偏移量约为 1 km。

4.4.2 天线第二副反射面位变仿真分析

天线第二副反射面位置变化包含两个自由度方向的改变，假定靠近主反射面 z 轴为正方向，水平方向为 x 轴方向，垂直于纸面方向为 y 轴方向，如图 4-11 所示。在位置变化上，统一用负号（-）表示远离、用正号（+）表示靠近；在角度变化上，统一用正号（+）表示沿坐标轴逆时针转动、用负号（-）表示沿坐标轴顺时针转动。

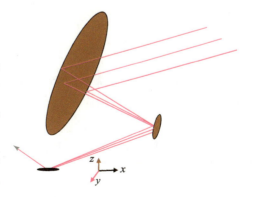

图 4-11 天线第二副反射面位变方向示意图

根据多次仿真与计算总结出：第二副反射面沿 z 轴位置变化、沿 x 轴角度变化、沿 y 轴角度变化这三种情况下对天线各项指标影响较大。以下为三种情况下的仿真结果。

4.4.2.1　第二副反射面位移变化仿真结果

在上述位变方向的定义下，分别使第二副反射面与主反射面靠近或远离，得出了天线第二反射面沿 z 轴位移 -3 mm、-1 mm、$+1$ mm、$+3$ mm 情况下天线辐射方向图与初始方向图的对比，如图 4-12 所示。

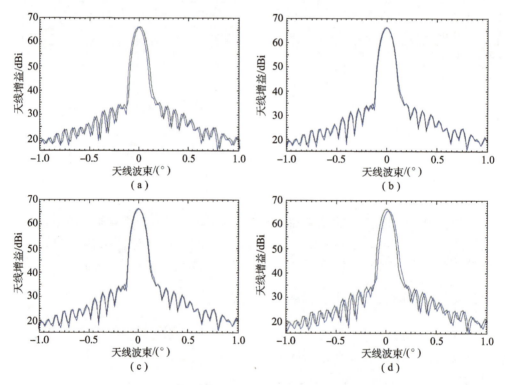

图 4-12　天线第二副反射面沿 z 轴位移前后天线方向图对比
(a) -3 mm；(b) -1 mm；(c) $+1$ mm；(d) $+3$ mm

天线第二副反射面沿 z 方向位移仿真结果的总结如表 4-13、表 4-14 所示。

表 4-13　天线第二副反射面沿 z 轴位移仿真结果

z 向位移	增益/dBi	波束指向/(°)	副瓣电平/dB	主波束效率/%
0（原始值）	66.49	0	-25.14	96.15
-3 mm	66.49	0.007 9	-23.18	96.00
-1 mm	66.47	0.002 7	-23.72	96.08
+1 mm	66.49	-0.002 6	-23.05	96.20
+3 mm	66.49	-0.007 8	-22.85	96.18

表 4-14　天线第二副反射面沿 z 轴位移前后指标对比

z 向位移	增益下降/dBi	波束偏移/(°)	副瓣抬升/dB	主波束效率变化/%
-3 mm	0	0.007 9	+1.96	-0.15
-1 mm	-0.02	0.002 7	+1.42	-0.07
+1 mm	0	-0.002 6	+2.09	+0.05
+3 mm	0	-0.007 8	+2.29	+0.03

由仿真结果可以得出以下结论：

（1）当天线第二副反射面沿 z 轴的位移在 -3~3 mm 变化时，天线增益几乎不发生变化。

（2）天线第二副反射面沿 z 轴的位移在 -3~3 mm 之间时，波束指向偏移量在 -0.008°~0.008°变化。从原点位置向正（负）方向每偏移 1 mm，主波束向左（右）偏移 0.002 6°左右，对应地面观测的偏移量约为 1.6 km。

4.4.2.2　第二副反射面角度变化仿真结果

在上述方向的定义下，得出了天线第二反射面沿 x 轴转动 -0.1°、-0.05°、+0.05°和 +0.1°情况下天线辐射方向图与初始方向图的对比，如图 4-13 所示。沿 x 轴角度变化仿真结果的总结如表 4-15、表 4-16 所示。

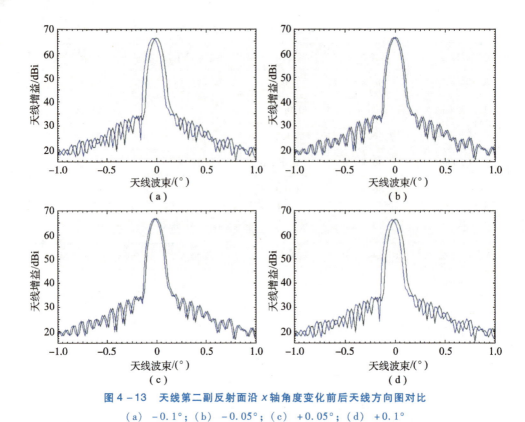

图 4-13 天线第二副反射面沿 x 轴角度变化前后天线方向图对比
(a) -0.1°; (b) -0.05°; (c) +0.05°; (d) +0.1°

表 4-15 天线第二副反射面沿 x 轴角度变化仿真结果

x 向角变	增益/dBi	波束指向/(°)	副瓣电平/dB	主波束效率/%
0（原始值）	66.49	0	-25.14	96.15
-0.1°	66.48	-0.009 6	-23.54	96.15
-0.05°	66.49	-0.004 1	-23.05	96.15
+0.05°	66.49	-0.003 7	-23.12	96.15
+0.1°	66.49	-0.009 5	-23.28	96.15

表 4-16 天线第二副反射面沿 x 轴角度变化前后指标对比

x 向角变	增益下降/dBi	波束偏移/(°)	副瓣抬升/dB	主波束效率变化/%
-0.1°	-0.01	-0.009 6	+1.6	0
-0.05°	0	-0.004 1	+2.09	0
+0.05°	0	-0.003 7	+2.02	0
+0.1°	0	-0.009 5	+1.86	0

由仿真结果可以得出以下结论：

（1）当天线第二副反射面沿 x 轴的转动在 $-0.1°\sim0.1°$ 变化时，副瓣抬升。天线增益几乎不发生变化，主波束效率在 96.15% 左右，整体变化不大。

（2）天线第二副反射面沿 x 轴的转动在 $-0.1°\sim0.1°$ 变化时，波束指向偏移量在 $0\sim-0.01°$ 变化。沿 x 轴逆（顺）时针方向每转动 $0.01°$，主波束向左（右）偏移 $0.001°$ 左右，对应地面观测的偏移量约为 0.625 km。

在上述方向的定义下，得出天线第二反射面沿 y 轴转动 $-0.06°$、$-0.02°$、$+0.02°$ 和 $+0.06°$ 情况下天线辐射方向图与初始方向图的对比，如图 4-14 所示。沿 y 轴角度变化仿真结果的总结如表 4-17、表 4-18 所示。

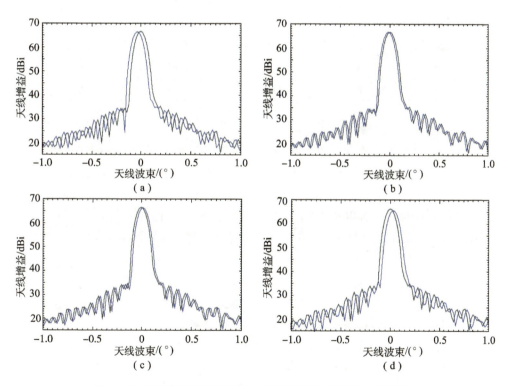

图 4-14　天线第二副反射面沿 y 轴角度变化前后天线方向图对比
（a）$-0.06°$；（b）$-0.02°$；（c）$+0.02°$；（d）$+0.06°$

表 4–17　天线第二副反射面沿 y 轴角度变化仿真结果

y 向角变	增益/dBi	波束指向/(°)	副瓣电平/dB	主波束效率/%
0（原始值）	66.49	0	−25.14	96.15
−0.06°	66.49	−0.007 9	−22.82	96.18
−0.02°	66.49	−0.003 0	−23.13	96.16
+0.02°	66.49	+0.002 6	−23.22	96.14
+0.06°	66.49	+0.008 0	−22.75	96.11

表 4–18　天线第二副反射面沿 y 轴角度变化前后指标对比

y 向角变	增益下降/dBi	波束偏移/(°)	副瓣抬升/dB	主波束效率变化/%
−0.06°	0	−0.007 9	+2.32	+0.03
−0.02°	0	−0.003 0	+2.01	+0.01
+0.02°	0	+0.002 6	+1.92	−0.01
+0.06°	0	+0.008 0	+2.39	−0.04

由仿真结果可以得出以下结论：

（1）当天线第二副反射面沿 y 轴的转动在 −0.06°~0.06°变化时，副瓣抬升，天线增益几乎不发生变化。主波束效率在 96.15% 左右，整体变化不大。

（2）天线第二副反射面沿 y 轴的转动在 −0.06°~0.06°变化时，波束指向偏移量在 −0.008°~0.008°变化。沿 y 轴逆（顺）时针方向每转动 0.01°，主波束向右（左）偏移 0.001 3°左右，地面观测的偏移量约为 0.8 km。

4.4.3　小结

本节主要讨论了主反射面形变、第一副反射面位移和角度变化、第二副反射面位移和角度变化对天线方向图的影响。结果表明：

（1）在将主波束偏移量控制在 ±0.01%，主波束效率大于 96% 的情况下，得到天线第一副反射面位移和角度变化范围：x 轴上距原点 ±1.5 mm，角度变化在 ±0.05°以内；y 轴上距原点 ±1.5 mm，角度变化在 ±0.05°以内；z 轴上距原点 ±1.5 mm，角度变化影响很小。

（2）在天线第二副反射面形变位变时，主要是沿 z 轴位移变化、沿 x 轴角度变化、沿 y 轴角度变化会对指标产生影响。在将主波束偏移量控制在 ±0.01%、主波束效率大于 96% 的情况下，得到天线第二副反射面位移和角度变化范围为：z 轴上距原点 ±3 mm，沿 y 轴角度变化在 ±0.06°以内，沿 x 轴角度变化在 ±0.1°以内。

参 考 文 献

[1] 李向芹,谢振超. 基于参数化控制的亚毫米波辐射计天线容差分析 [J]. 太赫兹科学与电子信息学报,2016,14(4):508-512.

[2] POZAR D M. 微波工程 [M]. 张肇仪,周乐柱,吴德明,等译. 北京:电子工业出版社,2006.

[3] 刘红,陈寿元. 基于口面定标的矩形喇叭天线的噪声分析 [J]. 电子测量技术,2010,33(10):39-41.

[4] 张帆,李佩佩. 星载差动毫米波辐射计的研究 [J]. 制导与引信,2008,29(3):57-60.

[5] 王璐,胡伟东,安大伟,等. 天线形变对风云卫星遥感图像的影响 [J]. 上海航天,2018,35(2):139-146.

第 5 章

太赫兹辐射计定标与接收机链路

真理唯一可靠的标准就是永远自相符合。

——欧文

　　定量遥感中定标工作尤为重要，接收机是太赫兹遥感辐射计的重要组成部分，必须工作在线性区。对接收机进行全链路仿真能够得到各通道的增益、噪声系数、灵敏度等指标，保证太赫兹辐射计各通道工作在线性区，也利于精确定标。

5.1 国内外辐射计定标方法

辐射计发展至今，按照不同的使用平台可分为地基、空基（飞机、导弹平台）、星载（卫星、飞船、航天飞行器）三类微波辐射计，由于工作平台不同，所应用的定标技术要求和难点也有所区别。

1. 地基微波辐射计定标

地基微波辐射计工作环境稳定，定标操作不需要持续进行；而且，地基微波辐射计具有良好的定标工作条件，低温源可选择液氮冷却下的定标负载，高温源可选择室温环境下的定标负载。

若辐射计接收机线性度良好，则可选择两点定标法，即根据高低温定标源测量出的两点来确定辐射计电信号输出与接收到的辐射量间的关系。此方法通常可分为接收机和天线分步定标法、整机定标法。其中，分步定标法操作复杂、精度有限；整机定标法无中间环节、精度较高，应用较广泛。此外，还有其他定标方案。例如，增量基准定标方案[1]：通过定向耦合器将定向噪声源注入接收机，利用此噪声源点熄灭温度差值（利用口面定标原理等效到天线口面）来得到增量标尺，选取基准标尺（通常情况下选择噪声温度），利用两者结合就可进行定标。

2. 空基微波辐射计定标

空基微波辐射计通过获取背景噪声与被测目标之间的亮温相对差值来获取目标信息，且不需要获取指导被测物的绝对亮温，从而无须进行定标操作。

3. 星载微波辐射计定标

星载微波辐射计一般需要通过以下三步来完成定标操作。

第 1 步，地面定标。发射前，在地面进行定标试验，继续地面的辐射目标实验进行标定，同时验证系统的工作情况，确保入轨后能正常使用。

第 2 步，星上在轨定标。通常采用周期两点定标法，即使得辐射计周期性地获得高温定标源和低温定标源的辐射信号，使得辐射计周期性地定标，以保证辐射计能够长期稳定地在太空工作。其中，低温定标源通常利用冷空，热标源则采用预置的恒温加热的吸波材料。在轨定标中，热负载特性、冷空背景干扰、天线形变等因素对定标的影响一直未被深入探讨[2]。

第 3 步，绝对定标和类比定标。为保证定标工作的科学性和可靠性，国际公认操作方法是在星上在轨定标操作后，再进行绝对定标和类比定标。绝对定标的目的是修正天线方向图发生变化时的影响，即在在轨正常工作状态下，对真实目标进行端到端的整体定标。绝对定标的方法有以下两种：①利用入射角、频率、极化与星载辐射计相同的同步飞行的辐射计，将其测量值作为比照数据；②通过比照区域（即具有半经验的数学模型地域作为参照）来绝对定标。类比定标是指将其他微波辐射计的测量值作为对比值，与本辐射计的测量值进行对比后定标[3]。

| 5.2　太赫兹辐射计定标方法 |

5.2.1　周期两点定标法

太赫兹辐射计定标的原理：利用辐射计接收和测量定标源发出的信号，根据辐射计的输出结果（输出电压）和已知的定标源辐射特性（辐射亮温值等），建立两者的对应关系。再次观测其他目标时，就可以将测量结果（输出电压）代入对应公式，进而得到被测物体的辐射特性。

如果太赫兹辐射计的线性度指标满足要求，即输出电压信号与接收到的物体辐射亮温（功率）近似呈线性关系，那么根据"两点确定一条直线"，我们只需测得两个点就可以得到该线性关系的公式，这就是"两点定标法"。使用的低温定标源为冷空背景辐射，根据 NASA 在 1989 年发射的 COBE（Cosmic Background Explorer）卫星和一些相关实验发现，冷空背景辐射与温度为 2.73 K 的黑体辐射较吻合。高温定标源可以看作温度在 300 K 左右的黑体，一般可采用两种形式实现：恒温加热的微波匹配负载（如 SMMR、TMR、ATSR/NWR）；测温控温的微波吸收体（如 SSM/I、AMSR、MIMR）。

太赫兹辐射计的两点定标法通常可以分以下两步进行，即接收机定标和天线定标[1,4]。

第 1 步，接收机定标。通常采用参数已知的噪声源接入接收机来进行定标，接收机的输出电压 V_{OUT} 与输入的天线温度 T_{IN} 应呈线性关系，故其函数表达式可以写为

$$V_{OUT} = aT_{IN} + b \tag{5-1}$$

根据两点定标法，为了确定未知数 a、b，就需要在接收机输入端分别接入两个已知噪声温度的噪声源，并测得各自的输出电压[5]。在此定义：低温定标源的亮温为 T_C，输出电压为 V_C；高温定标源的亮温为 T_H，输出电压为 V_H。将其分别代入式（5-1）并联立方程可得

$$a = \frac{V_H - V_C}{T_H - T_C}, \quad b = \frac{V_C T_H - V_H T_C}{T_H - T_C}$$

第 2 步，天线定标，即确定被观测物体的亮温特性与天线输出噪声温度 T'_A 之间的关系。

天线输出噪声温度 T'_A 由 3 部分组成：天线主瓣接收到的能量、天线旁瓣接收到的能量、天线自身的热辐射。T'_A 可以表示为[6]

$$T'_A = \eta_1 \eta_M \bar{T}_{ML} + (1 - \eta_M)\bar{T}_{SL} + (1 - \eta_1)T_0 \tag{5-2}$$

式中，η_1——天线的辐射效率，$\eta_1 = 1/L_a$，L_a 为天线损耗因子；

η_M——天线的主波束效率；

$\bar{T}_{ML}$, $\bar{T}_{SL}$——天线主瓣、旁瓣的贡献；

T_0——天线的物理温度。

用太赫兹辐射计测量天线输出噪声温度 T'_A，主要是求得天线的主瓣贡献 $\bar{T}_{ML}$。将式（5-2）代入式（5-1），即可得到整机定标方程。天线定标需要在专业的暗室中进行，以得到较精确的天线方向图等指标。

为了保证星载太赫兹辐射计的工作性能，需要进行"周期两点定标"，即让辐射计定期接收冷、热定标源的辐射信号来进行定标。不同类型的辐射计所采取的周期定标法也不同。接下来，主要介绍全功率型辐射计的周期定标方法。具体操作步骤如下：

第 1 步，将辐射计的接收机和天馈系统安装在转台上；将冷、热定标源固定在反射面天线和馈源之间，使其不随转台转动。

第 2 步，转动转台，使馈源喇叭在其一个扫描周期内会固定经过冷、热标源，只接收定标信号。

第 3 步，将接收到的定标信号代入定标方程，解得 a、b 的值，每个扫描周期都求解一次，即可达到周期定标的目的。

采用上述周期定标方法的全功率型辐射计主要有美国的 SSM/I、MIMR、AMSR 等[7]。

5.2.2 定标误差分析

用定标方程式来反演天线输入温度 T_{IN}，等式右边的各项参数为定标误差因素，则天线的输入亮温误差 ΔT_{IN} 为

$$\Delta T_{IN} = \left(\left(\frac{\partial T_{IN}}{\partial V_{OUT}} \Delta V_{OUT} \right)^2 + \left(\frac{\partial T_{IN}}{\partial V_H} \Delta V_H \right)^2 + \left(\frac{\partial T_{IN}}{\partial V_C} \Delta V_C \right)^2 + \right.$$

$$\left. \left(\frac{\partial T_{IN}}{\partial T_H} \Delta T_H \right)^2 + \left(\frac{\partial T_{IN}}{\partial T_C} \Delta T_C \right)^2 \right)^{\frac{1}{2}}$$

$$= \left(\left(\frac{T_H - T_C}{V_H - V_C} \Delta V_{OUT} \right)^2 + \left(\frac{(T_H - T_C)(V_{OUT} - V_C)}{(V_H - V_C)^2} \Delta V_H \right)^2 + \right.$$

$$\left(\frac{(T_H - T_C)(V_H - V_{OUT})}{(V_H - V_C)^2} \Delta V_C \right)^2 + \left(\frac{V_{OUT} - V_C}{V_H - V_C} \Delta T_H \right)^2 +$$

$$\left. \left(\frac{V_H - V_{OUT}}{V_H - V_C} \Delta T_C \right)^2 \right)^{\frac{1}{2}} \quad (5-3)$$

式中，ΔV_{OUT}，ΔV_H，ΔV_C——由太赫兹辐射计的灵敏度导致的对应输出电压误差；

ΔT_H，ΔT_C——高温和低温定标源辐射亮温的测量误差。

由式（5-3）可知，天线的输入亮温误差 ΔT_{IN} 由 5 项构成，其中 ΔV_{OUT}、ΔV_H、ΔV_C 是太赫兹辐射计的输出电压误差，与辐射计的灵敏度相关，在使用同一台辐射计进行目标探测时，可近似认为这 3 项相等。

从式（5-3）可看出，太赫兹辐射计的定标误差可以认为主要包括接收机的非线性度、高温和低温定标源辐射亮温的测量误差[8]。其中，高温定标误差的主要因素有亮温测量误差、天线与定标源之间的耦合损耗、定标源本身的反射等；低温定标误差的主要因素有天线旁瓣接收到的其他辐射、宇宙背景辐射亮温、天线自身损耗等[6]。

5.3 接收机系统仿真

5.3.1 接收机关键参数

接收机系统的工作频段为 23～425 GHz，6 个中心频带分别为 23/31 GHz、54 GHz、89 GHz、166/183 GHz、340/380 GHz 和 425 GHz。根据不同的探测需求，其分为 36 个探测通道。其中，有频率在 166 GHz、340 GHz 的窗区通道，中心频率为 54 GHz、118 GHz 和 425 GHz 的温度廓线探测通道，中心频率为 183 GHz 和 380 GHz 的水汽廓线探测通道。静止轨道主要微波通道的参数设置如表 5-1 所示。

表 5-1　静止轨道主要微波通道的参数设置

序号	中心频率/GHz	带宽/MHz	频率稳定度/MHz	通道用途
1	50	180	10	温度廓线
2	54	400	5	温度廓线
3	89	2 000	50	窗区通道，背景微波辐射
4	118	2×2 000	20	温度廓线
5	166	3 000	50	准窗区通道，水汽廓线

续表

序号	中心频率/GHz	带宽/MHz	频率稳定度/MHz	通道用途
6	183	2×2 000	30	水汽廓线,降水
7	380	2×2 000	50	水汽廓线
8	425	2×1 000	30	温度廓线

5.3.2 接收机通道仿真

完整的仿真过程需要对 54 GHz、89 GHz、118 GHz、183 GHz、380 GHz 及 425 GHz 这 6 个中心频率分别进行仿真,其中各中心频率有不同数量的接收通道。接下来,主要对 118 GHz 和 380 GHz 的接收机通道进行仿真,其主要参数指标如表 5-2 所示。

表 5-2 接收机参数设置

参数	数据	
中心频率/GHz	118	380
工作频率范围/GHz	113.75~123.75	378.5~381.5
带宽/GHz	10	3
本振频率/GHz	19.7	21.1
链路增益/dB	60	60
中频频率/GHz	0.1~1	0.1~1

5.3.2.1 118 GHz 接收机通道

118 GHz 接收机为双边带超外差接收机,由 118 GHz 接收前端和 8 路中频接收两部分组成,其原理框图如图 5-1 所示。

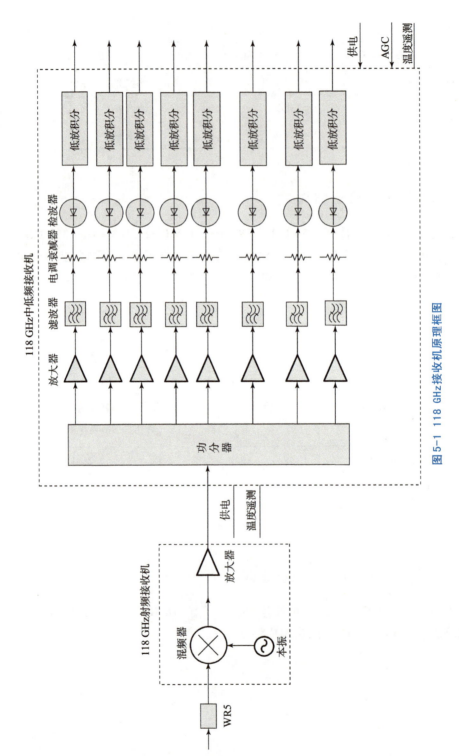

图 5-1 118 GHz 接收机原理框图

第 5 章 太赫兹辐射计定标与接收机链路

1. 本振模块

本振模块是由 19.7 GHz 的点频源经过 6 倍频、滤波和功率放大后得到 118.2 GHz 稳定源,其中 19.7 GHz 点频源的本振形式为 DRO,本振频率为 19.7 GHz,本振输出功率为 +10 dBm,通过仿真要求最终输出功率达到 10 dBm。118 GHz 接收机本振模块仿真链路如图 5-2 所示,其谐波平衡仿真结果如图 5-3 所示。

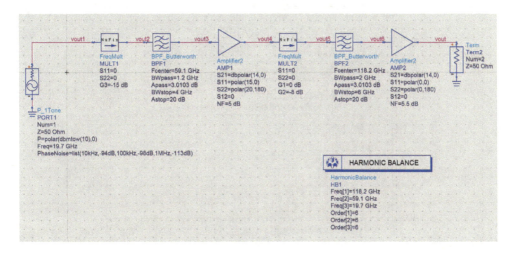

图 5-2 118 GHz 接收机本振模块仿真链路

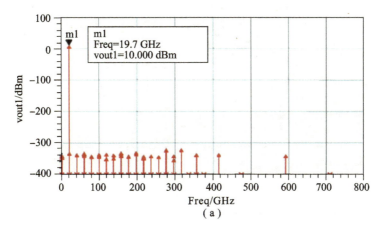

图 5-3 118 GHz 接收机本振模块谐波平衡仿真结果
(a) vout1

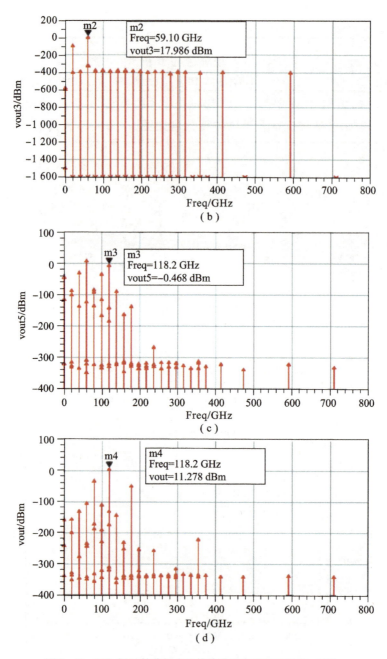

图 5-3 118 GHz 接收机本振模块谐波平衡仿真结果（续）
（b）vout3；（c）vout5；（d）vout

本振模块输入功率为 10 dBm 的 19.7 GHz 的信号，经过 3 倍频、滤波、放大,得到信号 vout3,再经 2 倍频和滤波、放大操作后,得到所需的约 118 GHz 本振信号。输出信号 vout 功率约为 11.3 dBm,满足本振输出功率要求。

2. 下变频模块

下变频模块的工作过程:118 GHz 接收前端将馈源接收到的信号进行直接下变频;经过低噪声放大后输出 8 路中频信号;8 路信号放大滤波后进行平方律检波;对信号进行积分放大处理后输出。

118 GHz 接收机下变频模块参数如表 5 - 3 所示,其仿真链路如图 5 - 4 所示。

表 5 - 3　118 GHz 接收机下变频模块参数

参数	数据
中心频率/GHz	118
工作频率范围/GHz	113.75 ~ 123.75
带宽/GHz	10
测温范围/K	3 ~ 340
输入功率范围/dBm	-102 ~ -82
冷源输入/K	3
灵敏度/K	0.5
链路增益/dB	60
中频频率/MHz	100 ~ 1 000

仿真结果如下:

1) 链路预算仿真

链路预算仿真结果如图 5 - 5 所示。

将输入信号功率设置为 -102 dBm 时,由链路预算仿真结果得到接收机链路的各项指标为:链路增益为 74 dB,级联噪声系数为 5.4 dB,信噪比为 43 dB,由灵敏度计算公式可得灵敏度大约为 0.34 K,链路处于正常工作范围。

2) 谐波平衡仿真

当输入信号功率为 -102 dBm、输出信号功率为 -25 dBm 时,谐波平衡仿真结果如图 5 - 6 所示;当输入信号功率为 -82 dBm、输出信号功率为 -22 dBm 时,谐波平衡仿真结果如图 5 - 7 所示。由仿真结果能够看出,在输入信号功率为 -102 ~ -82 dBm 时,输出信号稳定在要求范围 -15 ~ -30 dBm 内,可以保证接收机正常工作。

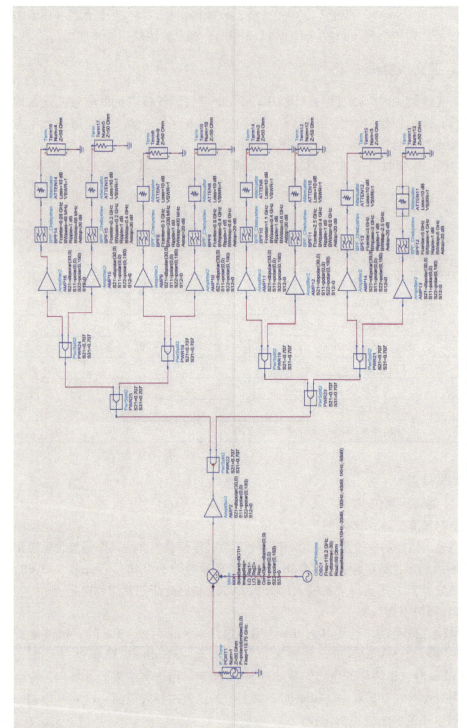

图 5-4 118 GHz 接收机下变频模块仿真链路

第 5 章　太赫兹辐射计定标与接收机链路

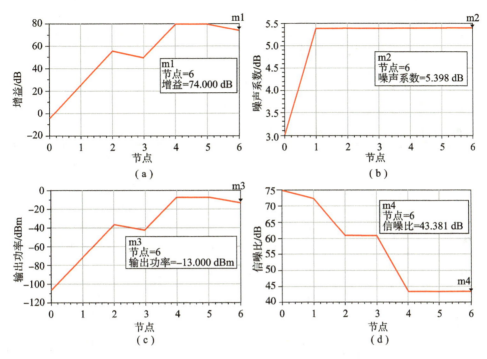

图 5-5　118 GHz 接收机下变频模块链路预算仿真结果
（a）增益；（b）噪声系数；（c）输出功率；（d）信噪比

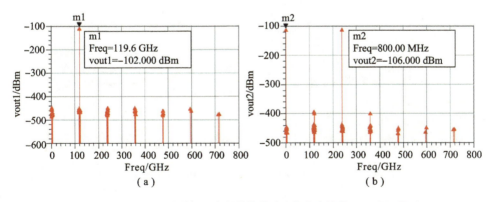

图 5-6　118 GHz 接收机下变频模块谐波平衡仿真结果（-102 dBm）
（a）vout1；（b）vout2

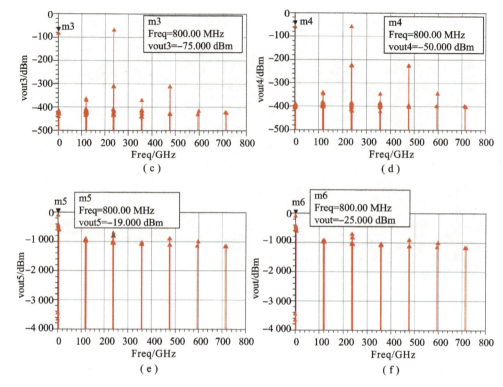

图 5-6　118 GHz 接收机下变频模块谐波平衡仿真结果（-102 dBm）（续）

（c）vout3；（d）vout4；（e）vout5；（f）vout

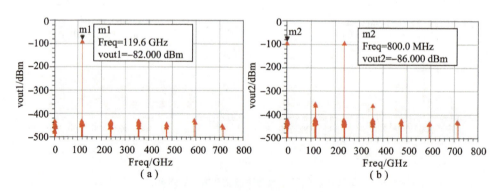

图 5-7　118 GHz 接收机下变频模块谐波平衡仿真结果（-82 dBm）

（a）vout1；（b）vout2

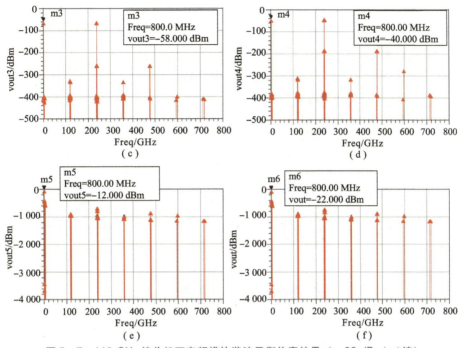

图 5-7　118 GHz 接收机下变频模块谐波平衡仿真结果（-82 dBm）（续）
（c）vout3；（d）vout4；（e）vout5；（f）vout

3. 检波与定标

选择检波系数 $\gamma_D = 1\,000$ mV/mW 的一个平方律检波器，将参数代入链路的输出电压 V_{DO} 与输入功率的关系式：

$$V_{DO} = 1\,000 \times 10^{P_{DI}(\text{dBm})/10} \quad (\text{mV}) \tag{5-4}$$

式中，P_{DI}——检波器输入信号的功率。

将仿真结果（即输出信号功率 -25 dBm 和 -22 dBm）代入式（5-4），可得检波器的输出电压范围：

$$V_{DO-MIN} = 1\,000 \times 10^{-25(\text{dBm})/10} = 3.162\,3 \quad (\text{mV}) \tag{5-5}$$

$$V_{DO-MAX} = 1\,000 \times 10^{-22(\text{dBm})/10} = 6.309\,6 \quad (\text{mV}) \tag{5-6}$$

检波器输出动态范围：3.162 3 ~ 6.309 6 mV。

采用经典定标方程：$T(\text{K}) = aU(\text{mV}) + b$。

采用两点定标法来确定其中的参数 a、b，其中已知两点为（3.162 3 mV，3 K）、（6.309 6 mV，340 K）。

求得 $a = 107.08$，$b = -335.63$。

5.3.2.2　380 GHz 接收机通道

380 GHz 接收机采用双边带超外差式接收机结构，其原理框图如图 5-8 所示，

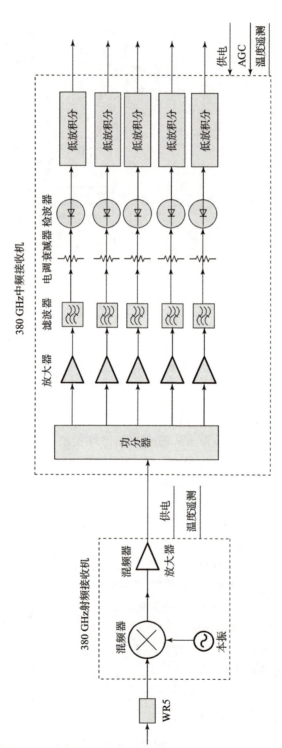

图 5-8 380 GHz 接收机原理框图

接收机包括接收前端和 5 路中频接收。天线接收到的信号直接与本振进行下变频到中频信号，功率放大后经功分器输出到 5 路中频接收机，每路中频信号进行放大滤波、平方律检波，最后对信号进行低放积分处理。

1. 本振模块

380 GHz 接收机本振采用介质谐振振荡器，使 21.1 GHz 频率源经过两次 3 倍频后，输出功率为 +10 dBm 的 189.9 GHz 稳定频率源当作接收机本振。380 GHz 本振模块的本振形式为 DRO，本振频率为 21.1 GHz，本振输出功率为 +10 dBm。380 GHz 接收机本振模块仿真链路如图 5 – 9 所示，其仿真结果如图 5 – 10 所示。

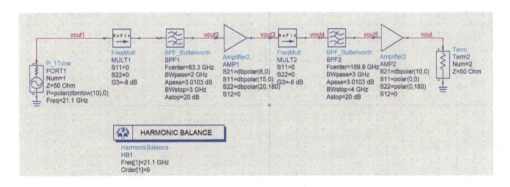

图 5 – 9　380 GHz 接收机本振模块仿真链路

由图 5 – 10 可知，频率源输入功率为 +10 dBm、频率为 21.1 GHz 的信号，经过两次 3 倍频得到频率为 189.9 GHz、功率为 +1 dBm 的信号，再进行滤波和放大后，输出频率为 189.9 GHz、功率约为 +11 dBm 的信号。符合本振输出频率和功率的要求，符合混频器本振端口功率的要求。

2. 下变频模块

380 GHz 接收前端将天线接收到的信号直接与本振进行下变频处理，然后经过功率放大器和功分器变为 5 路中频信号，再进行放大滤波，最后经过平方律检波，对信号进行低放积分处理后输出。380 GHz 接收机下变频模块参数如表 5 – 4 所示，其仿真链路如图 5 – 11 所示。

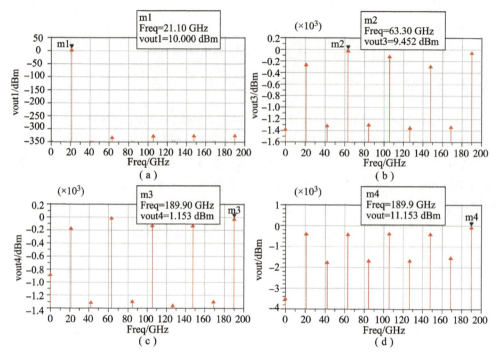

图 5-10 38 GHz 接收机本振模块仿真结果
（a）vout1；（b）vout2；（c）vout4；（d）vout

表 5-4 380 GHz 接收机下变频模块参数

参数	数据
中心频率/GHz	380
工作频率范围/GHz	378.5～381.5
带宽/GHz	3
测温范围/K	3～340
输入功率范围/dBm	-102～-82
冷源输入/K	3
灵敏度/K	0.5
链路增益/dB	60
中频频率/MHz	100～1 000

第 5 章 太赫兹辐射计定标与接收机链路

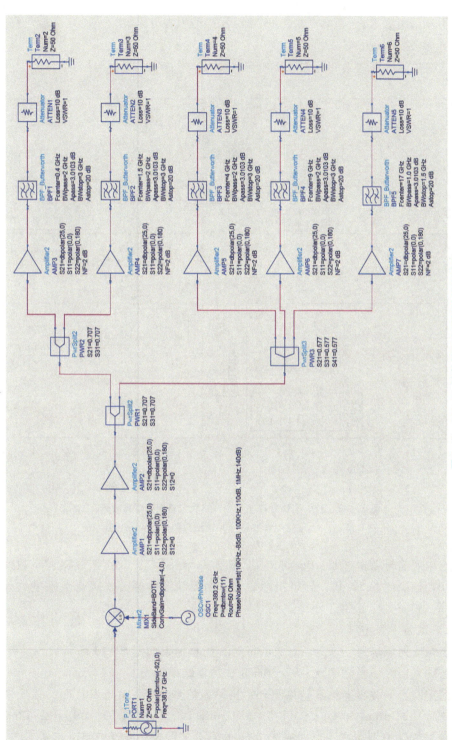

图 5-11 380 GHz 接收机下变频模块仿真链路

仿真结果如下：

1）链路预算仿真

链路预算仿真结果如图 5-12 所示。

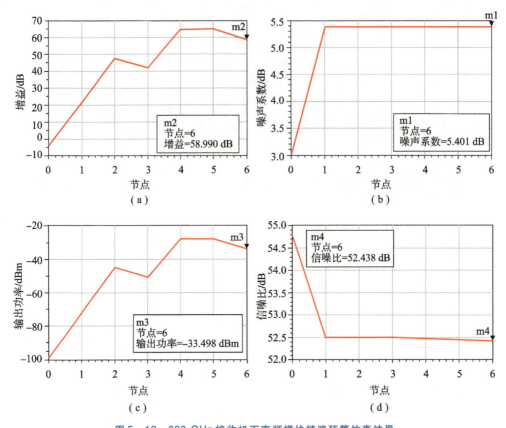

图 5-12　380 GHz 接收机下变频模块链路预算仿真结果
（a）增益；（b）噪声系数；（c）输出功率；（d）信噪比

当输入信号功率 -92 dBm 时，接收机链路增益为 59 dB，级联噪声系数为 5.4 dB，信噪比为 52 dB，满足指标要求。由灵敏度计算公式可得灵敏度约为 0.54 K，链路处于正常工作范围。

2）谐波平衡仿真

当输入射频信号功率为 -102 dBm 时，仿真结果如图 5-13 所示。

当输入射频信号功率为 -92 dBm 时，仿真结果如图 5-14 所示。

根据以上谐波平衡仿真结果可知：当输入信号功率 -102 dBm 时，输出信号功率为 -28 dBm；当输入信号功率 -92 dBm 时，输出信号功率为 -22 dBm。输出信号的功率维持在 -15 ~ -30 dBm 的要求范围内，接收机可以正常工作。

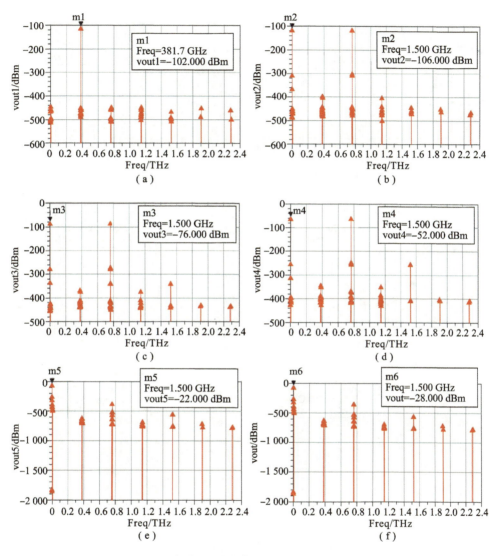

图 5-13　380 GHz 接收机下变频模块谐波平衡仿真结果（-102 dBm）
（a）vout1；（b）vout2；（c）vout3；（d）vout4；（e）vout5；（f）vout

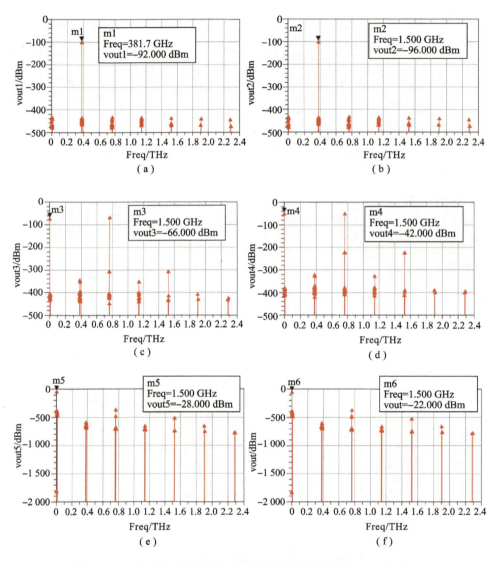

图 5-14 380 GHz 接收机下变频模块谐波平衡仿真结果（-92 dBm）
(a) vout1；(b) vout2；(c) vout3；(d) vout4；(e) vout5；(f) vout

3. 检波与定标

将上述仿真得到的检波器输入最小值 −28 dBm 和输入最大值 −22 dBm 分别代入计算公式，得到检波器输出电压动态范围：

$$V_{\text{DO-MIN}} = 1\,000 \times 10^{-28/10} = 1.584\,9 \text{ （mV）} \quad (5-7)$$

$$V_{\text{DO-MAX}} = 1\,000 \times 10^{-22/10} = 6.309\,6 \text{ （mV）} \quad (5-8)$$

即检波器输出动态范围为 1.584 9 ~ 6.309 6 mV。

用两点定标法求得其中的参数 a、b，因为已知其中两点为（1.584 9 mV，3 K），（6.309 6 mV，340 K），所以求得 $a = 71.327\,3$，$b = -110.047$。

5.4 接收机通道增益压缩仿真

接收机增益压缩是指随着输入电平提高，在接收机后端形成非线性失真，即输出电平与输入电平呈非线性关系。造成接收机增益压缩的主要原因是放大器性能，放大器的输出能力是影响接收机的输出能力和动态范围的关键。

"风云四号"微波载荷涉及多个探测频段、30 多个接收通道，各通道的动态范围和输出能力不同会造成通道间干扰、互调等问题，进而对整机性能造成影响。本节主要对 54 GHz、89 GHz、118 GHz、183 GHz、380 GHz 及 425 GHz 六个频点的接收通道进行增益压缩仿真，得到各通道的 1 dB 增益压缩点的输入功率和输出功率，根据仿真结果可以得出在相同输入功率的情况下，随着输入功率的增大，各通道出现线性失真（即通道饱和）的顺序，从而对各通道的工作性能进行判断和比较。

1. 54 GHz 接收机通道

54 GHz 接收机增益压缩仿真链路如图 5 – 15 所示。

设置本振功率在 −100 ~ −20 dBm 变化，观察链路的增益压缩情况，其仿真结果如图 5 – 16 所示。

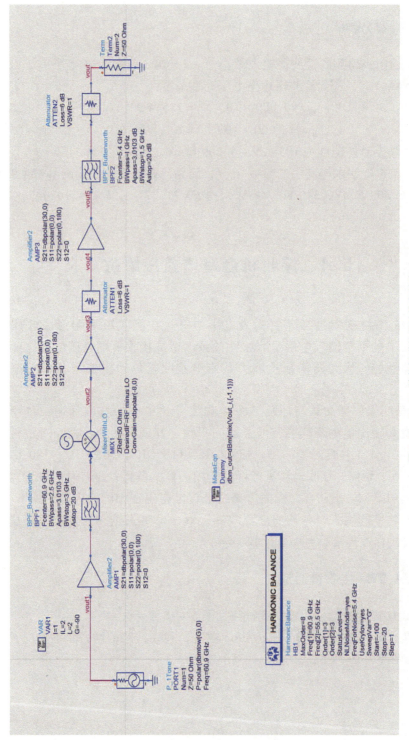

图 5-15 54 GHz 接收机增益压缩仿真链路

第 5 章　太赫兹辐射计定标与接收机链路

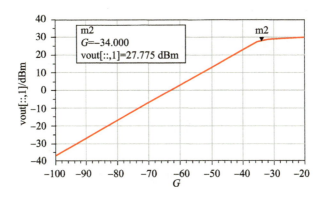

图 5-16　54 GHz 接收机增益压缩仿真结果

2. 89 GHz 接收机通道

89 GHz 接收机增益压缩仿真链路如图 5-17 所示。

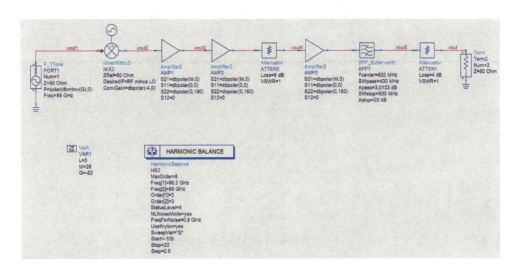

图 5-17　89 GHz 接收机增益压缩仿真链路

设置本振功率在 -120~20 dBm 变化，观察链路的增益压缩情况，其仿真结果如图 5-18 所示。

101

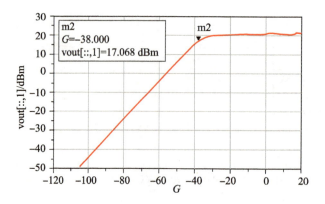

图5-18 89 GHz接收机增益压缩仿真结果

3. 118 GHz接收机通道

118 GHz接收机增益压缩仿真链路如图5-19所示。

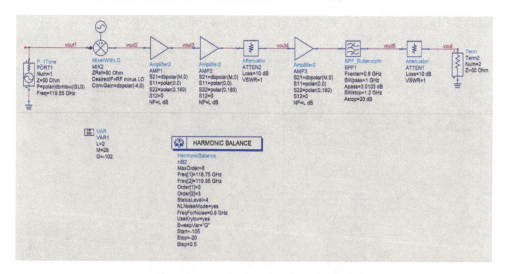

图5-19 118 GHz接收机增益压缩仿真链路

设置本振功率在-105~-20 dBm变化,观察链路的增益压缩情况,其仿真结果如图5-20所示。

4. 183 GHz接收机通道

183 GHz接收机增益压缩仿真链路如图5-21所示。

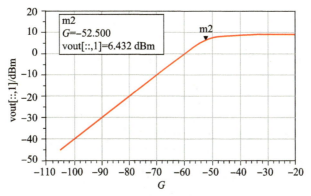

图 5-20　118 GHz 接收机增益压缩仿真结果

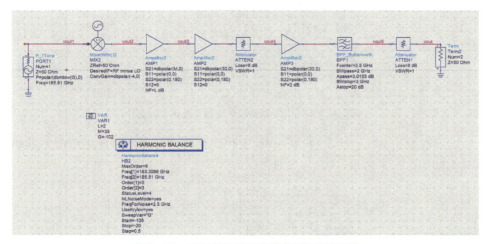

图 5-21　183 GHz 接收机增益压缩仿真链路

设置本振功率在 -105 ~ -20 dBm 变化，观察链路的增益压缩情况，其仿真结果如图 5-22 所示。

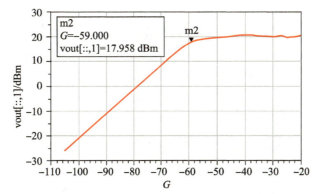

图 5-22　183 GHz 接收机增益压缩仿真结果

5. 380 GHz 接收机通道

380 GHz 接收机增益压缩仿真链路如图 5-23 所示。

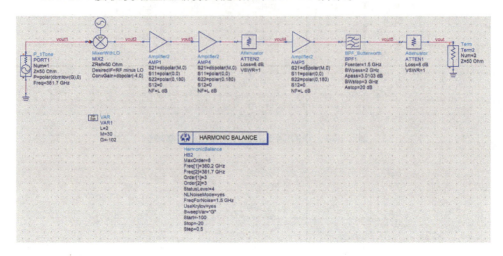

图 5-23　380 GHz 接收机增益压缩仿真链路

设置本振功率在 -102 ~ -20 dBm 变化,观察链路的增益压缩情况,其仿真结果如图 5-24 所示。

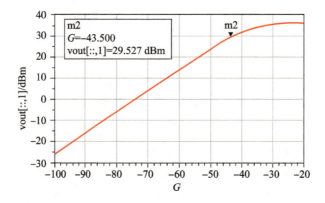

图 5-24　380 GHz 接收机增益压缩仿真结果

6. 425 GHz 接收机通道

425 GHz 接收机增益压缩仿真链路如图 5-25 所示。

设置本振功率在 -105 ~ -20 dBm 变化,观察链路的增益压缩情况,其仿真结果如图 5-26 所示。

第 5 章　太赫兹辐射计定标与接收机链路

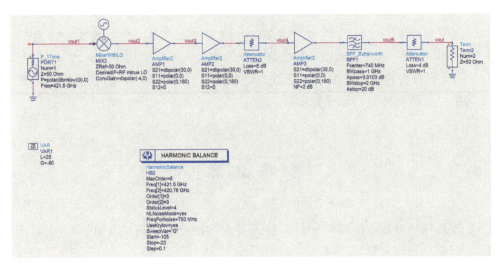

图 5-25　425 GHz 接收机增益压缩仿真链路

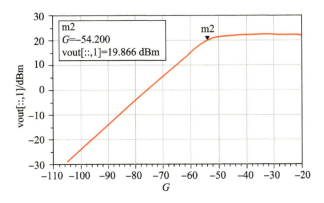

图 5-26　425 GHz 接收机增益压缩仿真结果

六个频点的接收通道增益压缩仿真结果数据整理如表 5-5 所示。

表 5-5　六个频点的接收通道增益压缩仿真结果数据整理

工作频点/GHz	1 dB 压缩点的输入功率/dBm	1 dB 压缩点的输出功率/dBm
54	-34.000	27.775
89	-38.000	17.068
118	-52.500	6.432
183	-59.000	17.958
380	-43.500	29.527
425	-54.200	19.866

由图 5-16、图 5-18、图 5-20、图 5-22、图 5-24、图 5-26 和表 5-5 可以看出：输入功率由 -105 dBm 开始增大；当输入功率为 -59 dBm 时，183 GHz 的通道最容易产生增益压缩，性能最差；54 GHz 的 1 dB 压缩点的输入功率为 -34 dBm，通道性能最好。

参 考 文 献

[1] 李江漫. 地基微波辐射计定标技术及大气被动遥感研究 [D]. 西安：西安电子科技大学，2014.

[2] 李叶飞. 星载微波辐射计地面热真空定标技术研究 [D]. 上海：上海交通大学，2008.

[3] 董帅. L/C 波段微波辐射计定标及有源微波冷噪声源研究 [D]. 北京：中国科学院国家空间科学中心，2016.

[4] 黄骁麒，朱建华. 多波段微波辐射计两点整机定标试验方法研究及误差分析 [J]. 海洋技术学报，2012，31（4）：55-59.

[5] 栾卉，赵凯. 微波辐射计接收机两点定标法误差分析及准确性验证 [J]. 红外与毫米波学报，2007，26（4）：289-292.

[6] 李哲，刘市生. 周期两点定标微波辐射计原理研究 [J]. 无线电工程，2006，10：49-51.

[7] 陆登柏，邱家稳，蒋炳军，等. 星载微波辐射计定标热源及其发射率测试研究 [J]. 空间电子技术，2009，6（4）：58-61.

[8] 刘新. 星载微波辐射计的设计及应用 [D]. 上海：上海交通大学，2009.

第 6 章

空间太赫兹遥感图像

问事弥多，而见弥博。

——王充

太赫兹辐射计在空间平台上扫描形成遥感图像，我们如何得到所需的物理特性参数呢？首先，需要建立遥感图像的数学模型，形成遥感图像的评价指标；然后，在此基础上采用遥感分辨率增强技术和图像复原技术。

6.1 遥感图像退化模型

遥感的本质是反演,而从反演的数学来源讲,反演研究针对的首先是数学模型。因此,遥感反演的基础是描述遥感信号(或遥感数据)与应用之间的关系模型,即遥感模型是遥感反演研究的对象。

太赫兹遥感反演即根据目标太赫兹辐射产生的遥感图像特征来反推其形成过程中的电磁辐射状况的技术。遥感图像特征是由地面反射率及大气作用等过程形成的。以遥感图像为已知量去推算大气中某个影响遥感成像的未知参数(即将遥感数据转换为人们实际需要的各种特性参数),这个过程就是遥感反演。遥感反演本质上是一种病态反演。

空间太赫兹辐射计感知目标的电磁辐射,从而实现成像。但是,辐射计距离被测目标有一定的高度,遥感图像在获取过程会受到大气吸收、湍流、散射等影响,且卫星系统本身无可避免衰减,多种因素综合作用就会导致图像模糊或变形。即使这些模糊或变形对不同图像的情况相同,空间分辨率由高变低的降质退化模型仍然可以通过旋转、变形等导致的几何变形、模糊以及降采样三个过程来进行说明,如图 6-1 所示。

遥感图像退化在频域的数学表达式可以表示为

$$F = D_s^{\downarrow} \cdot T \cdot C \cdot G + N \tag{6-1}$$

式中,F——得到的遥感图像;

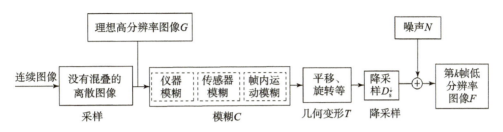

图 6-1　遥感图像退化模型

C——由大气层的吸收、散射、湍流影响等引起的大气衰减函数,致使遥感数据分辨率及对比度降低,产生模糊;

T——由系统探测器、分析器等的非一致性引起的系统衰减函数,造成遥感图像信息的几何变形;

N——噪声。

大气衰减函数 C 和系统衰减函数 T 可统称为衰减函数 H,则式(6-1)可简化为

$$F = D_s^{\downarrow} \cdot H \cdot G + N \tag{6-2}$$

针对不同的遥感图像重构问题,可以分别忽略上述退化因子来对遥感图像降质过程进一步简化。在解决图像去噪问题时,可忽略衰减函数 H,只考虑噪声 N;在解决图像去模糊问题时,可忽略噪声 N,只考虑衰减函数 H;在解决遥感图像分辨率匹配问题时,才讨论降采样因子 $D_s^{\downarrow}$。

要进行遥感反演研究,首先要解决的问题是对遥感像元信息的地学描述。地球表面是一个复杂的系统,对地观测得到的遥感像元的空间分辨率从几米到几千米,人类对地表真实性的了解需要用多种参数来描述。一般来说,遥感模型描述像元的观测量与地表实用参数之间的定量关系,这种描述模型的精度与参数量成正比。然而,精确的模型需要较多参数。因此,定量遥感面临的首要问题是对地表进行精确、实用的地学描述。这里所说的地学描述应该有两方面要求:其一,精确性,即对地学描述模型的精度要求,精确的模型应具有科学性和定量性;其二,实用性,即地学描述模型参数的应用性,建立模型需要考虑遥感与应用的衔接,由于模型反演精度常受到数据源的限制,因此要注意发挥多种数据组合的优势。

6.2 遥感图像质量评价指标

为了评价遥感图像增强算法的有效性及其适用性能,以及通过增强算法后,图像的视觉信息质量(或图像细节)是否得到了有效改善,就需要分别从定性和定量的角度去评判遥感图像在增强算法前后的质量优劣性。定性方面主要是人为主观评价,但是可视化质量的主观评价因人而异;定量方面就是针对不同算法采用不同的指标进行客观衡量。这些客观评价指标根据是否需要参考图像又可以分为两类,一类是不需要参考图像的评价指标,另一类是需要参考图像的评价指标。

6.2.1 不需要参考图像的评价指标

均值、方差、标准差、平均梯度可用于直接评价单幅遥感图像质量的好坏,是一类不需要参考图像的评价指标。

1. 均值

均值表征人眼观测遥感图像的亮温平均值,意味着地面物体反射电磁波能力的强弱,若均值适当,则表明目视效果较好。对于遥感图像 I,其均值 μ 的数学表达式为

$$\mu = \frac{1}{h \times w} \sum_{i=1}^{h} \sum_{j=1}^{w} I(i,j) \quad (6-3)$$

式中,$I(i,j)$——待评价的遥感图像 I 在第 i 行第 j 列位置处的亮温值;

h,w——亮温值矩阵的行数、列数。

2. 方差和标准差

方差和标准差均表征遥感图像亮温值的分布情况,反映亮温值相对于遥感图像平均亮温值的聚离程度,二者均可根据式(6-3)求解。方差是每个位置的像素灰度值减去图像灰度平均值的平方和再除以图像像素总数。对于遥感图像 I,其方差 σ^2 与标准差 σ 的数学表达式为

$$\sigma^2 = \frac{1}{h \times w} \sum_{i=1}^{h} \sum_{j=1}^{w} (I(i,j) - \mu)^2 \quad (6-4)$$

$$\sigma = \sqrt{\frac{1}{h \times w} \sum_{i=1}^{h} \sum_{j=1}^{w} (I(i,j) - \mu)^2} \quad (6-5)$$

方差和标准差值越大,就表明遥感图像亮温值分布越离散,等效于对比度随着多数亮温值与均值差异的变大而变大,涵盖更多信息,人眼观察到的图像质量也就越好。

3. 平均梯度

平均梯度是指单幅遥感图像边缘等处的亮度值存在显著差异,该亮度变化率可以反映遥感图像对细小对比和纹理改变特征的表达能力,从而权衡其清晰水平。平均梯度 $\bar{G}$ 的数学表达式可表示为

$$\bar{G} = \frac{1}{h \times w} \sum_{i=1}^{h} \sum_{j=1}^{w} \sqrt{\frac{(\nabla I_i(i,j))^2 + (\nabla I_j(i,j))^2}{2}} \quad (6-6)$$

$$\begin{cases} \nabla I_i(i,j) = I(i,j) - I(i-1,j) \\ \nabla I_j(i,j) = I(i,j) - I(i,j-1) \end{cases} \quad (6-7)$$

式中,$\nabla I_i(i,j)$,$\nabla I_j(i,j)$ ——遥感图像在对应方向的后向差分量。

遥感图像的亮度变化越显著(即梯度值越大),所包含的层次信息就越多,人眼观察到的图像质量也就越好。

6.2.2 需要参考图像的评价指标

分辨率及其增强因子与相关因子、均方误差、峰值信噪比、结构相似度、平均结构相似度需要借助参考图像进行对比才能评价单幅遥感图像质量的好坏。

1. 分辨率及其增强因子

每个频段的遥感图像分辨率与该频段的方向性系数 σ 相对应,其瞬时视场 IFOV(Instantaneous Field of View)的数学表达式为

$$\text{IFOV} = 2\sqrt{2\ln 2} \cdot \sigma \cdot \text{pixel} \approx 2.354\,820\,1 \cdot \sigma \cdot \text{pixel} \quad (6-8)$$

式中,IFOV——当相关系数取最值时对应的分辨率;

pixel——原始亮温图像中单个像元大小。

增强因子 RE 是算法处理前后 IFOV 的商。若 RE > 1,则表明该遥感图像得到增强。

2. 分辨率相关因子

相关系数表示遥感图像间的关联水平,可用于综合表示相关因子 ρ,其数学表达式为

$$\rho = \frac{R_{TB}}{R_{TA}} \quad (6-9)$$

式中，R_{TA}——天线亮温图像与其遥感图像增强算法处理后图像的相关系数；

R_{TB}——原始亮温图像与其遥感图像增强算法处理后图像的相关系数。

若 $\rho > 1$，则表明该遥感图像得到增强；ρ 值越大，意味着增强前后图像的 IFOV 相关度就越大，实验得到结果的准确度越高。

3. 均方误差

均方误差（Mean Square Error，MSE）表征对遥感图像进行增强算法前后结果的接近程度，其数学表达式为

$$\text{MSE} = \frac{1}{h \times w} \sum_{i=1}^{h} \sum_{j=1}^{w} (I_2(i,j) - I_1(i,j))^2 \quad (6-10)$$

式中，$I_1(i,j)$，$I_2(i,j)$——参考图像 I_1 和待评价图像 I_2 在相同位置处的亮温值。

MSE 值越小，则表征待评价图像 I_2 与参考图像 I_1 越逼近，分辨率增强效果就越显著。

4. 峰值信噪比

峰值信噪比（Peak Signal to Noise Ratio，PSNR）表示顶点信号到达噪声的比率，是权衡图像（或信号）失真的指标，其数学表达式为

$$\text{PSNR} = 10\lg \frac{(2^n - 1)^2}{\text{MSE}} \quad (6-11)$$

式中，$2^n - 1$——图像像元位置 (i,j) 处灰度值的峰值，n 表示量化位数，常用的 n 值有 8、16 和 32。

本书中统一用一个字节（8 位）来表示每个采样值的比特数。8 位表示法的 $2^n - 1$ 最大值是 255，则式（6-11）可以化简为

$$\text{PSNR} = 10\lg \frac{255^2}{\text{MSE}} \quad (6-12)$$

由式（6-12）可知，PSNR 和 MSE 是基于参考图像 I_1 和待评价图像 I_2 之间对应像素点的误差，也就是根据误差敏感度对遥感图像亮温值做相关计算和统计，进而评价其质量好坏。峰值信噪比值与失真情况对应相反关系，其值越大，则表征待评价图像 I_2 越逼近参考图像 I_1。

然而，如果忽视人眼的视觉感受，PSNR 大的图像可能看起来比其 PSNR 小的图像效果要差，换言之，该评价指标显示的结果与人眼主观看到的图像视觉效果不一致，这样就不能精确地表明图像质量的高低。其原因在于，人眼看到的视觉效果是主观的，在感知误差的敏感程度方面会受到外界因素的干扰。

例如，人能够主观地很敏感认识亮度（或空间分辨率）高低图像之间的差异，而且人在观看一个区域的同时会被周围其他区域影响。

5. 结构相似度

结构相似度（Structural Similarity，SSIM）[1]用于评价图像质量，其基于图像的结构性、像元间的关联性以及人眼对其结构变化的敏感程度。它从图像结构、图像对比度及其亮度三个方面的信息来考虑参考图像 I_1 和待评价图像 I_2 之间的相似程度，其数学表达式为

$$\mathrm{SSIM}(I_1,I_2) = \frac{(2\mu_{I_1}\mu_{I_2} + C_1)(2\sigma_{I_1 I_2} + C_2)}{(\mu_{I_1}^2 + \mu_{I_2}^2 + C_1)(\sigma_{I_1}^2 + \sigma_{I_2}^2 + C_2)} \quad (6-13)$$

式中，C_1, C_2——用于确保式中分母不为零从而增加计算的稳定性，一般取 $C_1 = (K_1 \times (2^n - 1))^2$，$C_2 = (K_2 \times (2^n - 1))^2$，对应的 $K_1 = 0.01$，$K_2 = 0.03$，$n = 8$；

μ_{I_1}, μ_{I_2}——表征参考图像 I_1 和待评价图像 I_2 的均值，表示二者的灰度信息分量；

$\sigma_{I_1}, \sigma_{I_2}$——表征参考图像 I_1 和待评价图像 I_2 的方差，表示二者的对比度信息分量；

$\sigma_{I_1 I_2}$——表征参考图像 I_1 和待评价图像 I_2 的协方差，其数学表达式为

$$\sigma_{I_1 I_2} = \frac{1}{h \times w - 1} \sum_{i=1}^{h} \sum_{j=1}^{w} (I_1(i,j) - \mu_{I_1})(I_2(i,j) - \mu_{I_2}) \quad (6-14)$$

6. 平均结构相似度

在计算两幅图像的结构相似度时，通常会采用滑动窗口法，利用大小相同的窗口对参考图像 I_1 和待评价图像 I_2 进行分块，故需保证分块图像互不重叠。但是，不同窗口形状会影响分块图像，故利用加权平均法，根据式（6-3）、式（6-4）、式（6-14）得到每个分块图像的结构相似度，然后对它们求和平均，则参考图像 I_1 和待评价图像 I_2 的平均结构相似度数学表达式为

$$\mathrm{MSSIM}(I_1,I_2) = \frac{1}{T} \sum_{k=1}^{T} \mathrm{SSIM}(I_{1k},I_{2k}) \quad (6-15)$$

式中，I_{1k}, I_{2k}——表示第 k 个原始的分块图像和第 k 个待评价的分块图像；

T——分块图像总个数。

SSIM 与 MSSIM 值的范围都是 [0,1]；其值越大，则表明二者的结构差别越小，待评价图像 I_2 越逼近参考图像 I_1。

6.3 遥感分辨率增强技术

太赫兹遥感分辨率增强技术旨在对给定的场景亮温重构亮温图像，天线亮温 $t_A(x,y)$ 的测量过程可以表示为天线方向图 $h(x,y)$ 与真实场景亮温图像 $t_B(x,y)$ 的卷积，即

$$t_A(x,y) = t_B(x,y) \otimes h(x,y) + n(x,y) \quad (6-16)$$

在分析分辨率增强技术中，认为 $t_A(x,y)$ 和 $h(x,y)$ 是确定已知的，$n(x,y)$ 是统计定义的，$t_B(x,y)$ 是需要求解的。

在模拟分析中，可将式（6-1）作为辐射测量方程，$t_A(x,y)$ 是天线亮温，$t_B(x,y)$ 是场景亮温，$h(x,y)$ 是天线方向图函数，$n(x,y)$ 是每个测量值的辐射噪声，所有变量以空间坐标 (x,y) 表示。已知 $t_B(x,y)$、$h(x,y)$ 和 $n(x,y)$，就可模拟各通道的 $t_A(x,y)$。本章需要仿真的毫米波太赫兹探测仪各通道的天线亮温图像参数如表 6-1 所示。

表 6-1 各通道仿真的天线亮温图像参数

频率/GHz	IFOV/km	采样间隔/km	噪声标准差 σ_n/K
54	81	8	0.48
118	37	8	0.21
183	24	8	0.36
380	12	8	0.72
425	10	8	1.02

下面对天线亮温图像的生成过程进行详细介绍。

1. 正演亮温图像 $t_B(x,y)$

由于 FY-4 静止轨道气象卫星还未在轨运行，因此本书对毫米波太赫兹探测仪分辨率增强处理所采用的是模拟仿真数据。对 54 GHz、118 GHz、183 GHz、380 GHz 和 425 GHz 的垂直极化通道仿真了台风场景的正演亮温图像 $t_B(x,y)$，如图 6-2 所示。图中的红色亮温高值区代表台风眼，蓝色亮温低值区表示台风的雨带。正演亮温图像有 126×126 个像素点，每个像素点代表 4 km×4 km 的范围。

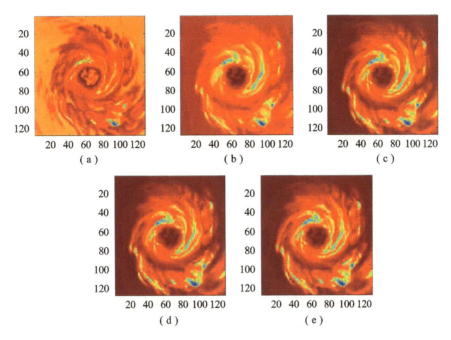

图 6-2　毫米波太赫兹探测仪五个频段正演亮温图像

(a) 54 GHz; (b) 118 GHz; (c) 183 GHz; (d) 380 GHz; (e) 425 GHz

2. 辐射噪声 $n(x,y)$

毫米波太赫兹探测仪的辐射噪声采取随机分布的高斯白噪声进行模拟，特定通道的噪声标准差 σ_n 如表 6-1 所示。σ_n 的值根据具体的情况决定，可以表示为

$$T_{sys} = \sigma_n \cdot (\Delta v)^{0.5} \cdot \tau^{0.5} \qquad (6-17)$$

式中，T_{sys}——有效本机噪声温度；

Δv——系统带宽；

τ——系统积分时间。

事实上，这些系统参数值都以辐射噪声的形式参与整个观测测量的过程，最终参与生成探测仪天线亮温图像。

3. 天线方向图 $h(x,y)$

毫米波太赫兹探测仪采用模拟的天线方向图，高斯型天线方向图是真实天线方向图的理想近似，已有研究者证明采用高斯型天线方向图具备可行性[2]。

$$h(x,y) = \frac{1}{2\pi\sigma_x\sigma_y\sqrt{1-\rho^2}} \cdot$$

$$\exp\left(-\frac{1}{2(1-\rho^2)}\left(\frac{(x-\bar{x})^2}{\sigma_x^2} + \frac{(y-\bar{y})^2}{\sigma_y^2} - 2\rho\frac{(x-\bar{x})(y-\bar{y})}{\sigma_x\sigma_y}\right)\right)$$

(6-18)

式中，σ_x, σ_y——方向性系数 σ 的 x 分量、y 分量；

$(\bar{x}, \bar{y})$——中心坐标；

ρ——相关因子。

在此，设置 $\rho = 0$，以获得对称的天线方向图，即

$$h(x,y) = \frac{1}{2\pi\sigma^2}\exp\left(-\frac{(x-\bar{x})^2 + (y-\bar{y})^2}{2\sigma^2}\right) \quad (6-19)$$

因此，只要知道分辨率信息，就可以求出天线方向图的方向性系数 σ，进而求出天线方向图。对各频段模拟的归一化天线方向图如图 6-3 所示。由于要将分辨率增强算法应用于 MWRI（微波成像仪）实测亮温数据，因此将 MWRI 的天线方向图也采取模拟仿真的方法得出，图 6-4 所示为 MWRI 的高斯型归一化天线方向图。

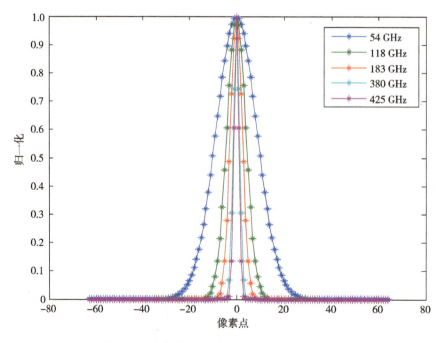

图 6-3　毫米波太赫兹探测仪归一化天线方向图

第 6 章 空间太赫兹遥感图像

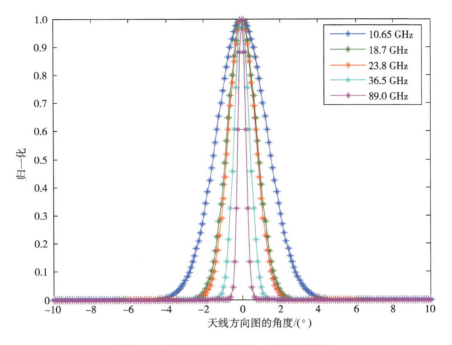

图 6-4　MWRI 的高斯型归一化天线方向图

4. 天线亮温图像 $t_A(x,y)$

在具备正演亮温图像 $t_B(x,y)$、天线方向图 $h(x,y)$ 和辐射噪声标准差 σ_n 后，就可以通过辐射测量方程模拟出各通道的天线亮温图像 $t_A(x,y)$，如图 6-5 所示。这样通过分辨率增强算法处理，就可重构原始亮温场景图像。

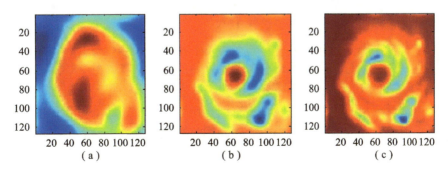

图 6-5　毫米波太赫兹探测仪天线亮温图像
(a) 54 GHz；(b) 118 GHz；(c) 183 GHz

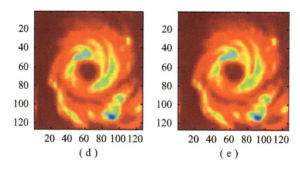

图6-5 毫米波太赫兹探测仪天线亮温图像（续）
(d) 380 GHz；(e) 425 GHz

6.4 遥感图像复原技术

太赫兹辐射计在对目标进行观测时，能够通过获取目标的温度值来区分目标。太赫兹辐射计采集到的一个像元点的目标所代表的距离越小，则说明其能观测到更小的目标，即拥有更高的空间分辨率。决定辐射计对目标的识别能力（即分辨率）的一个重要因素就是天线的口径尺寸，由于在设计卫星时不能无限大地采用大口径天线，所以目前天线的口径尺寸一般只能采集到几十千米量级的数据。但是对一些气象参数进行反演时，采用分辨率较高的数据能够获得精度更高的气象参数反演结果。例如，低频段的一些数据被用来进行土壤水分的反演，但是对土壤水分进行反演时一般需要高分辨率的数据，几十千米量级的数据对于精确的反演是不够的；在地气陆面模型的区域尺度上进行研究时，一般要求的数据的空间分辨率应该在 10 km 以下[3]。可见，太赫兹辐射计亮温数据的空间分辨率对反演算法的精度有很大影响。

此外，在进行地球其他相关的物理参数的反演时，需要多个频段的亮温数据[4-8]，此时就需要考虑如何将空间分辨率尽量统一。在对太赫兹辐射计多频段的数据进行使用时，一般需要对其空间分辨率进行一定的处理，其中一种方法是将高频段空间分辨率降低到和低频段通道数据接近的程度，另一种方法是将低频段的空间分辨率进行重建处理，使其接近高频段的数据。在使用前一种方法时，会造成亮温图像特征信息一定程度上的损失，所以为了使得数据在进一步使用时拥有高质量，更多的研究着重于将低频段的数据进行图像复原。

影响微波辐射计空间分辨率的因素主要有：微波辐射计的工作频率；天线

的口径。由于不同的频段能够获得不同物理参数的特征，因此低频段的观测数据同样具有重要价值。在气象卫星载荷的设计过程中，虽然可以采用增大天线口径的方法来提升空间分辨率，但是大尺寸的天线会增加卫星的质量；而且，在卫星工作中，大天线的形变、抖动等因素同样会影响微波辐射计亮温图像的质量。从卫星系统设计的角度来看，不可能为了提升空间分辨率而无限制增加天线的口径。在现有的卫星系统设计的条件下，采用后端信号处理的方法提升微波辐射计亮温图像的分辨率成了一种灵活可行的方法。

太赫兹辐射计图像复原的目的是根据观测到的天线温度图像来重构观测目标的视在温度。太赫兹辐射计天线温度图像一般受两种退化因素影响：一种是有限的天线口径尺寸导致的衍射模糊影响；另一种是天线地面视场重叠导致的像元重叠模糊。太赫兹辐射计图像复原通过消除这些退化因素来重构视在温度，目前常用的图像复原算法主要有巴拿赫空间重建技术[9]、BG（Backus - Gilbert）反演算法[10,11]、SIR（Scatterometer Image Reconstruction，散射计图像重建）算法[12,13]、维纳滤波去卷积算法[14,15]。

巴拿赫空间重建技术通过梯度泛化方法来进行重建，以提高空间分辨率。这种方法能够在希尔伯特空间减少过度的平滑和振荡效应，且不会提升数值复杂度。由于这种方法通过迭代方法进行优化，因此随着图像的尺寸增加，所需的迭代次数也会增加[9]。

BG反演算法通过太赫兹辐射计的天线视场重叠的冗余信息和天线方向图的先验知识来构建一个逆矩阵，该逆矩阵通过一些加权系数能够从观测到的天线温度图像中重建更精确的视在温度，这一过程能够消除一定的天线视场重叠带来的重叠模糊。因此，有相当多的研究将BG算法用于辐射计的空间分辨率匹配和提升[16-23]。但是这种方法在进行逆矩阵建立和重建时，难以将参数设置调优确定为最理想的参数，一般根据多次实验调试而得，且重建后的结果也有可能放大噪声。SIR算法作为乘法代数重构技术（MART）的另一种形式，可以通过迭代过程来获得亮度温度的最优估计。虽然这些方法可以获得良好的性能，但当分辨率增加太多时，它们会受到噪声增大的限制。

维纳滤波去卷积法也被提出来进行辐射计图像的质量改进，这种方法主要是消除星载微波辐射计有限的天线口径导致的低通滤波效应所带来的衍射模糊问题。这种去卷积算法将观测到的天线温度图像变换到傅里叶域，并建立一个含有天线方向图先验信息的数字滤波器来进行逆操作。

近些年，深度学习技术推动了很多领域的发展，对于传统的计算机视觉任务（如图像分类、图像分割、图像检测等），深度学习技术能够获得比传统方法更好的结果，也有相关研究者提出了采用深度学习的方法来提升光学图像的质量。在 Dong 等[24]的研究中,一种基于卷积神经网络(Convolutional Neural Network, CNN)的深度学习模型被提出用于实现光学图像的超分辨重建,这个卷积神经网络模型能够端对端地学习低分辨率图像和高分辨率图像之间的映射关系。这种基于深度学习的方法也被其他研究者进一步改进,如采用循环神经网络等[25,26]。在 Schuler 等[27]的研究中,基于卷积神经网络的方法也被提出来进行光学图像的去模糊。同时,卷积神经网络在光学图像去噪上也获得了很好的结果[28,29]。

深度学习技术能够使用多层的神经网络来学习图像的内部特征,以解决一系列视觉问题[30]。在 Wei 等[31]的研究中,一种基于卷积神经网络的方法被提出用于改进遥感图像的质量,取得了比传统方法更好的结果。在 Ducournau 等[32]的研究中,基于深度学习的超分辨算法被提出,以对海洋表面亮温数据进行图像质量的改进。这些基于深度学习方法改进遥感图像质量的方法是很有效的。然而,目前基于深度学习的遥感图像复原相关研究仍然不多,尤其是关于微波遥感图像复原尚未见报道,所以基于深度学习的微波遥感图像复原技术值得进一步探索。

参 考 文 献

[1] WANG Z, BOVIK A C, SHEIKH H R, et al. Image quality assessment: From error measurement to structural simi – larity [J]. IEEE Transactions on Image Processing, 2004, 13 (4), 600 – 612.

[2] HOLLINGER J P, PEIRCE J L, POE G A. SSM/I instrument evaluation [J]. IEEE Transactions on Geoscience and Remote Sensing, 1990, 28 (5): 781 – 790.

[3] 王永前, 施建成, 蒋灵梅, 等. AMSR – E 低频亮温数据空间分辨率提高以及不同波段亮温数据组合应用时分辨率匹配的算法 [J]. 中国科学: 地球科学, 2011, 41 (2): 253 – 264.

[4] WANG J R, TEDESCO M. Identification of atmospheric influences on the estimation of snow water equivalent from AMSR – E measurements [J]. Remote Sensing Environment, 2007, 111: 839 – 845.

[5] NORMAN C G. Classification of snow cover and precipitation using the special sensor microwave imager [J]. Journal of Geophysical Research Atmospheres,

1991, 96 (D4): 7423 - 7435.

[6] RALPH R F, ERIC A S, WESLEY B, et al. A screening methodology for passive microwave precipitation retrieval algorithms [J]. Journal of the Atmospheric Sciences, 1998, 55 (9): 1583 - 1600.

[7] PAMPALONI P, PALOSCIA S. Microwave emission and plant water content: A comparison between field measurement and theory [J]. IEEE Transactions on Geoscience and Remote Sensing, 1986, 24 (6): 900 - 904.

[8] MIN Q, LIN B. Remote sensing of evapotranspiration and carbon uptake at Harvard forest [J]. Remote Sensing of Environment, 1992, 100 (3): 379 - 387.

[9] LENTI F, NUNZIATA F, ESTATICO C, et al. On the spatial resolution enhancement of microwave radiometer data in Banach spaces [J]. IEEE Transactions on Geoscience and Remote Sensing, 2014, 52 (3): 1834 - 1842.

[10] BACKUS G E, GILBERT F. Numerical applications of a formalism for geophysical inverse problem [J]. Geophysical Journal of the Royal Astronomical Society, 1967, 13: 247 - 276.

[11] BACKUS G, GILBERT F. The resolving power of gross earth data [J]. Geophysical Journal of the Royal Astronomical Society, 1968, 16: 169 - 205.

[12] LONG D G, HARDIN P J, WHITING P T. Resolution enhancement of spaceborne scatterometer data [J]. IEEE Transactions on Geoscience and Remote Sensing, 1993, 31 (3): 700 - 715.

[13] LONG D G, DAUM D L. Spatial resolution enhancement of SSM/I data [J]. IEEE Transactions on Geoscience and Remote Sensing, 1998, 36 (2): 407 - 417.

[14] SETHMANN R, BURN B A, HEYGSTER G C. Spatial resolution improvement of SSM/I data with image restoration techniques [J]. IEEE Transactions on Geoscience and Remote Sensing, 1994, 32 (6): 1144 - 1151.

[15] SETHMANN R, HEYGSTER G, BURNS B. Image deconvolution techniques for reconstruction of SSM/I data [J]. IEEE International Geoscience and Remote Sensing Symposium, 1991, 4: 2377 - 2380.

[16] ROBINSON W D, KUMMEROW C, OLSON W S. A technique for enhancing and matching the resolution of microwave measurements from the SSM/I

instrument [J]. IEEE Transactions on Geoscience and Remote Sensing, 1992, 30 (3): 419 – 429.

[17] MICHAEL R. FARRAR, ERIC A. Smith. Spatial resolution enhancement of terrestrial features using deconvolved SSM/I microwave brightness temperatures [J]. IEEE Transactions on Geoscience and Remote Sensing, 1992, 30 (2): 349 – 355.

[18] LONG D G, DAUM D L. Spatial resolution enhancement of SSM/I data [J]. IEEE Transactions on Geoscience and Remote Sensing, 1998, 36 (2): 470 – 417.

[19] MIGLIACCIO M, GAMBARDELLA A. Microwave radiometer spatial resolution enhancement [J]. IEEE Transactions on Geoscience and Remote Sensing, 2005, 43 (5): 1159 – 1169.

[20] CHAKRABORTY P, MISRA A, MISRA T, et al. Brightness temperature reconstruction using BGI [J]. IEEE Transactions on Geoscience and Remote Sensing, 2008, 46 (6): 1768 – 1774.

[21] 尹红刚, 张德海. 星载微波辐射计空间分辨率增强算法研究 [J]. 海洋科学进展, 2004, 22 (增): 192 – 197.

[22] 杨虎, 商建, 吕利清. 星载微波辐射计通道分辨率匹配技术及其在 FY – 3 卫星 MWRI 中的应用 [J]. 上海航天, 2012 (1): 23 – 28.

[23] 黄磊, 周武, 李延民. HY – 2 卫星扫描微波辐射计多通道分辨率匹配技术研究 [J]. 中国工程科学, 2014, 16 (6): 65 – 69.

[24] DONG C, LOY C C, HE K, et al. Learning a deep convolutional network for image super – resolution [M]//FLEET D, PAJDLA T, SCHIELE B, et al. Computer Vision – ECCV 2014. Cham: Springer, 2014: 184 – 199.

[25] KIM J, LEE J K, LEE K M. Deeply – recursive convolutional network for image super – resolution [C]//2016 IEEE Conference on Computer Vision and Pattern Recognition, Las Vegas, 2016: 1637 – 1645.

[26] SHI W Z, CABALLERO J, HUSZÁR F, et al. Real – time single image and video super – resolution using an efficient sub – pixel convolutional neural network [C]//2016 IEEE Conference on Computer Vision and Pattern Recognition, Las Vegas, 2016: 1874 – 1883.

[27] SCHULER C J, BURGER H C, HARMELING S, et al. A machine learning approach for non – blind image deconvolution [C]//2013 IEEE Conference on Computer Vision and Pattern Recognition, Portland, 2013: 1067 – 1074.

[28] HARMELING S, SCHULER C J, BURGER H C. Image denoising: Can plain neural networks compete with BM3D? [C]//2012 IEEE Conference on Computer Vision and Pattern Recognition, Providence, 2012: 2392-2399.

[29] ZHANG K, ZUO W, GU S, et al. Learning deep CNN denoiser prior for image restoration [C]//2017 IEEE Conference on Computer Vision and Pattern Recognition, Honolulu, 2017: 2808-2817.

[30] BENGIO Y. Learning deep architectures for AI [M]. Boston: Now Publishers Inc., 2009.

[31] WEI Y C, YUAN Q, SHEN H, et al. A universal remote sensing image quality improvement method with deep learning [C]//2016 IEEE International Geoscience and Remote Sensing Symposium, Beijing, 2016: 6950-6953.

[32] DUCOURNAU A, FABLET R. Deep learning for ocean remote sensing: An application of convolutional neural networks for super-resolution on satellite-derived SST data [C]//2016 the 9th IAPR Workshop on Pattern Recognition in Remote Sensing (PRRS), Cancun, 2016: 1-6.

第 7 章
过采样数据空间分辨率增强

　　生活不是局限于人类所追求的目标进行的日常行动，而是显示人类参加到一种宇宙韵律中来，这种韵律以形形色色的方式证明其自身的存在。

——泰戈尔

　　空间太赫兹载荷对地遥感的"足迹"重叠率较高的情况即过采样数据，利用这些冗余的重叠信息，可以使用维纳滤波去卷积算法和 BG 反演算法等进行遥感图像的空间分辨率增强。

7.1 过采样数据

太赫兹辐射计的空间分辨率与其天线尺寸、工作频率有着密切的关系。为了提高太赫兹辐射计的空间分辨率,通常采用增加天线口径尺寸或提高工作频率的方法,或者同时采取这两种措施。但是,这显然会增加辐射计系统的复杂性和质量,而这些指标对卫星平台尤为重要。

太赫兹辐射计过采样的情况,即空间采样间隔远小于相应的空间分辨率。然而,此时辐射计的空间采样间隔与空间分辨率不匹配,辐射计的直接测量结果不能简单地以图像来表现,因此必须对测量得到的采样数据进行某种处理,以得到所需空间分辨率的重建图像。

过采样通道分辨率增强技术采用去卷积技术,包括维纳滤波去卷积算法和 BG 反演算法,可通过具体评价指标来验证算法的有效性。结果表明,维纳滤波去卷积算法在抑制噪声能力和计算效率方面都优于 BG 反演算法,但是在分辨率增强程度较高时,维纳滤波图像表面会出现"振铃"现象,图像质量变差。

7.2 维纳滤波去卷积算法

7.2.1 算法概述

维纳滤波去卷积算法通过在傅里叶域建立一个滤波器来对天线温度图像进

行逆滤波操作，进而得到观测目标的亮温估计，通过辐射计图像退化模型在频域的形式可知：

$$T_A(u,v) = T_B(u,v)H(u,v) + N(u,v) \tag{7-1}$$

式中，$T_A(u,v)$ ——天线测量亮温 $t_a(x,y)$ 的频域表示；

$T_B(u,v)$ ——真实场景亮温 $t_b(x,y)$ 的频域表示；

$H(u,v)$ ——天线方向图函数 $h(x,y)$ 的频域表示；

$N(u,v)$ ——噪声函数 $n(x,y)$ 的频域表示。

在进行反卷积操作时，$T_A(u,v)$、$H(u,v)$ 和 $N(u,v)$ 是已知的，通过构建一个滤波器 $W(u,v)$ 来进行反卷积操作，得到 $T_B(u,v)$ 的估计 $T'_B(u,v)$。然后，通过对 $T'_B(u,v)$ 进行离散逆傅里叶变换来得到时域的亮温估计图像 $t'_B(x,y)$。

其中，反卷积过程定义的滤波器 $W(u,v)$ 是通过线性维纳滤波器来实现的，线性维纳滤波器可以通过最小化真实亮温图像和估计亮温图像的均方误差来实现。在这个过程中：

$$T'_B(u,v) = W(u,v)T_A(u,v) \tag{7-2}$$

式中，$T'_B(u,v)$ 作为估计后的视在温度，它与 $T_B(u,v)$ 有一定误差，这个误差 $E(u,v)$ 被定义为

$$E(u,v) = T_B(u,v) - T'_B(u,v) = T_B(u,v) - W(u,v)T_A(u,v) \tag{7-3}$$

$T'_B(u,v)$ 与 $T_B(u,v)$ 之间的误差 $E(u,v)$ 可以通过均方误差来定义求解：

$$\zeta(|E(u,v)|^2) = \zeta((T_B(u,v) - W(u,v)T_A(u,v))^* \cdot$$
$$(T_B(u,v) - W(u,v)T_A(u,v))) \tag{7-4}$$

可知，使用维纳滤波器的目的就是使均方误差最小，即有

$$\frac{\partial \zeta(|E(u,v)|^2)}{\partial W(u,v)} = 2W(u,v)P_{TATA}(u,v) - 2P_{TATB}(u,v) = 0 \tag{7-5}$$

式中，$P_{TATA}(u,v)$ ——$T_A(u,v)$ 的功率谱；

$P_{TATB}(u,v)$ ——$T_A(u,v)$ 和 $T_B(u,v)$ 的互功率谱。

$$P_{TATA}(u,v) = \zeta(T_A(u,v)T_A^*(u,v)) \tag{7-6}$$

$$P_{TATB}(u,v) = \zeta(T_B(u,v)T_A^*(u,v)) \tag{7-7}$$

因此，$W(u,v)$ 可以表示为

$$W(u,v) = \frac{P_{TATB}(u,v)}{P_{TATA}(u,v)} \tag{7-8}$$

如果信号和通道噪声不相关（即 $P_{TBN}(u,v) = P_{NTB}(u,v) = 0$，$P_{TBN}(u,v)$、$P_{NTB}(u,v)$ 分别为 $T_B(u,v)$ 和噪声的互动率谱），则可得

$$P_{TATB}(u,v) = H^*(u,v)P_{TBTB}(u,v) + P_{TBN}(u,v) = H^*(u,v)P_{TBTB}(u,v) \tag{7-9}$$

P_{TBTB}——$T_\text{B}(u,v)$ 的功率谱，

$$P_{\text{TBTB}} = \zeta(T_\text{B}(u,v) T_\text{B}^*(u,v)) \qquad (7-10)$$

$$\begin{aligned} P_{\text{TATA}}(u,v) &= |H(u,v)|^2 P_{\text{TBTB}}(u,v) + H(u,v) P_{\text{TBN}}(u,v) + \\ &\quad H^*(u,v) P_{\text{NTB}}(u,v) + P_{\text{NN}}(u,v) \\ &= |H(u,v)|^2 P_{\text{TBTB}}(u,v) + P_{\text{NN}}(u,v) \end{aligned} \qquad (7-11)$$

式中，$P_{\text{NN}}(u,v)$——噪声的功率谱。

综上，将 $P_{\text{TATA}}(u,v)$ 和 $P_{\text{TATB}}(u,v)$ 代入式（7-8），可得

$$W(u,v) = \frac{P_{\text{TBTB}}(u,v) H^*(u,v)}{P_{\text{TBTB}}(u,v) |H(u,v)|^2 + P_{\text{NN}}(u,v)} \qquad (7-12)$$

假设噪声不存在，即 $P_{\text{NN}}(u,v) = 0$，就可以通过对天线方向图在频域内求逆来使得 $W(u,v) = H^{-1}(u,v)$。在使用维纳滤波器对辐射计亮温图像进行复原时，不仅需要得到原始信号的功率谱，还需要得到噪声的功率谱。白噪声的功率谱由其方差决定，即

$$P_{\text{NN}}(u,v) = \sigma_n^2 \qquad (7-13)$$

为了得到原始信号功率谱的正确估计，可以将式（7-13）变换为

$$W(u,v) = \frac{H^*(u,v)}{|H(u,v)|^2 + \dfrac{P_{\text{NN}}(u,v)}{P_{\text{TBTB}}(u,v)}} \qquad (7-14)$$

其中，可以对 $\dfrac{P_{\text{NN}}(u,v)}{P_{\text{TBTB}}(u,v)}$ 进行估计：

$$\frac{P_{\text{NN}}(u,v)}{P_{\text{TBTB}}(u,v)} \to \frac{\sigma_n^2}{P_{\text{TATA}}(u,v)} = \frac{(\text{NE}\Delta T)^2}{P_{\text{TATA}}(u,v)} \qquad (7-15)$$

式中，NEΔT——噪声等效温差（Noise Equivalent Difference Temperature）。

综上，最后得到的重建结果 $T'_\text{B}(u,v)$ 为

$$T'_\text{B}(u,v) = W(u,v) T_\text{A}(u,v) = \frac{H^*(u,v) T_\text{A}(u,v)}{|H(u,v)|^2 + \dfrac{\text{NE}\Delta T}{P_{\text{TATA}}(u,v)}} \qquad (7-16)$$

7.2.2 实验结果与分析

对于 7.2.1 节介绍的维纳滤波去卷积算法，本小节通过 118 GHz 和 183 GHz 垂直极化通道的数据来进行验证。

如图 7-1 所示，将维纳滤波去卷积算法应用于 118 GHz 的模拟正演图像中，分析该算法对天线温度图像的重构结果。首先，通过图像退化模型来对 118 GHz 的正演图像进行退化，退化过程中的退化因子为天线方向图和系统噪声，退化后的结果为图 7-1（b）所示的天线温度图像。由图可知，天线温度

图像由于受到低通滤波的衍射模糊和系统噪声的影响,图像质量明显下降。然后,对图 7-1(b)所示的天线温度图像采用维纳滤波去卷积算法进行处理,处理后的结果如图 7-1(c)所示,可以看出,算法处理后的结果相较于天线温度图像的质量有了明显的提升,细节部分得到了有效改善。

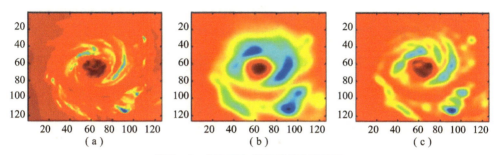

图 7-1　118 GHz 维纳滤波实验结果

(a) 118 GHz 垂直通道的正演亮温图像;(b) 118 GHz 正演亮温图像退化后的天线温度图像;
(c) 对 118 GHz 天线温度图像进行维纳滤波处理后的图像

通过评价指标 PSNR(峰值信噪比)和 SSIM(结构相似度)对其进行定量评估,天线温度图像相对于正演亮温图像的 PSNR 为 39.03 dB、SSIM 为 0.93,经过维纳滤波处理后的图像相对于正演亮温图像的 PSNR 为 41.36 dB、SSIM 为 0.95。由此可以看出,在定量的评价指标上维纳滤波处理后的结果也有明显的提升,说明了该算法的有效性。将实验图像抽取其第 66 行数据作出其亮温分布曲线,如图 7-2 所示。在数据分布曲线上可以看出,维纳滤波后的图像的细节部分比天线温度图像拥有更多的信息。

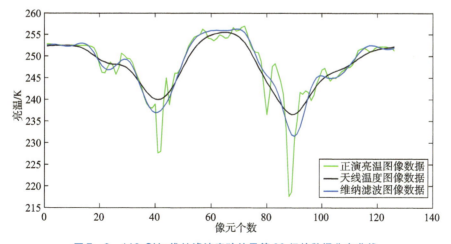

图 7-2　118 GHz 维纳滤波实验结果第 66 行的数据分布曲线

如图 7-3 所示，将维纳滤波去卷积算法应用于 183 GHz 的模拟正演亮温图像中，分析该算法对天线温度图像的重构结果。由图 7-3（b）可知，天线温度图像由于受到低通滤波的衍射模糊和系统噪声的影响，图像质量明显下降。然后，对图 7-3（b）所示的天线温度图像采用维纳滤波算法进行处理，处理后的结果如图 7-3（c）所示，可以看出，算法处理后的结果相较于天线温度图像的质量有了明显的提升，细节部分得到了有效改善。

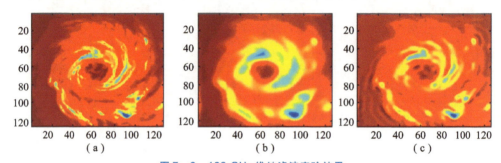

图 7-3　183 GHz 维纳滤波实验结果

（a）183 GHz 垂直通道的正演亮温图像；（b）183 GHz 正演亮温图像退化后的天线温度图像；
（c）对 183 GHz 天线温度图像进行维纳滤波处理后的图像

通过评价指标 PSNR 和 SSIM 对其进行定量评估，天线温度图像相对于正演亮温图像的 PSNR 为 31.13 dB、SSIM 为 0.81，经维纳滤波处理后的图像相对于正演亮温图像的 PSNR 为 34.68 dB、SSIM 为 0.89。由此可看出，在定量的评价指标上维纳滤波处理后的结果也有明显提升，说明了该算法的有效性。将实验图像抽取其第 66 行数据作出其亮温分布曲线，如图 7-4 所示。在数据分布曲线上可以看出，维纳滤波后的图像的细节部分比天线温度图像拥有更多的信息。

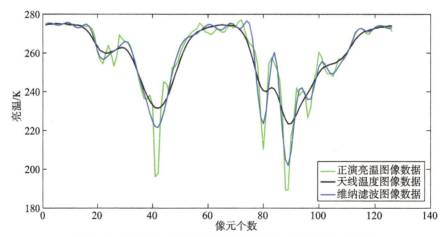

图 7-4　183 GHz 维纳滤波实验结果第 66 行的数据分布曲线

7.3 Backus–Gilbert 反演算法

7.3.1 算法概述

Backus 和 Gilbert 在 1967 年、1968 年、1970 年发表的三篇文章[1-3]中提出了矩阵反演理论,用于从有限的不太精确的地球数据中建立地球模型。Stogryn 最先将该方法用于处理 SSM/I 亮温数据,以实现从星载微波成像仪的天线亮温来更精确地估计地面真实亮温[4]。

考虑一个星载微波成像仪,如图 7-5 所示。图中,(x,y,z) 为直角坐标系,(ρ,θ,ϕ) 为极坐标系,(ρ_0,θ_0) 为地球上某点,$\hat{s}_0$ 为天线指向面元的矢量,$\hat{\rho}$ 为地心指向面元 $\mathrm{d}A$ 的单位矢量,$\hat{s}$ 为天线指向面元 $\mathrm{d}A$ 的单位矢量,s 为天线到面元 $\mathrm{d}A$ 的距离。

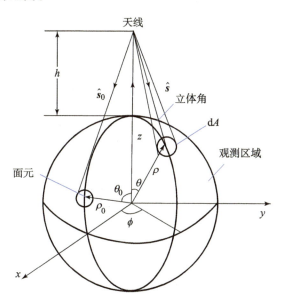

图 7-5 星载微波成像仪观测几何模型[4]

从已知高度 h 观测地球大气系统[4],指向为 $\hat{s}_0$,则天线测量的立体角可以表示为

$$\mathrm{d}\Omega = (-\hat{s} \cdot \hat{\rho}/s^2)\mathrm{d}A \tag{7-17}$$

因此，沿着指向 $\hat{s}_0$ 测量得到的天线亮温 T_A 可以描述为天线增益函数 G 和地面场景亮温 T_B 乘积的积分，即

$$T_A(\hat{s}_0) = \int_E G(\hat{s}_0,\hat{s}) T_B(\rho,\hat{s}) \mathrm{d}\Omega = \int_E G(\hat{s}_0,\hat{s}) T_B(\rho,\hat{s})(-\hat{s}\cdot\hat{\rho}/s^2) \mathrm{d}A$$

(7-18)

通过卫星对地面 E 进行整体估计，积分过程不是瞬间完成的，其中有两个问题需要考虑：成像仪和卫星平台绕地球轨道运行时的圆锥扫描观测过程；测量仪器的积分时间。因此，将式（7-18）转换为

$$T_A = \frac{1}{\tau} \int_{t_i-\tau/2}^{t_i+\tau/2} \int_E G(\hat{s}_0(t),\hat{s}(t)) T_B(\rho,\hat{s}(t)) \cdot (-\hat{s}(t)\cdot\hat{\rho}/s^2(t)) \mathrm{d}A\mathrm{d}t$$

(7-19)

式中，τ——积分时间；

t_i——观测中心时间。

然而，观测的地面场景亮温 T_B 在仪器积分时间内的变化很小。忽略积分时间内 T_B 的变化，可以描述第 i 次测量的平均天线亮温 T_{Ai} 为

$$T_{Ai} = \int_E \overline{G_i}(\rho) T_B(\rho) \mathrm{d}A$$

(7-20)

所有时间变化可以通过平均时间增益函数来解释，即

$$\overline{G_i}(\rho) = \frac{1}{\tau} \int_{t_i-\tau/2}^{t_i+\tau/2} G(\hat{s}_0(t),\hat{s}(t)) \cdot (-\hat{s}(t)\cdot\hat{\rho}/s^2(t)) \mathrm{d}t \quad (7-21)$$

最终的微波成像仪亮温图像通常被设置在矩形网格上，网格的大小由成像仪在地面的空间采样间隔决定，假设每个网格内的亮温值是恒定不变的，那么可将式（7-20）写为离散形式：

$$T_{Ai} = \sum_{(x,y)\in E} \overline{G_i}(x,y) T_B(x,y) \quad (7-22)$$

对地观测时，相邻天线测量的地面覆盖区域会重叠，但是天线的接收增益主要集中在天线的主瓣，所以用天线的 3 dB 波束所覆盖的地面区域作为微波成像仪的空间分辨率。即使采样间隔小到足以使天线 3 dB 波束地面覆盖区域产生重叠，一般也只对图像进行简单处理，而忽略相邻测量的重叠。因此，要想增强成像仪的空间分辨率，就要考虑因重叠而产生的图像模糊。

可以采用 N 个邻近测量点的数据来反演地球上某点 (ρ_0,θ_0) 的亮温，这就是 Backus 和 Gilbert 提出的 BG 反演算法。也就是利用 N 个临近测量点的线性组合来求解 $T_B(\rho_0)$，表示为

$$T_B(\rho_0) = \sum_{i=1}^N c_i T_{Ai} = \int_E \left(\sum_{i=1}^N c_i \overline{G_i}(\rho)\right) T_B(\rho) \mathrm{d}A \quad (7-23)$$

由于 T_{Ai} 是平均天线亮温，因此需要先求出一组系数 c_i，然后通过求其线性组合来求得 $T_B(\rho_0)$。考虑一组积分方程：

$$Q_R = \int \left(\sum_{i=1}^{N} c_i \overline{G_i} - F(\rho,\rho_0) \right)^2 J(\rho,\rho_0) dA \qquad (7-24)$$

式中，Q_R——天线方向图误差目标函数；
　　　$F(\rho,\rho_0)$——天线方向图目标函数；
　　　$J(\rho,\rho_0)$——天线方向图权值。

式（7-24）的归一化约束条件如下：

$$\int \sum_{i=1}^{N} c_i \overline{G_i} dA = 1 \qquad (7-25)$$

为了使 Q_R 最小，就应选择合适的 F 和 J。根据应用目的的不同，F 和 J 有不同的选择。如果天线的旁瓣很大，则可以通过选择合适的 J 来降低副瓣电平的影响。一般选择 $J=1$，F 若在 A_0 区内则为 $1/A_0$、若在 A_0 区外则为 0，这样就能很好地估计 A_0 区的亮温。然而，这会导致仪器噪声传递到求解的亮温中，随机噪声为 $(\Delta T_{rms})^2$，求解的亮温误差 Q_N 为

$$Q_N = c^T \overline{\overline{E}} c \qquad (7-26)$$

式中，矢量 c 的元素为 c_i；$\overline{\overline{E}}$ 为误差矩阵。由于这里的仪器噪声基本上是随机噪声，因此是互不相关的；$\overline{\overline{E}}$ 为对角矩阵，对角线上的元素为 $(\Delta T_{rms})^2$。

如果简单地使用 BG 反演算法，则在分辨率增强的同时会放大系统噪声，导致图像出现噪声斑点。Stogryn[4] 引入噪声调节参数，将分辨率和噪声进行平衡，即

$$Q = Q_R \cos\gamma + \omega Q_N \sin\gamma \qquad (7-27)$$

式中，ω——调节参数，用于使 Q_R 和 Q_N 的量纲保持一致；
　　　γ——噪声调节参数，取值范围为 $0 \sim \pi/2$，根据分辨率和噪声考虑的侧重点来选取 γ 值。γ 值越小，噪声会被放得越大，但分辨率会越高；γ 值越大，分辨率会越低，但噪声会得到有效抑制。一般来说，不同频段的 γ 值是不同的，需要通过对大量数据进行选取来决定最优的 γ 值。

假设 $\overline{\overline{G}}$ 为 $N \times N$ 矩阵，其元素为

$$G_{ij} = \int \overline{G_i}(\rho) \overline{G_j}(\rho) dA \qquad (7-28)$$

考虑约束条件，利用拉格朗日乘数法求：

$$H(c_i) = \cos\gamma \int \left(\sum_{i=1}^{N} c_i \overline{G_i} - F(\rho,\rho_0) \right)^2 J(\rho,\rho_0) + $$

$$\omega \sin\gamma \sum_{i=1}^{N} c_i^2 \varepsilon^2 - \lambda \left(\int \sum_{i=1}^{N} c_i \overline{G_i} dA - 1 \right) \qquad (7-29)$$

式中，ε——零均值的随机噪声。

利用 $\dfrac{\partial H}{\partial c_i} = 0$，可得

$$c = \bar{\bar{z}}^{-1}\left(v\cos\gamma + \dfrac{1 - u^{\mathrm{T}}\bar{\bar{z}}^{-1}v\cos\gamma}{u^{\mathrm{T}}\bar{\bar{z}}^{-1}u}u\right) \quad (7-30)$$

式中，

$$u_i = \int \overline{G_i}\,\mathrm{d}A \quad (7-31)$$

$$v_i = \int \dfrac{1}{A_0}\overline{G_i}\,\mathrm{d}A \quad (7-32)$$

$$\bar{\bar{z}} = \bar{\bar{G}}\cos\gamma + \omega\bar{\bar{E}}\sin\gamma \quad (7-33)$$

综合以上推导过程，如果将 BG 反演算法应用到实际中，则需要对一系列参数的取值进行设置。下面对将 BG 反演算法应用于实际中需要考虑的问题进行详细阐述。

（1）如何选择天线的增益函数 $G(\rho_i,\rho)$。在很多研究中选取了高斯型增益函数，有的研究者分别采用高斯函数和 sinc 函数，最终也得到相似的结果[5,6]。在此选择高斯型增益函数进行研究。

（2）在计算 $\bar{\bar{z}} = \bar{\bar{G}}\cos\gamma + \omega\bar{\bar{E}}\sin\gamma$ 时，ω 是一个数量级调节参数，加号两边的结果不是一个数量级，为了方便计算和比较，设置调节参数 ω。

ω 参数的选择和噪声调节参数 γ 相关，可以将 ω 设置成固定值，只考虑 γ 的选取。这里设置 $\omega = 0.001$，参数的选取是固定的，具有明确的物理意义，对最终结果的影响不大。噪声调节参数 γ 的取值范围为 $0 \sim \pi/2$，每个波段的亮温噪声 $(\Delta T_{\mathrm{RMS}})^2$ 不同，所以 γ 的取值也会随着波段的不同而变化。γ 的最主要功能是在提高分辨率和降低噪声之间找到一个平衡。如果 γ 取值过大，则会抑制分辨率的提高；如果其取值过小，则在分辨率得到提高的同时带来大量噪声误差，导致结果没有意义。本章将采取均方根误差最小的准则，对大量 γ 值选取，在分辨率与噪声误差之间寻求平衡，找到最优的 γ 值。

（3）求出系数 c_i，通过求实测天线亮温 $T_{\mathrm{A}i}$ 的线性组合来反演某点的真实亮温，即

$$T_{\mathrm{B}}(\rho_0) = \sum_{i=1}^{N}c_i T_{\mathrm{A}i} \quad (7-34)$$

需要说明的是，如何决定邻近观测值 N，就是如何决定有多少观测的重叠像元参与反演过程。Stogryn[4]、Migliaccio 等[5]、Chakraborty 等[6]选取固定的观测值参与反演；Long 等[7]采取这样的标准：在分解的区域，当观测像元在该

区域的天线增益大于某个阈值时，就必须考虑该观测值。本章选取固定的邻近观测值 N，对因此引入的边界上的计算问题采用周期填充法填充图像的边缘来解决。邻近观测值可以选择 4 邻域、8 邻域、16 邻域等，如图 7-6 所示。

 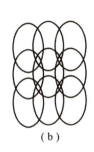 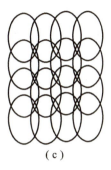

　　　　(a)　　　　　　　(b)　　　　　　　　(c)

图 7-6　N 个邻近测量的表示

(a) 4 邻域；(b) 8 邻域；(c) 16 邻域

N 的值选择得越大，算法能实现的计算量就提高得越显著，但是图像增强效果的提高程度不是很大，这样算法实现的性价就比较低；然而，若选择的邻近观测值 N 较小，就不能充分利用邻近测量值重叠而产生的有效信息，图像增强效果将不明显。在此选择 8 邻域来反演中心点亮温，如图 7-7 所示。

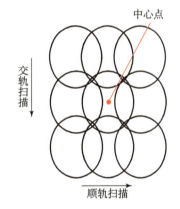

图 7-7　$N=8$ 时的邻近测量的表示

（4）卫星平台在移动时，移动的方向为顺轨方向，成像仪天线扫描的方向为交轨方向。系数 c_i 由天线观测的几何模型和噪声相关系数决定，对于待反演的每个像元，由于观测的几何不同，所以求出的系数 c_i 也不相同。但是卫星平台是移动的，所以在不同交轨方向扫描的几何模型是一致的。这些系数在相同的扫描几何模型时是相同的，而求出的系数 c_i 与测得的天线亮温无关，那么就可以先求出系数 c_i，然后将其应用到同一顺轨方向、不同交轨方向上的待反演的亮温中。这样可以极大地减少计算量，从而提高程序的执行效率。

（5）值得注意的是，BG 反演算法分为处理均匀采样数据和非均匀采样数据两种情况。对于均匀采样数据，直接采用天线方向图进行反演即可；对于非均匀采样数据，则需要将天线方向图投影到地面与地面的像元进行匹配，使得天线方向图与亮温数据在同一地面坐标系下表示[8]。星载微波成像仪的天线方

向图采取高斯型增益函数拟合实测方向图的方法得出，高斯型增益函数为

$$P'(r) = \frac{1}{\sigma\sqrt{2\pi}} \exp\left(\frac{-r^2}{2\sigma^2}\right) \quad (7-35)$$

式中，σ——天线方向图的方向性系数。

其相应的归一化增益函数为

$$P(r) = \exp\left(\frac{-r^2}{2\sigma^2}\right) \quad (7-36)$$

如图 7-8 所示为天线方向图投影到地面的过程，式（7-36）是在仪器坐标系内的表示，r 表示传感器中心波束法平面的点到原点的距离，而实测亮温是在地表坐标系内表示的，所以需要进行坐标的投影转换。当星载微波成像仪扫描几何特性和轨道特性（传感器入射角、圆锥扫描每个地面足迹方位角、卫星高度、波束宽度）已知时，将地表坐标投影到与传感器中心波束垂直的平面上。在投影前后，两个坐标的原点都是仪器天线中心波束与地表的交点。

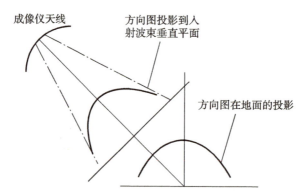

图 7-8 天线方向图投影到地面的表示

在地表坐标系中，仪器的位置坐标为 (X_s, Y_s, H)，H 为卫星平台的高度，成像仪天线在地面的入射角为 θ，方位角为 φ，则可以得到：

$$X_s = H\tan\theta\cos\varphi \quad (7-37)$$
$$Y_s = H\tan\theta\sin\varphi \quad (7-38)$$

因此，地表坐标系中的任意一点 $(X_0, Y_0, 0)$ 投影到中心波束的法向平面的坐标 (X_p, Y_p, Z_p) 为

$$X_p = \frac{(X_0 Y_s - X_s Y_0)\sin\varphi + X_0 H\cot\theta}{(X_s - X_0)\cos\varphi + (Y_s - Y_0)\sin\varphi + H\cot\theta} \quad (7-39)$$

$$Y_p = \frac{(X_s Y_0 - X_0 Y_s)\cos\varphi + Y_0 H\cot\theta}{(X_s - X_0)\cos\varphi + (Y_s - Y_0)\sin\varphi + H\cot\theta} \quad (7-40)$$

$$Z_p = -\frac{X_0 H\cos\varphi + Y_0 H\sin\varphi}{(X_s - X_0)\cos\varphi + (Y_s - Y_0)\sin\varphi + H\cot\theta} \quad (7-41)$$

成像仪天线中心波束法平面的点到原点的距离为

$$r = \sqrt{X_p^2 + Y_p^2 + Z_p^2} \quad (7-42)$$

将式（7-42）代入式（7-36），就得到以地表坐标表示的天线增益函数表达式，使得天线增益函数与地表亮温数据在同一参考坐标系下表示。

本章对毫米波太赫兹探测仪模拟天线亮温数据采取均匀采样的 BG 反演算法，在对 MWRI 实测数据处理时，先将天线增益函数进行投影转换处理，然后采用 BG 反演算法处理亮温数据。

（6）通过对大量实验数据进行分析得出，BG 反演算法虽然可通过噪声调节因子来调节实验结果的噪声水平，但是在噪声降低的同时分辨率会变差。为了使 BG 反演图像在具有较高分辨率的同时拥有较强的噪声抑制能力，本章在 BG 反演算法后加上小波去噪程序，对实验结果进行滤除噪声，以降低 BG 反演图像的噪声水平。

小波去噪采用小波自适应阈值降噪算法，有用信号通常表现为低频信号或一些比较平稳的信号，噪声信号通常表现为高频信号，对图像信号进行小波分解，噪声信号主要存在于高频小波系数中，因此先利用门限阈值对小波系数进行处理，然后对信号进行重构，就可以达到去噪的目的[8-10]。

7.3.2 模拟数据分析

对毫米波太赫兹探测仪的 54 GHz、118 GHz 和 183 GHz 的垂直极化通道应用均匀采样的 BG 反演算法。对 BG 反演算法中的噪声调节参数 γ 的选取，需要进行大量实验。本章采取均方根误差最小的准则，在分辨率与噪声误差之间寻求平衡，找到最优的 γ 值。

1. 54 GHz 实验结果

在噪声标准差 $\sigma_n = 0.48$ K 的情况下，分别设置不同的 γ 值，求得 BG 反演图像和 BG + 小波去噪图像与正演亮温图像的均方根误差，实验结果列于表 7-1 中，其中天线亮温图像与正演亮温图像的均方根误差为 9.003 1 K。由表中数据可知，算法处理后的均方根误差在 9.04 K 左右，大于算法处理前的 9.003 1 K，这说明算法处理的结果无效，主要是天线亮温图像噪声水平较大的缘故。

表 7-1 不同 γ 值对应的均方根误差（$\sigma_n = 0.48$ K）

γ 值	均方根误差/K	
	BG 反演	BG + 小波去噪
0	9.042 0	9.045 5
0.001	9.040 1	9.045 1
0.005	9.045 2	9.048 3
0.01	9.040 0	9.043 5
0.05	9.045 0	9.046 7
0.1	9.044 3	9.048 3
0.2	9.044 9	9.049 7
0.3	9.047 6	9.050 9
0.5	9.046 4	9.052 0
0.8	9.050 4	9.055 2
π/2	9.074 6	9.072 8

设置噪声标准差 $\sigma_n = 0.05$ K，再次进行选取 γ 值的实验，实验结果的均方根误差和噪声标准差列于表 7-2 中，BG 算法反演结果的均方根误差最小值为 8.831 7 K，对应的 $\gamma = 0$，由于噪声的随机性，每次的实验结果都不是唯一的，所以均方根误差最小值在 0.83 K 左右，即在此情况下选取 γ 为 0、0.001、0.005 中的哪一个都可以。这里选取 $\gamma = 0$ 作为噪声调节参数最优值，其对应的实验结果如图 7-9、图 7-10 所示。

表 7-2 不同 γ 值对应的均方根误差和噪声标准差（$\sigma_n = 0.05$ K）

γ 值	均方根误差/K		噪声标准差/K	
	BG 反演	BG + 小波去噪	BG 反演	BG + 小波去噪
0	8.831 7	8.840 5	0.604 3	0.051 8
0.001	8.832 5	8.842 0	0.607 7	0.052 3
0.005	8.838 8	8.846 2	0.605 5	0.052 6
0.01	8.841 2	8.849 7	0.589 2	0.052 3
0.03	8.856 6	8.866 1	0.535 5	0.051 2
0.05	8.870 5	8.880 7	0.488 3	0.049 5
0.1	8.897 9	8.909 3	0.431 2	0.049 0
0.2	8.936 9	8.945 9	0.342 4	0.046 5
0.3	8.961 5	8.969 7	0.287 8	0.045 9
0.5	8.993 2	8.999 9	0.216 8	0.044 8
0.8	9.022 0	9.028 0	0.144 4	0.044 1
π/2	9.066 7	9.070 9	0.219 2	0.044 0

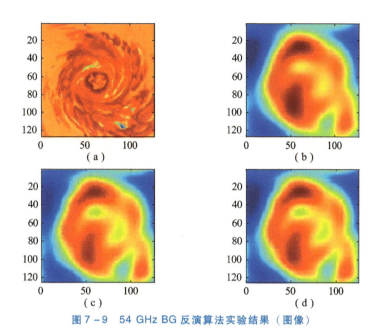

图 7-9 54 GHz BG 反演算法实验结果（图像）

（a）正演亮温图像；（b）天线亮温图像；（c）BG 反演图像；（d）BG + 小波去噪图像

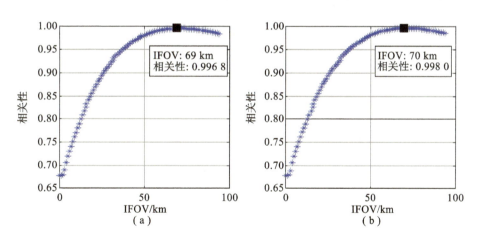

图 7-10 54 GHz BG 反演算法实验结果（分辨率）

（a）BG 反演图像分辨率；（b）BG + 小波去噪图像分辨率

2. 118 GHz 实验结果

当 $\sigma_n = 0.21$ K 时，118 GHz 天线亮温图像与正演亮温图像的均方根误差等于 2.934 6 K，不同 γ 值对应的均方根误差和噪声标准差列于表 7-3 中。当 $\gamma = 0.05$ 时，对应的均方根误差最小，为 2.781 1 K，因此 0.05 为噪声调节参

数 γ 的最优值，其对应的实验结果如图 7－11、图 7－12 所示。

表 7－3 不同 γ 值对应的均方根误差和噪声标准差（σ_n = 0.21 K）

γ 值	均方根误差/K		噪声标准差/K	
	BG 反演	BG + 小波去噪	BG 反演	BG + 小波去噪
0	3.039 4	2.513 4	3.710 8	0.089 3
0.001	3.028 3	2.515 9	3.707 8	0.089 1
0.005	2.971 5	2.527 6	3.443 1	0.082 0
0.01	2.908 8	2.540 9	3.265 4	0.079 9
0.02	2.844 1	2.575 4	3.018 0	0.075 1
0.05	2.781 1	2.665 4	2.433 0	0.065 0
0.07	2.784 9	2.712 6	2.210 4	0.063 5
0.1	2.802 9	2.763 0	1.961 1	0.059 8
0.2	2.848 7	2.851 3	1.408 9	0.054 0
0.3	2.881 9	2.891 5	1.113 7	0.052 1
0.5	2.916 0	2.929 5	0.763 7	0.050 6
0.8	2.940 1	2.954 1	0.487 7	0.049 4
π/2	2.974 0	2.982 3	0.085 0	0.048 4

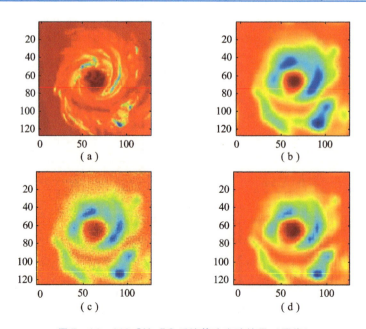

图 7－11 118 GHz BG 反演算法实验结果（图像）
(a) 正演亮温图像；(b) 天线亮温图像；(c) BG 反演图像；(d) BG + 小波去噪图像

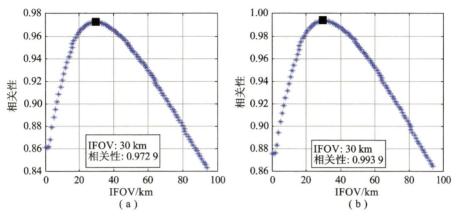

图 7-12 118 GHz BG 反演算法实验结果（分辨率）
（a）BG 反演图像分辨率；（b）BG + 小波去噪图像分辨率

3. 183 GHz 实验结果

183 GHz 在噪声标准差 $\sigma_n = 0.36$ K 时，天线亮温图像与正演亮温图像的均方根误差为 7.681 9 K，不同 γ 值对应的均方根误差和噪声标准差列于表 7-4 中，BG 反演图像在 $\gamma = 0.03$ 时均方根误差最小，为 6.447 3，因此 0.03 为噪声调节参数 γ 的最优值，其对应的实验结果如图 7-13、图 7-14 所示。

表 7-4 不同 γ 值对应的均方根误差和噪声标准差（$\sigma_n = 0.36$ K）

γ 值	均方根误差/K		噪声标准差/K	
	BG 反演	BG + 小波去噪	BG 反演	BG + 小波去噪
0	7.771 9	7.197 6	9.440 6	0.370 7
0.001	7.588 6	7.065 7	9.353 2	0.357 6
0.005	7.096 6	6.798 5	8.199 7	0.326 4
0.01	6.742 8	6.624 1	7.343 5	0.307 0
0.02	6.482 9	6.561 8	6.021 1	0.249 1
0.03	6.447 3	6.624 1	5.129 6	0.226 3
0.04	6.509 4	6.733 9	4.507 1	0.206 9
0.05	6.599 7	6.733 9	4.507 1	0.206 9
0.1	6.971 2	7.192 9	2.440 8	0.152 4
0.3	7.516 1	7.652 7	0.981 0	0.118 9
0.5	7.676 9	7.781 0	0.605 8	0.110 1
0.8	7.785 7	7.870 6	0.364 0	0.104 0
$\pi/2$	7.921 3	7.990 1	0.080 4	0.098 0

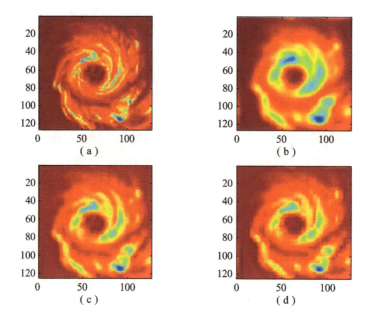

图7-13 183 GHz BG 反演算法实验结果（图像）

(a) 正演亮温图像；(b) 天线亮温图像；(c) BG 反演图像；(d) BG+小波去噪图像

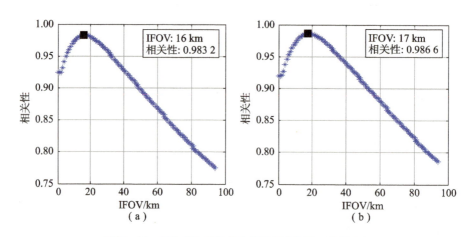

图7-14 183 GHz BG 反演算法实验结果（分辨率）

(a) BG 反演图像分辨率；(b) BG+小波去噪图像分辨率

将上述实验结果参数列于表7-5中。其中，R_{TA}为天线亮温图像与正演亮温图像的相关系数；R_{TB}为分辨率增强后图像与正演亮温图像的相关系数；RC为 IFOV 对应的分辨率相关度；σ_n为噪声标准差；ρ为相关因子；RE为分辨率增强后图像的分辨率与天线亮温图像分辨率的比值，即增强因子。总结如下：

（1）BG 反演算法处理后的分辨率指标得到了提高，同时分辨率相关因子和增强因子均大于 1，说明该算法实现了分辨率增强。

（2）BG 反演图像表面的斑点噪声较多，而 BG + 小波去噪图像表面的斑点噪声较少，这与 BG 反演图像噪声标准差变大，而 BG + 小波去噪图像噪声标准差变小是一致的。由此验证了小波去噪的有效性和 BG 反演算法对噪声抑制的能力较差。

表 7-5 BG 反演算法前后的参数对比

频率/GHz	算法	BG 反演前			BG 反演后					
		IFOV/km	R_{TA}	σ_n/K	IFOV/km	R_{TB}	σ_n/K	RC	ρ	RE
54	BG 反演算法	81	0.6675	0.05	69	0.6798	0.6043	0.9968	1.018	1.174
	BG + 小波去噪				70	0.6791	0.0518	0.9980	1.017	1.157
118	BG 反演算法	37	0.8540	0.21	30	0.8613	2.4330	0.9729	1.0085	1.233
	BG + 小波去噪				30	0.8766	0.0650	0.9939	1.0264	1.233
183	BG 反演算法	24	0.8965	0.36	16	0.9245	5.1296	0.9832	1.031	1.500
	BG + 小波去噪				17	0.9199	0.2264	0.9866	1.026	1.412

54 GHz、118 GHz、183 GHz 的实验结果亮温数据分布曲线如图 7-15 所示，可见 BG 反演图像和 BG + 小波去噪图像亮温分布曲线更接近正演亮温图像，BG 反演图像亮温曲线有很多毛刺，这是噪声导致的，而 BG + 小波去噪图像亮温曲线更为平滑，说明了小波去噪的有效性。

以上分别对 54 GHz、118 GHz 和 183 GHz 应用了 BG 反演算法，并对噪声调节参数 γ 进行了选取，为了滤除 BG 反演图像的表面噪声，特别加入了小波去噪程序，实验结果显示这能有效抑制噪声。实验结果还验证了 γ 值在 $0 \sim \pi/2$ 变化时，BG 反演图像的噪声水平逐渐降低，且 BG + 小波去噪图像的噪声水平远远小于 BG 反演图像的噪声水平。

接下来，将噪声调节参数 γ 设置为 0。由理论分析可知，此时获得最大的分辨率提高，同时算法抑制噪声的能力是最差的。这里采用 BG + 小波去噪的结果作为最终结果，这样小波去噪就起到抑制噪声的作用，实验结果列于表 7-6 中，同时将上述对应的实验结果列于表 7-7 中以作对比。

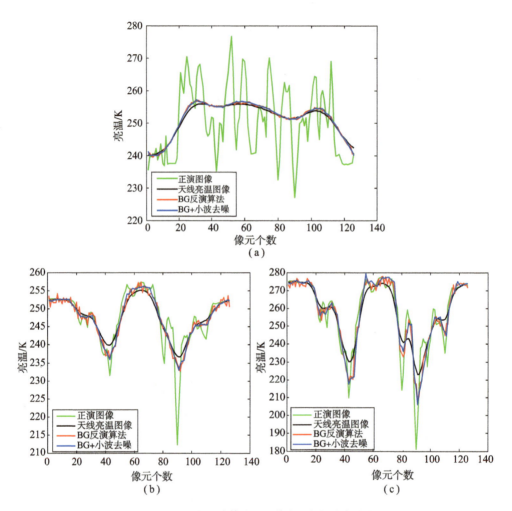

图 7-15 BG 反演算法结果的亮温数据分布曲线

(a) 54 GHz；(b) 118 GHz；(c) 183 GHz

表 7-6 BG + 小波去噪处理前后的参数对比（$\gamma = 0$）

频率 /GHz	算法处理前			算法处理后					
	IFOV /km	R_{TA}	σ_n/K	IFOV /km	R_{TB}	σ_n/K	RC	ρ	RE
54	81	0.667 5	0.05	70	0.679 2	0.052 2	0.998 0	1.018	1.157
118	37	0.854 0	0.21	25	0.889 9	0.085 6	0.987 4	1.042	1.480
183	24	0.896 5	0.36	14	0.919 0	0.376 2	0.965 0	1.018	1.714

表7-7 BG+小波去噪处理前后的参数对比（设置最优γ值）

频率/GHz	算法处理前			算法处理后					
	IFOV/km	R_{TA}	σ_n/K	IFOV/km	R_{TB}	σ_n/K	RC	ρ	RE
54	81	0.667 5	0.05	70	0.679 1	0.051 8	0.998 0	1.017	1.157
118	37	0.854 0	0.21	30	0.876 6	0.065 0	0.993 9	1.026 4	1.233
183	24	0.896 5	0.36	17	0.919 9	0.226 4	0.986 6	1.026	1.412

分析表7-6和表7-7可以得出：

（1）表7-6、表7-7中分辨率相关因子 ρ 和增强因子 RE 均大于1；在分辨率增强的程度上，118 GHz 和 183 GHz 在表7-6中的值都大于表7-7中对应的结果，但其分辨率相关度 RC 小于表7-7中的对应值。

（2）表7-7中 BG+小波去噪图像的噪声得到了有效抑制，使得54 GHz 和 183 GHz 亮温图像经过算法处理后噪声不至于放得过大，使得118 GHz 的实验结果噪声水平降低。

综上，将 γ 设置为0的 BG+小波去噪图像完全可以作为最终的实验结果，从而可省略对 γ 值进行大量的最优选取试验，在有效抑制噪声的同时获得最大分辨率水平。

7.3.3 MWRI 实测数据分析

采用 BG 反演算法对 MWRI 的 18.7 GHz 垂直极化亮温图像进行处理，选择俄罗斯北部海岸区域、澳大利亚南部沿海区域和澳大利亚西北部海岸区域作为待处理区域。前两者的亮温图像有 254×200 个像素点，横向幅宽约为 1 920 km，纵向幅宽约为 1 400 km；后者的亮温图像有 170×210 个像素点，横向幅宽约为 2 000 km，纵向幅宽约为 940 km。

1. 俄罗斯北部海岸区域

如图7-16所示为俄罗斯北部海岸区域的 BG 反演算法结果，将圆圈区域放大后如图7-17所示，图中的半岛为亚马尔半岛（Yamal Peninsula，黑色箭头指向），对面的岛屿为雷岛（Re Island，绿色箭头指向），之间的海峡为马雷金海峡（Malygina Strait）。在图7-17（a）中，雷岛显示模糊，而在图7-17（b）中，雷岛显示较之清晰，并且能分辨出马雷金海峡，这说明 BG 反演算法实现了分辨率增强。

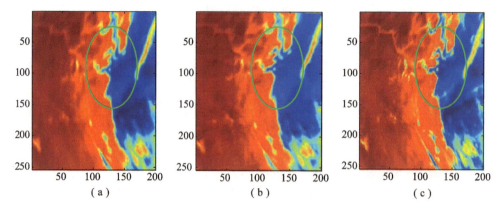

图 7-16 俄罗斯北部海岸区域的 BG 反演算法结果
(a) 18.7 GHz 垂直极化亮温图像；(b) BG 反演算法增强图像；
(c) 36.5 GHz 垂直极化亮温图像

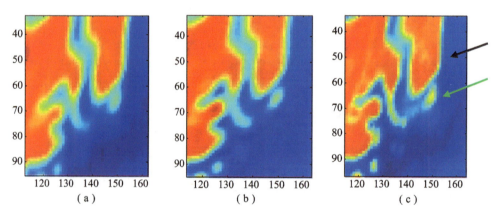

图 7-17 将图 7-16 中圆圈区域放大后的效果
(a) 18.7 GHz 垂直极化亮温图像；(b) BG 反演算法增强图像；
(c) 36.5 GHz 垂直极化亮温图像

2. 澳大利亚南部沿海区域

图 7-18 所示为澳大利亚南部沿海区域的 BG 反演算法结果，将圆圈区域放大后如图 7-19 所示，黑色箭头指向的半岛为约克半岛（Yorke Peninsula），绿色箭头指向的岛屿为坎加鲁岛（Kangaroo Island）。通过与 18.7 GHz 亮温图像的比较，可以看到 BG 反演增强图像中的约克半岛的轮廓更清晰，海岸线的边沿亮温变化更为锐利，对比度更高，坎加鲁岛的识别度也更高，由此说明了 BG 反演算法的有效性。

第 7 章 过采样数据空间分辨率增强

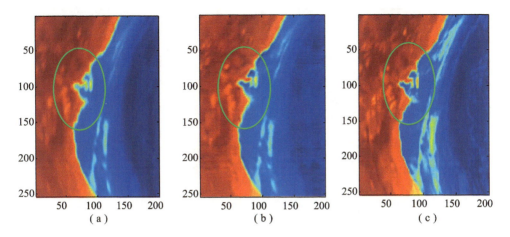

图 7-18 澳大利亚南部沿海区域的 BG 反演算法结果
(a) 18.7 GHz 垂直极化亮温图像；(b) BG 反演算法增强图像；
(c) 36.5 GHz 垂直极化亮温图像

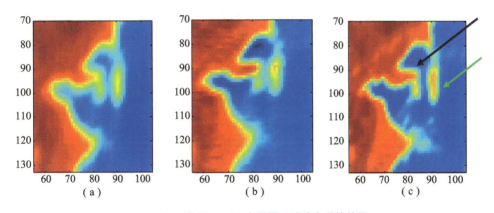

图 7-19 将图 7-18 中圆圈区域放大后的效果
(a) 18.7 GHz 垂直极化亮温图像；(b) BG 反演算法增强图像；
(c) 36.5 GHz 垂直极化亮温图像

3. 澳大利亚西北部海岸区域

图 7-20 所示为澳大利亚西北部海岸区域的 BG 反演算法结果。相较于 18.7 GHz 亮温图像，BG 反演算法增强图像中海湾的轮廓显示更清晰，陆地到海洋的亮温变化变得更有梯度，对比更明显，更加接近于 36.5 GHz 亮温图像，由此说明 BG 反演算法实现了分辨率增强。

147

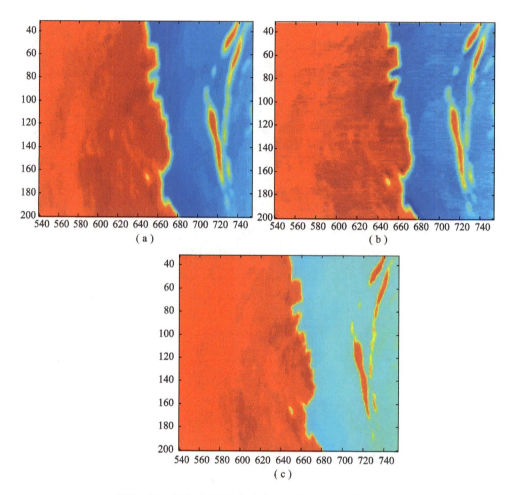

图 7-20 澳大利亚西北部海岸区域的 BG 反演算法结果
(a) 18.7 GHz 垂直极化亮温图像;(b) BG 反演算法增强图像;
(c) 36.5 GHz 垂直极化亮温图像

7.4 改进维纳滤波去卷积算法

根据 7.2 节所述,传统维纳滤波去卷积算法的目的是解决退化的遥感图像模糊及含有噪声的问题,其用逆向方式来估量原始场景。该算法是在满足最小化统计原则的基础上得到平均意义上的最优结果,能够兼顾分辨率增强与去噪。逆向去卷积过程大多具有变动不确定性,因此采取间接设置变量的方法来减小误差,并尽量去除系统噪声引起高频信息量发生不稳定变化的情况[11,12]。

上述过程的错误往往非常敏感和不稳定,因此可以开发约束最小平方滤波器来解决去卷积的有效性,即本节将阐述的改进维纳滤波去卷积算法。

7.4.1 改进维纳滤波去卷积算法原理

改进的维纳滤波去卷积算法包括 $\|Q(u,v)\cdot T'_B(u,v)\|^2$ 形式的极小值函数,$Q(u,v)$ 表示对 $T'_B(u,v)$ 的一个线性算子,增加约束条件 $\|T_A(u,v) - Q(u,v)\cdot T'_B(u,v)\|^2 = \|N(u,v)\|^2$。换言之,利用该约束条件最小化 $Q(u,v)\cdot T'_B(u,v)$,进而估量 $T_B(u,v)$ 到最好状态。针对此类有前提要求的最值问题,可利用拉格朗日乘法,建立关于 T'_B 的目标函数:

$$J(T'_B) = \|Q(u,v)\cdot T'_B(u,v)\|^2 + \lambda(\|T_A(u,v) - H(u,v)\cdot T'_B(u,v)\|^2 - \|N(u,v)\|^2) \quad (7-43)$$

式中,λ ——拉格朗日常数。

进一步将式(7-43)转化为

$$J(T'_B) = (Q\cdot T'_B)^*\cdot(Q\cdot T'_B) + \lambda(\|T_A\|^2 - T_A^*\cdot H\cdot T'_B - T'^*_B\cdot H^*\cdot T_A + \|H\|^2\|T'_B\|^2 - \|N\|^2) \quad (7-44)$$

在此简写频率域的空间坐标;* 代表复共轭运算。将式(7-44)两边对 $T'_B(u,v)$ 求导,可得

$$\frac{\partial J(T'_B)}{\partial T'_B} = 2Q^*(u,v)Q(u,v)T'_B(u,v) - 2\lambda H^*(u,v)\cdot(T_A(u,v) - H(u,v)\cdot T'_B(u,v)) \quad (7-45)$$

令式(7-45)等于0,得到 $T'_B(u,v)$ 的表达式为

$$T'_B(u,v) = \frac{H^*(u,v)T_A(u,v)}{H^*(u,v)H(u,v) + \frac{1}{\lambda}Q^*(u,v)Q(u,v)} \quad (7-46)$$

结合式(7-2),可得

$$W(u,v) = \frac{H^*(u,v)}{\|H(u,v)\|^2 + \frac{1}{\lambda}Q^*(u,v)Q(u,v)} \quad (7-47)$$

式中,$Q^*(u,v)Q(u,v)$ 可以用图像和噪声的功率谱的傅里叶变换替换,即

$$W(u,v) = \frac{H^*(u,v)}{\|H(u,v)\|^2 + \frac{1}{\lambda}\frac{P_N(u,v)}{P_{T_B}(u,v)}} \quad (7-48)$$

式中,$P_N(u,v),P_{T_B}(u,v)$ ——对应的系统噪声 $N(u,v)$ 与原始场景亮温图

$T_B(u,v)$ 的功率谱。

在式（7-48）中，可以通过调节 λ 的值来满足约束条件。

7.4.2 模拟数据仿真

将 FY-3A 星上搭载的微波温度计（MWTS）和微波湿度计（MWHS）的各频段主要技术指标列于表 7-8 中。

表 7-8 FY-3A 星 MWTS 和 MWHS 各频段主要技术指标

类型	中心频率/GHz	主要吸收气体	带宽/MHz	NEΔT/K	IFOV/km
MWTS	50.3	窗区	180	0.5	33
	53.596	氧气	2×170	0.4	33
	54.94	氧气	400	0.4	33
	57.290	氧气	330	0.4	33
MWHS	150（H）	窗区	1 000	1.1	16
	150（V）	窗区	1 000	1.1	16
	183.31±1	水汽	500	1.2	16
	183.31±3	水汽	1 000	1.1	16
	183.31±7	水汽	2 000	1.2	16

本课题组验证遥感图像增强算法的总体思路：先对模拟数据验证算法的有效性，再将算法应用到实测数据。因此，首先根据表 7-8 模拟太赫兹辐射计各通道的天线亮温数据，然后根据遥感图像降质过程，将模拟台风眼高分辨图像经过衰减函数卷积采样退化后加入该系统噪声量，得到降质后的亮温数据。接下来，介绍从原始场景亮温图像 $T_B(x,y)$ 得到微波辐射计天线亮温图像 $T_A(x,y)$ 的具体方法。

1. 原始场景亮温图像 $T_B(x,y)$

本课题组选取中国气象局给出的模拟台风眼数据 tb1440.dat 来验证 FY-3A 星上搭载 MWTS 和 MWHS 遥感图像增强算法，该数据中每个像元的大小是 4 km×4 km，则其分辨率是 4 km×4 km。根据数据特点，每 1~8，9~16，17~25，…表示一组亮温数据。针对 MWTS 的 50.3 GHz 和 54.94 GHz 通道，以及 MWHS 的 150 GHz 垂直极化通道、183.31 GHz 通道进行台风眼原始场景亮温图像 $T_B(x,y)$ 的仿真，如图 7-21 所示。

由图 7-21 可以明显看出，模拟台风眼的亮温值可根据颜色区分，亮温值

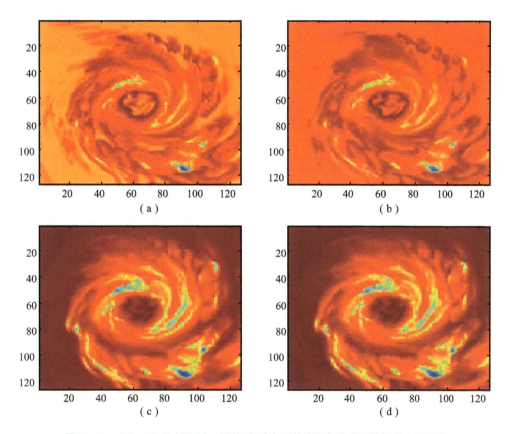

图 7-21 FY-3A 星 MWTS、MWHS 对应通道模拟台风眼原始场景亮温图像
(a) MWTS 50.3 GHz; (b) MWTS 54.94 GHz; (c) MWHS 150 GHz; (d) MWHS 183.31 GHz

从中心到台风边缘外围逐步减小，蓝色低亮温部分代表其雨带。

2. 噪声等效温差 NEΔT

具有高斯分布的噪声值随机生成辐射噪声，本书中采用均值为 0、标准差为 NEΔT（Noise Equivalent Difference Temperature，噪声等效温差）的高斯白噪声作为辐射噪声，进而仿真得到 MWTS、MWHS 各通道天线的辐射测量亮温，不同频段对应的 NEΔT 列于表 7-8。然而，系统的研究现状又会影响辐射噪声，实际情况中可以根据下式进行推导：

$$T_{sys} = NE\Delta T \cdot \sqrt{B} \cdot \sqrt{t} \tag{7-49}$$

式中，T_{sys}——微波辐射计系统温度；

B——带宽；

t——积分时间。

在实际情况中,这些参数值决定了该微波辐射计的辐射噪声被加入卷积的结果,最终产生微波探测仪中观测到的亮温图像。遥感图像应用增强算法后会一定程度地放大噪声,可能对图像质量造成不好的影响。

本书选用图像噪声估算方法来简单、高效地估量各通道的 NEΔT 值。由于图像的边缘结构具有较强的二阶差分特性的特点,因此噪声估计器对图像的拉普拉斯算子不敏感。从这个方向进行考虑,使用掩膜 L_1 和 L_2 之间的差异,要求这两个掩膜都近似于图像的拉普拉斯算子。如图 7-22 所示,噪声估计算子 N 可用 L_1 和 L_2 表示,若它的每个像素处噪声标准差都是 NEΔT,则 N 的平均值为零,方差为 $(4 \times 1^2 + 4 \times (-2)^2 + 4^2) \times (NE\Delta T)^2 = 36(NE\Delta T)^2$。

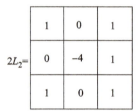

图 7-22　L_1、$2L_2$ 和 N 的掩膜表示

实质上,噪声估计方差就是掩膜 N 作用于 $T_A(x,y)$ 后输出结果的方差,那么:

$$(NE\Delta T)^2 = \frac{1}{36(X-2)(Y-2)} \sum_{x=1}^{X-2} \sum_{y=1}^{Y-2} (T_A(x,y) \otimes N)^2 \quad (7-50)$$

式中,$T_A(x,y) \otimes N$——图像 $T_A(x,y)$ 在 (x,y) 位置处作用掩膜 N 后的线性卷积结果值;

X, Y——图像 $T_A(x,y)$ 的尺寸大小。

根据式(7-50)估计噪声方差的不足之处在于,图像中的每个像素只能使用一次乘法运算。

为了克服上述不足,可以采用绝对偏差来估算方差,则该高斯白噪声绝对偏差的数学表达式为

$$\int_{-\infty}^{\infty} |t| \frac{1}{\sqrt{2\pi} NE\Delta T} \exp\left(\frac{-t^2}{2(NE\Delta T)^2}\right) dt = \sqrt{\frac{2}{\pi}} NE\Delta T \quad (7-51)$$

将系数化为 1,得到:

$$\sqrt{\frac{\pi}{2}} \int_{-\infty}^{\infty} |t| \frac{1}{\sqrt{2\pi} NE\Delta T} \exp\left(\frac{-t^2}{2(NE\Delta T)^2}\right) dt = NE\Delta T \quad (7-52)$$

则式（7-50）可简化为

$$\text{NE}\Delta T = \sqrt{\frac{\pi}{2}} \frac{1}{6(X-2)(Y-2)} \sum_{x=1}^{X-2} \sum_{y=1}^{Y-2} |T_A(x,y) \otimes N| \quad (7-53)$$

3. 模拟天线方向图衰减函数 $h(x,y)$

FY-3A 星上搭载的 MWTS 和 MWHS 所选取的高斯型衰减函数近似为实际的衰减函数：

$$h(x,y) = \frac{1}{2\pi\sigma_x\sigma_y \sqrt{1-\rho^2}} \cdot$$
$$\exp\left(-\frac{1}{2(1-\rho^2)}\left(\frac{(x-\bar{x})^2}{\sigma_x^2} + \frac{(y-\bar{y})^2}{\sigma_y^2} - 2\rho\frac{(x-\bar{x})(y-\bar{y})}{\sigma_x\sigma_y}\right)\right)$$
$$(7-54)$$

式中，$(\bar{x}, \bar{y})$——中心坐标；

σ_x, σ_y——方向性系数 σ 的 x 分量和 y 分量；

ρ——相关因子。

在此，设置 $\rho = 0$，以获得对称的天线方向图，即

$$h(x,y) = \frac{1}{2\pi\sigma^2}\exp\left(-\frac{(x-\bar{x})^2 + (y-\bar{y})^2}{2\sigma^2}\right) \quad (7-55)$$

根据微波辐射计各通道的分辨率可以推导出对应的天线方向图衰减函数的方向性系数 σ，进一步得出天线方向图衰减函数 $h(x,y)$。为了更好地说明天线方向图衰减函数，以三维网格的形式显示上述各频段天线方向图，如图 7-23 所示。

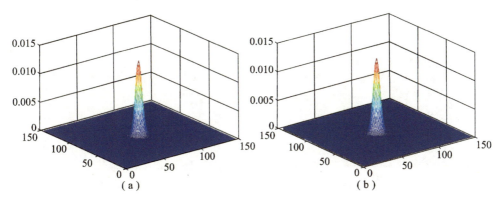

图 7-23 微波辐射计各通道模拟天线方向图衰减函数

（a）MWTS 50.3 GHz；（b）MWTS 54.94 GHz

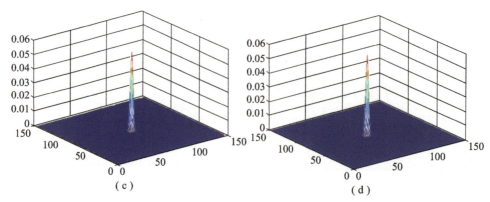

图 7-23 微波辐射计各通道模拟天线方向图衰减函数（续）
(c) MWHS 150 GHz；(d) MWHS 183.31 GHz

4. 模拟天线亮温图像 $T_A(x,y)$

各通道降质得到的天线亮温图像 $T_A(x,y)$ 可以根据上述原始场景亮温图像 $T_B(x,y)$、噪声等效温差 $NE\Delta T$ 与模拟高斯型衰减函数 $h(x,y)$ 以及其测量方程（式（7-1））模拟，如图 7-24 所示。

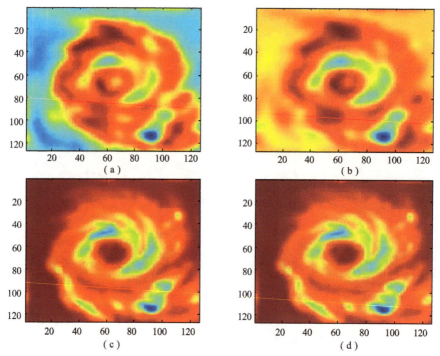

图 7-24　FY-3A 星 MWTS、MWHS 对应通道台风眼模拟天线亮温图像
(a) MWTS 50.3 GHz；(b) MWTS 54.94 GHz；(c) MWHS 150 GHz；(d) MWHS 183.31 GHz

第 7 章 过采样数据空间分辨率增强

由图 7-24 可以看出，MWTS、MWHS 这两类微波辐射计不同通道的天线亮温图像与该系统本身决定的辐射噪声也有一定关系。

7.4.3 模拟数据处理与分析

对 FY-3A 星所装载的 MWTS 和 MWHS 进行遥感图像增强算法的验证，也就是对上节得到的各通道模拟数据应用改进的维纳滤波去卷积算法。为了更好地说明该算法的有效性，把上述模拟数据分别采取传统及改进的维纳滤波去卷积算法进行处理，其对比结果如图 7-25、图 7-26 所示。

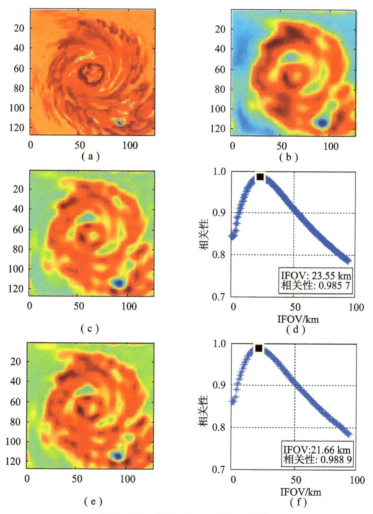

图 7-25 MWTS 50.3 GHz 通道

(a) 台风眼原始场景亮温图像；(b) 模拟天线亮温图像；(c) 传统算法处理结果；
(d) 与图 (c) 对应的分辨率；(e) 改进算法处理结果；(f) 与图 (e) 对应的分辨率

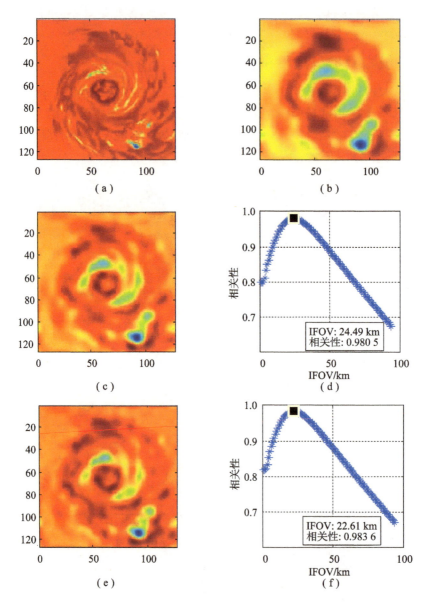

图 7-26　MWTS 54.94 GHz 通道

(a) 台风眼原始场景亮温图；(b) 模拟天线亮温图；(c) 传统算法处理结果；
(d) 与图 (c) 对应的分辨率；(e) 改进算法处理结果；(f) 与图 (e) 对应的分辨率

将上述 MWTS 两个频段模拟数据处理结果的相关参数列入表 7-9。

第 7 章 过采样数据空间分辨率增强

表 7-9 MWTS 两频段模拟数据处理结果的相关参数对比

频率/GHz	算法处理前		传统算法				改进算法			
	IFOV/km	R_{TA}	IFOV/km	R_{TB}	ρ	RC	IFOV/km	R_{TB}	ρ	RC
50.3	33	0.800 7	23.55	0.842 7	1.052 4	1.401 3	21.66	0.859 6	1.073 5	1.523 5
54.94	33	0.750 8	24.49	0.794 0	1.057 5	1.347 5	22.61	0.819 0	1.090 9	1.459 5

针对 MWTS 的 50.3 GHz 和 54.94 GHz 通道，结合图 7-25、图 7-26 和表 7-9 进行对比分析。很明显，由表 7-9 中对应算法的相关因子 ρ 和增强因子 RC 两个参数的大小可以看出，这两个通道在经过传统或者改进维纳滤波去卷积算法处理之后，其分辨率都比算法处理前有所提高，而且改进算法的分辨率提高值要大于传统方法的分辨率提高值，从而验证了改进维纳滤波去卷积算法能够更加有效地增强 MWTS 遥感图像分辨率。

为了判断经过传统算法和改进算法对 MWTS 遥感图像含噪声影响的情况，将各通道模拟数据处理结果的 NEΔT 参数对比，如表 7-10 所示。

表 7-10 MWTS 两频段模拟数据的 NEΔT 对比　　　　　　　　K

频率/GHz	算法处理前	传统算法	改进算法
50.3	0.564 6	0.057 1	0.059 3
54.94	0.473 9	0.058 8	0.060 3

由表 7-10 中对应方法 NEΔT 的大小可以明显看出，这两个通道在经过传统或者改进维纳滤波去卷积算法处理之后，其噪声标准差都比算法处理前有所降低，说明这两种算法都可以在很大程度上抑制噪声。然而，改进算法虽然比传统算法在分辨率上进一步提高，但其抑制噪声的能力不如传统算法。

对 MWTS 50.3 GHz 通道提取第 70 行亮温数据、对 MWTS 50.94 GHz 通道提取第 80 行亮温数据，绘制其相应的变化趋势，如图 7-27 所示。图中，由绿色曲线代表的原始场景亮温退化得到由蓝色曲线代表的模拟天线亮温，将其应用遥感图像增强算法重建亮温，使它更接近原始场景亮温。针对 MWTS 的 50.3 GHz 和 54.94 GHz 通道，传统和改进维纳滤波去卷积这两种算法所显示的亮温分布情况对比分析，很明显可以看出：黑色曲线代表的改进算法和红色曲线代表的传统算法相较于蓝色曲线的峰谷变化不仅明显而且平滑，从轮廓角度看，改进算法相比传统算法更接近原始场景亮温值。亮温变化越剧烈，则表示图像上显示的细节信息越明显，这也对应验证了改进算法比传统算法在分辨率上进一步提高。

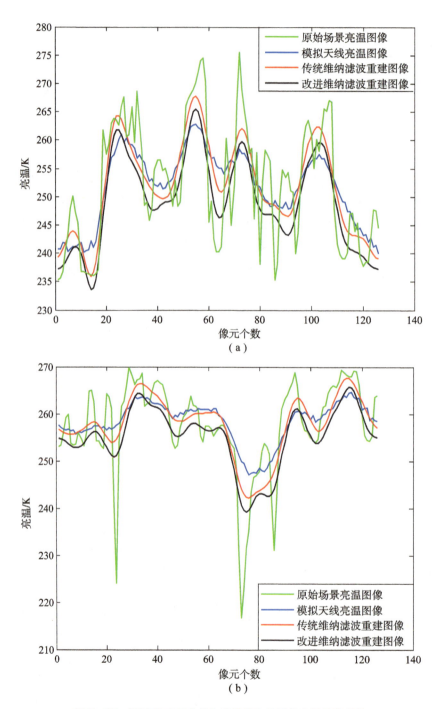

图 7-27　MWTS 应用传统和改进算法结果的亮温分布曲线

(a) 50.3 GHz 第 70 行；(b) 54.94 GHz 第 80 行

第 7 章 过采样数据空间分辨率增强

对 MWHS 的 150 GHz 和 183.31 GHz 通道应用改进维纳滤波去卷积算法，在 0~1 范围内调节 λ 的值，确定其最优解。将 λ 作为变量时，相关参数如表 7-11 所示，根据 NEΔT 与 IFOV 的变化情况绘制关系图，如图 7-28 所示。

表 7-11　不同 λ 值对应相关参数的变化情况

频段 /GHz	λ	算法处理前			改进维纳滤波去卷积算法				
		IFOV /km	R_{TA}	NEΔT /K	IFOV /km	R_{TB}	相关因子 ρ	增强因子 RC	NEΔT /K
150	0.000 01	16	0.918 6	1.207 8	12.24	0.234 8	0.255 6	1.307 2	19.344 2
	0.000 1		0.918 6	1.211 2	13.19	0.607 4	0.661 3	1.213 0	4.206 3
	0.000 5		0.918 6	1.203 0	13.19	0.836 3	0.910 4	1.213 0	1.512 1
	0.001		0.918 7	1.200 1	13.19	0.891 4	0.970 2	1.213 0	0.925 6
	0.005		0.919 0	1.018 9	13.19	0.936 3	1.018 9	1.213 0	0.333 6
	0.01		0.919 0	1.208 5	14.13	0.941 3	1.024 3	1.132 3	0.226 2
	0.05		0.918 9	1.201 4	15.07	0.939 4	1.022 3	1.061 7	0.108 0
	0.1		0.941 6	1.209 7	14.13	0.941 6	1.209 7	1.132 3	0.215 1
	0.5		0.918 7	1.191 4	20.72	0.920 0	1.001 3	0.772 2	0.049 5
	1		0.918 8	1.219 9	21.66	0.913 4	0.994 1	0.738 7	0.035 3
183.31	0.000 01	16	0.918 0	1.267 3	12.24	0.251 9	0.274 4	1.307 2	20.575 4
	0.000 1		0.917 7	1.295 2	13.19	0.610 9	0.665 7	1.213 0	4.833 4
	0.000 5		0.918 2	1.306 2	13.19	0.840 4	0.915 3	1.213 0	1.625 9
	0.001		0.917 5	1.320 6	13.19	0.888 1	0.968 0	1.213 0	1.052 5
	0.005		0.917 7	1.329 2	14.13	0.935 8	1.019 7	1.132 3	0.359 7
	0.01		0.917 7	1.301 9	14.13	0.940 3	1.024 6	1.132 3	0.244 3
	0.05		0.917 9	1.327 7	15.07	0.938 7	1.022 6	1.061 7	0.114 7
	0.1		0.917 6	1.321 1	16.95	0.933 9	1.017 8	0.944 0	0.090 9
	0.5		0.917 8	1.312 2	19.78	0.918 9	1.001 2	0.808 9	0.051 1
	1		0.918 0	1.325 7	21.66	0.912 1	0.993 6	0.738 7	0.036 4

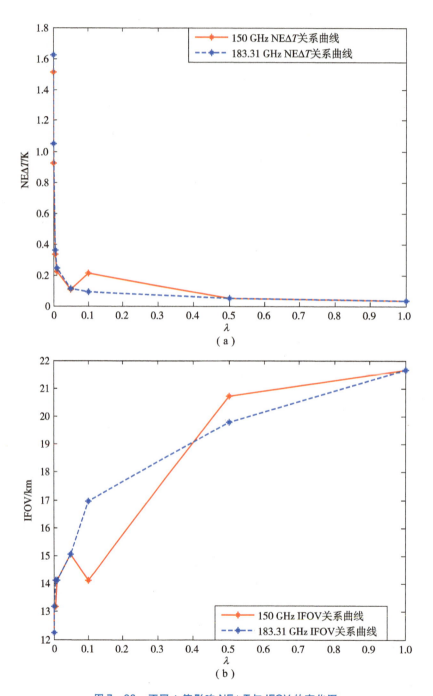

图 7-28 不同 λ 值影响 NEΔT 与 IFOV 的变化图
(a) λ 与噪声标准差关系图;(b) λ 与 IFOV 关系图

第 7 章 过采样数据空间分辨率增强

结合表 7 – 11 和图 7 – 28，分析不同 λ 值对 MWHS 150 GHz 和 183.31 GHz 通道数据的处理结果，可以知道：

（1）总体来看，λ 从 0.000 01 变化到 1 的过程中，分辨率值逐渐增大，意味着分辨率逐渐降低；与之相对应的 NEΔT 变化为下降趋势，这与理论知识相符。

（2）λ 比较小时，噪声会混淆图像的高频特征，严重影响图像质量，会出现振铃现象，但是对应重建图像的亮温数据分布曲线更接近原始场景，如图 7 – 29 和图 7 – 30 所示。

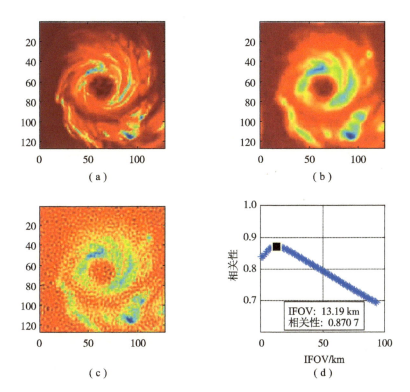

图 7 – 29　$\lambda = 0.000\ 5$ 时，MWHS 150 GHz 通道应用改进维纳滤波算法实验结果
（a）原始场景亮温图像；（b）模拟天线亮温图像；
（c）改进算法处理结果；（d）与图（c）对应的分辨率

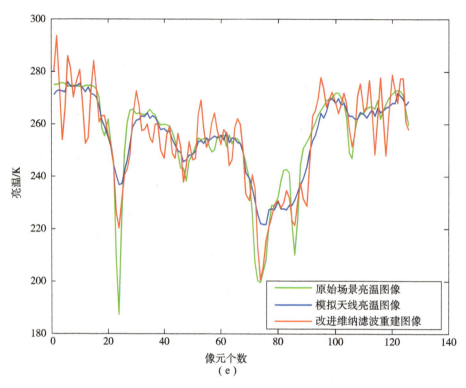

图 7-29 λ=0.000 5 时，MWHS 150 GHz 通道应用改进维纳滤波算法实验结果（续）
(e) 第 80 行数据分布曲线

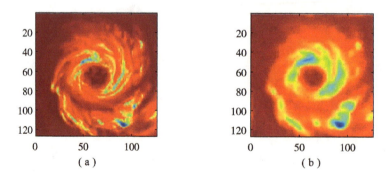

图 7-30 λ=0.000 5 时，MWHS 183.31 GHz 通道应用改进维纳滤波算法的实验结果
(a) 原始场景亮温图；(b) 模拟天线亮温图

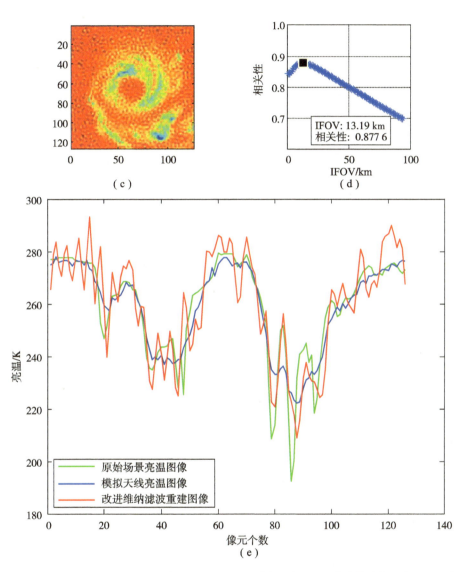

图 7-30 $\lambda = 0.0005$ 时，MWHS 183.31 GHz 通道应用改进维纳滤波算法的实验结果（续）
(c) 改进算法处理结果；(d) 与图 (c) 对应的分辨率；(e) 第 70 行数据分布曲线

7.4.4 实测数据处理与分析

由于太赫兹辐射计采用的是圆锥扫描形式，因此数据样本的相对几何形状在扫描上发生变化。在重建算法中，这种变化可用空间变异点扩散函数（Point Spread Function，PSF）来解释[13]。对模拟数据进行处理时，PSF 就是模拟天线方向图衰减函数；而对实测数据进行处理时，需要考虑地球曲率对其产生的影响，对应 $T'_B(u,v)$ 是通过每次重构图的一行构成，可表示为

$$T'_B(u,v) = \sum_{i=0}^{N-1} w_i(u,v) F^{-1}(T_A(u,v) W(u,v,H_i(u,v))) \quad (7-56)$$

式中，w_i——加权系数，可从式（7-56）中求逆结果中选取，且每行数据只对应一个；

$W(u,v,H_i(u,v))$——频域滤波器；

$H_i(u,v)$——PSF $h_i(x,y)$ 的频域表示。

采取 N 个 PSF 来处理实测数据，w_i 相当于克罗内克函数，即

$$w_i(u,v) = \begin{cases} 0, & u \neq v \\ 1, & u = v \end{cases} \quad (7-57)$$

由于 FY-3A 星搭载的 MWHS 与 B、C 星搭载的 MWTS 已停止服务，所以实测数据采用目前仍在空工作的 FY-3C 星 MWHS 和早些时期 MWTS 的 L1 级数据，应用改进算法对其处理。FY-3C 星 MWTS 数据包括 13 个通道逐像元观测地球亮温，每个通道含有 90×2 383 个亮温值，90 为一条扫描线采取的亮温值个数，2 383 为在顺轨方向上采取的亮温值个数；FY-3C 星 MWHS 数据包括 15 个通道对地观测亮温，每个通道含有 98×2 384 个亮温值，98 为一条扫描线采取的亮温值个数，2 384 为在顺轨方向上采取的亮温值个数。所以，对 MWTS 选取 90 个 PSF，对 MWHS 选取 98 个 PSF，对照各自不同行的亮温数据，经过对应的多次运算，可得到最终重构亮温图，该方法能有效地解决由地球外表弯曲度而产生分辨率非均匀影响的问题。

若要验证遥感图像增强算法的有效性，就需要选择海岸线、岛屿、湖泊等亮温突然出现较大变化的区域。这些区域的原始亮温图像会模糊很多信息，反映不了该区域亮温的变化梯度，但是通过对图像进行增强处理，不仅可以更好地将亮温产生突变的区域分开，还可以获得很多细微的信息。

1. MWTS 的实测结果

如图 7-31 所示，对 MWTS 50.3 GHz 通道肯尼亚、乌干达和坦桑尼亚地区应用改进维纳滤波去卷积算法进行遥感图像增强实验，增强图像比原始图像显现出更多细节，更接近谷歌地图。将图 7-31 中的标注地区放大，得到图 7-32 所示的马拉维湖、鲁夸湖放大结果与图 7-33 所示的维多利亚湖、图尔卡纳湖放大结果。由图 7-32 可以看出，增强图像中马拉维湖边缘及显示细节都比原始图像鲜明，而且鲁夸湖（蓝色箭头所指）的亮温变化更加突出。由图 7-33 可以看出，增强图像中的维多利亚湖轮廓更清晰，图尔卡纳湖（绿

色箭头所指）亮温变化更加明显，海陆交接处锯齿状轮廓更突出，亮温改变更剧烈，这均能表明分辨率得到了提高。

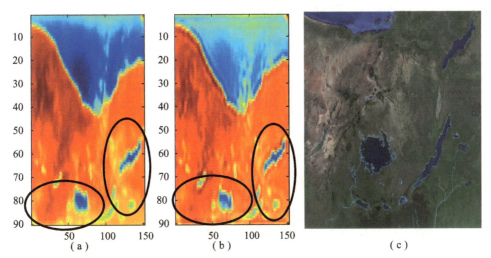

图7-31　MWTS 50.3 GHz 肯尼亚、乌干达和坦桑尼亚地区的实测结果
(a) 原始亮温图像；(b) 增强图像；(c) 对应的谷歌地图

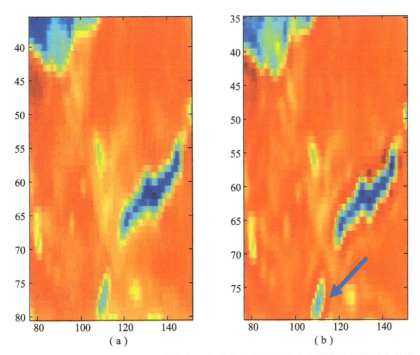

图7-32　MWTS 50.3 GHz 马拉维湖、鲁夸湖放大的原始亮温图像和增强图像结果
(a) 原始亮温图像；(b) 增强图像

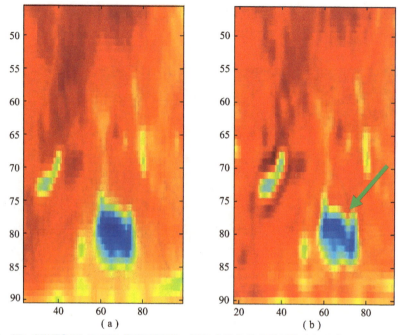

图 7-33 MWTS 50.3 GHz 维多利亚湖、图尔卡纳湖放大的原始亮温图像和增强图像结果
(a) 原始亮温图像；(b) 增强图像

如图 7-34 所示，对 MWTS 51.76 GHz 通道肯尼亚、乌干达和坦桑尼亚地

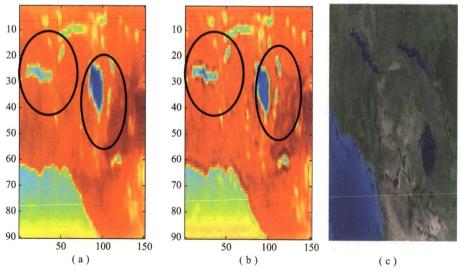

图 7-34 MWTS 51.76 GHz 肯尼亚、乌干达和坦桑尼亚地区的实测结果
(a) 原始亮温图像；(b) 增强图像；(c) 对应的谷歌地图

区应用改进维纳滤波去卷积算法进行遥感图像增强实验,增强图像显示更多细节,更接近谷歌地图。将图 7-34 中的标注地区放大,得到图 7-35 所示的马拉维湖、鲁夸湖放大结果与图 7-36 所示的维多利亚湖、图尔卡纳湖放大结果。由图 7-35 可以看出,增强图像中马拉维湖(蓝色箭头所指)边缘及显示细节都比原始图像更鲜明。由图 7-36 可以看出,增强图像中维多利亚湖轮廓更清晰,图尔卡纳湖(绿色箭头所指)亮温变化更明显。

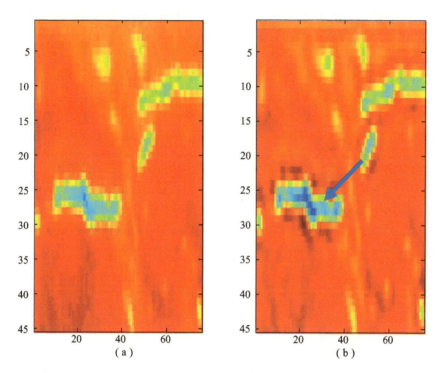

图 7-35　MWTS 51.76 GHz 马拉维湖、鲁夸湖放大的原始亮温图像和增强图像结果
(a) 原始亮温图像; (b) 增强图像

2. MWHS 的实测结果

如图 7-37 所示,对 MWHS 89.0 GHz 通道亚丁湾附近地区应用改进维纳滤波去卷积算法进行遥感图像增强实验,增强图像显示出更多细节,海湾边缘更接近谷歌地图。把图 7-37 中的标注地区放大,得到图 7-38 所示的索科特拉岛放大结果,可看出,索科特拉岛(黑色箭头所指)增强图像相对原始亮温图像更清楚,边缘处亮温变化更明显,可见 MWHS 遥感图像得到有效增强。

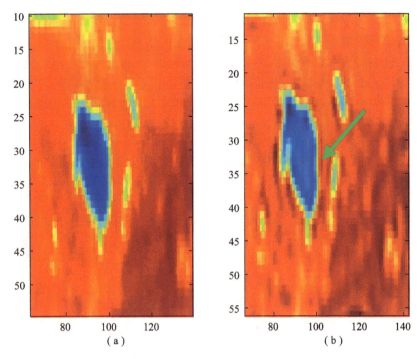

图7-36 MWTS 51.76 GHz 维多利亚湖、图尔卡纳湖放大的原始亮温图像和增强图像结果
(a) 原始亮温图像; (b) 增强图像

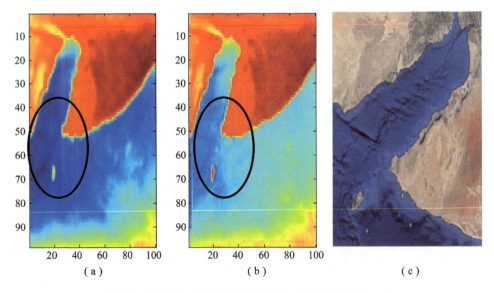

图7-37 MWHS 89.0 GHz 亚丁湾附近地区的实测结果
(a) 原始亮温图像; (b) 增强图像; (c) 对应的谷歌地图

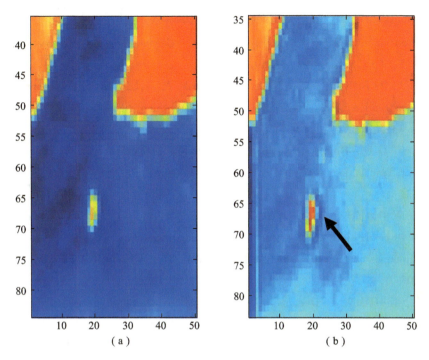

图 7-38 MWHS 89.0 GHz 索科特拉岛放大的原始亮温图像和增强图像结果
(a) 原始亮温图像；(b) 增强图像

参 考 文 献

[1] BACKUS G, GILBERT F. Numerical applications of a formalism for geophysical inverse problem [J]. Geophysical Journal of the Royal Astronomical Society, 1967, 13: 247-276.

[2] BACKUS G, GILBERT F. The resolving power of gross earth data [J]. Geophysical Journal of the Royal Astronomical Society, 1968, 16: 169-205.

[3] BACKUS G, GILBERT F. Uniqueness in the inversion of inaccurate gross earth data [J]. Philosophical Transactions of the Royal Society of London, 1970, A266: 123-192.

[4] STOGRYN A. Estimates of brightness temperatures from radiometer data [J].

IEEE Transactions on Antennas and Propagation, 1978, 26 (5): 720 - 726.

[5] MIGLIACCIO M, GAMBARDELLA A. Microwave radiometer spatial resolution enhancement [J]. IEEE Transactions on Geoscience and Remote Sensing, 2005, 43 (5): 1159 - 1169.

[6] CHAKRABORTY P, MISRA A, MISRA T, et al. Brightness temperature reconstruction using BGI [J]. IEEE Transactions on Geoscience and Remote Sensing, 2008, 46 (6): 1768 - 1774.

[7] LONG D G, DAUM D L. Spatial resolution enhancement of SSM/I data [J]. IEEE Transactions on Geoscience and Remote Sensing, 1998, 36 (2): 470 - 417.

[8] HU W D, ZHANG X C, CHEN S, et al. The spatial resolution enhancement of FY - 4 satellite MMSI beam scanning measurements [C]//2019 International Conference on Microwave and Millimeter Wave Technology (ICMMT), Guangzhou, 2019: 1 - 3.

[9] JI J J, HU W D. Deconvolution technique for spatial resolution enhancement of MWTS [C]//IEEE International Symposium on Microwave, Antenna, Propagation, and Electromagnetic Compatibility Technologies, Shanghai, 2015: 736 - 738.

[10] HU W D, JI J J, WANG W Q, et al. The deconvolution technique for spatial resolution enhancement of MMSI on FY - 4 satellite [C]// IEEE International Conference on Microwave and Millimeter Wave Technology, Beijing, 2016: 886 - 888.

[11] SETHMANN R, HEYGSTER G, BURNS B A. Image deconvolution techniques for reconstruction of SSM/I data [C]// IGARSS'91 Remote Sensing: Global Monitoring for Earth Management, Espoo, 1991: 2377 - 2380.

[12] SETHMANN R, BURNS B A, HEYGSTER G C. Spatial resolution improvement of SSM/I data with image restoration techniques [J]. IEEE Transactions on Geoscience and Remote Sensing, 1994, 32 (6): 1144 - 1151.

[13] 吴际. 点扩散函数自动估计及其在图像超分辨率中的应用研究 [D]. 长沙: 国防科学技术大学, 2012.

第 8 章
非过采样数据空间分辨率增强

反者道之动，弱者道之用。

——老子

空间太赫兹载荷对地遥感的"足迹"不重叠的情况即非过采样数据，此类情况可以采用插值算法、超分辨重建算法等进行遥感图像的空间分辨率增强。此外，利用多频观测的特点，可以使用多频图像融合的方法来提升低频段观测图像的空间分辨率。

8.1 非过采样数据

当天线的地面视场之间没有重叠时（即空间采间隔大于等于地面视场时），需要对数据进行非过采样数据处理，主要表现为增加图像的像素数量，从而为后续的图像校正、气象参数反演等操作奠定基础。

插值算法的运算原理简单，且运算量小，可以有效增加图像的像素数量，改善图像的视觉效果，但是并没有加入额外的有效信息。

Di Paola 和 Dietrich 提出的超分辨（super-resolution）图像重建算法[1,2]在插值的基础上增加了逆滤波的过程，可进一步改善天线方向图带来的模糊效应、提升图像分辨率，但需要考虑噪声的放大。

8.2 插值重建算法

8.2.1 算法概述

遥感图像增强，主要表现在对应频段的分辨率能得到有效提高，其实质是对微波辐射计的天线模式去卷积的过程。然而，这虽然能够提高图像质量，得到高分辨率图像，但在处理过程中有不同程度的复杂运算。如果在处理遥感图像数据的过程中回避微波辐射计的天线，那么就不用考虑天线的配置、天线增益的差异等问题。本章将介绍采用插值算法来增强遥感图像，包括最邻近插值、双线性插值、双三次插值等算法，这些处理过程的运算原理简单，且计算量大大减少。在处理遥感图像的过程中，插值算法对图像校正非常重要。

1. 最邻近插值算法

最邻近插值（Nearest Neighbor Interpolation，NNI）算法是指将待插值点位置处的亮温值直接根据其周围4个相邻位置中离它最近的亮温值进行设置，属于最简单的一种插值算法，其原理如图8-1所示。

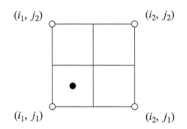

图8-1 最邻近插值原理示意

在图8-1中，4个空心圆位置代表原始图像亮温值，实心圆代表待插入位置亮温值。从图中位置可以看出，实心圆距离(i_1,j_1)处最近，则根据NNI算法原则，待插入位置与(i_1,j_1)处的亮温值保持相同。具体的数学表达式为

$$t_A(i+\Delta i, j+\Delta j) = t_A(i,j) \qquad (8-1)$$

式中，$t_A(i+\Delta i, j+\Delta j)$——待插入亮温值；$i$、$j$是非负整数；$\Delta i$、$\Delta j$表示浮点数，其范围均为$[0,1]$，一般可取0.5。

虽然NNI算法比较简单，且计算量比较小，但是图像可能因亮温值的不连续性而出现锯齿状，导致图像质量较差。

2. 双线性插值算法

双线性插值理论框图如图8-2所示。对于待处理亮温图像$t_A(i,j)$，双线性插值（Bilinear Interpolation）算法先在i方向和j方向上分别做线性内插，然后对4个邻近位置处的亮温利用权值求和平均来获得待插值点处的亮温值$t_A(a,b)$。具体的数学表达式为

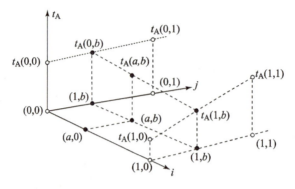

图 8-2 双线性插值理论框图

$$t_A(i+\Delta i, j+\Delta j) = (1-\Delta i)(1-\Delta j)t_A(i,j) + \Delta j(1-\Delta i)t_A(i,j+1) +$$
$$\Delta i(1-\Delta j)t_A(i+1,j) + \Delta i \Delta j t_A(i,j) \tag{8-2}$$

双线性插值算法作为 NNI 算法的改良,所得的图像亮温值连续,但是计算量较大,而且增强图像可能显现块状模糊。

3. 双三次插值算法

双三次插值(Bicubic Interpolation)是一种更加复杂的插值方式,它能创造出比双线性插值更平滑的图像边缘。

由于亮温图像变化比较复杂,所以考虑 4×4 邻域内的 16 个亮温值。具体的数学表达式为

$$t_A(i+\Delta i, j+\Delta j) = \boldsymbol{A} \cdot \boldsymbol{B} \cdot \boldsymbol{C} \tag{8-3}$$

式中,

$$\boldsymbol{A} = [s(\Delta i+1) \quad s(\Delta i) \quad s(\Delta i-1) \quad s(\Delta i-2)] \tag{8-4}$$

$$\boldsymbol{B} = \begin{bmatrix} t_A(i-1,j-1) & t_A(i-1,j) & t_A(i-1,j+1) & t_A(i-1,j+2) \\ t_A(i,j-1) & t_A(i,j) & t_A(i,j+1) & t_A(i,j+2) \\ t_A(i+1,j-1) & t_A(i+1,j) & t_A(i+1,j+1) & t_A(i+1,j+2) \\ t_A(i+2,j-1) & t_A(i+2,j) & t_A(i+2,j+1) & t_A(i+2,j+2) \end{bmatrix}$$
$$\tag{8-5}$$

$$\boldsymbol{C} = \begin{bmatrix} s(\Delta j+1) \\ s(\Delta j) \\ s(\Delta j-1) \\ s(\Delta j-2) \end{bmatrix} \tag{8-6}$$

$$s(x) = \frac{\sin|\pi x|}{x} \approx \begin{cases} 1 - 2|x|^2 + |x|^3, & 0 \leqslant |x| < 1 \\ 4 - 8|x| + 5|x|^2 - |x|^3, & 1 \leqslant |x| < 2 \\ 0, & |x| \geqslant 2 \end{cases} \quad (8-7)$$

由数学表达式可以明显看出,相较于前两种算法,双三次插值算法的计算量最大。该算法的优势在于能够抑制 NNI 算法导致的图像锯齿状和双线性插值算法导致的图像边缘处块状模糊的弊端,从而使得插值后的图像效果相对较好。

8.2.2 模拟数据仿真及分析

本节将对 FY-3A 星装载的 MWTS 54.94 GHz 与 MWHS 183.31 GHz 的模拟数据应用上述算法,得到仿真和处理结果。正演亮温图像有 126×126 个像素点,每个像素点代表 4 km×4 km 的范围。

如图 8-3、图 8-4 所示,NNI 算法处理后得到的亮温图像存在显著的锯齿状模糊,双线性插值算法处理后得到的亮温图像在边沿存在稍微模糊,而双三次插值算法处理后得到的结果图像较平滑。

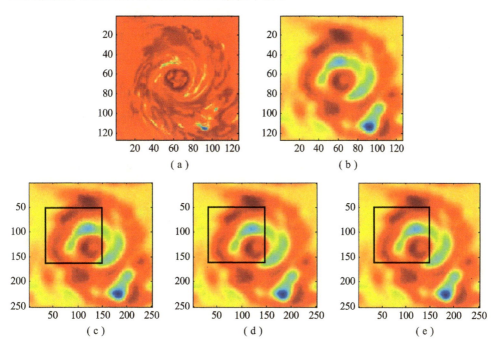

图 8-3 MWTS 54.94 GHz 图像仿真和处理结果
(a) 台风眼原始场景亮温图像;(b) 模拟天线亮温图像;(c) NNI 算法处理结果;
(d) 双线性插值算法处理结果;(e) 双三次插值算法处理结果

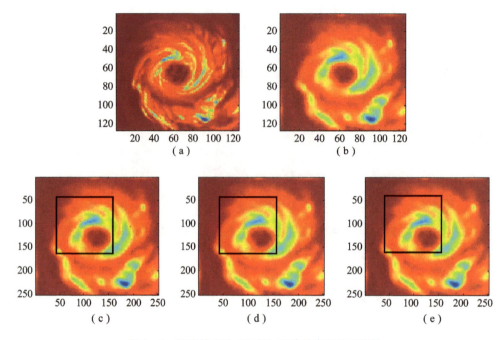

图 8-4 MWHS 183.31 GHz 图像仿真和处理结果

(a) 台风眼原始场景亮温图像; (b) 模拟天线亮温图像; (c) NNI算法处理结果;
(d) 双线性插值算法处理结果; (e) 双三次插值算法处理结果

MWTS、MWHS 对应不同通道数据处理结果的参数对比见表 8-1，对应关系如图 8-5 所示。从中可以看出，在应用上述三种算法前后：对应的模拟天线亮温图像的均值与方差几乎不改变；而噪声标准差随不同算法应用的变化较大，其中在应用 NNI 算法处理后相对变大，在应用另两种插值算法处理后都明显减小。

表 8-1 MWTS、MWHS 对应不同通道数据处理结果的参数对比

频段/GHz	评价指标类型	算法处理前	NNI算法	双线性插值算法	双三次插值算法
54.94	噪声标准差/K	0.473 0	0.611 5	0.162 4	0.191 1
	均值	257.576 3	257.880 0	257.585 6	257.585 6
	方差	4.409 0	4.422 1	4.403 8	4.415 8
183.31	噪声标准差/K	1.318 1	1.764 3	0.381 2	0.467 9
	均值	261.046 7	260.946 0	260.958 9	260.958 9
	方差	15.926 8	15.944 8	15.894 1	15.932 7

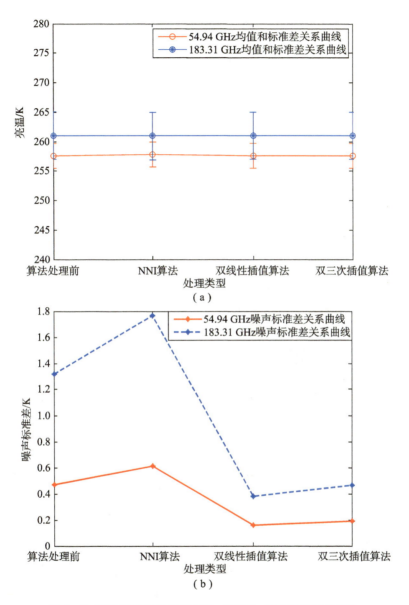

图 8-5　不同算法对应噪声均值、标准差、噪声标准差关系图

（a）应用不同算法的均值和标准差关系图；（b）应用不同算法的噪声标准差关系图

8.2.3　实测数据处理及分析

本节对 FY-3C 星 MWTS 50.3 GHz 与 MWHS 89.0 GHz 数据应用三种类型插值算法。

如图 8-6 所示，对 MWTS 50.3 GHz 爱琴海附近地区分别应用上述三种类型插值算法进行遥感图像增强实验，正演亮温图像有 50×50 个像素点，横向幅宽约为 800 km，纵向幅宽约为 600 km。在图 8-6（b）~（d）所示的 3 幅增强图像中，克里特岛（红色箭头所指）、希腊（黑色箭头所指）、土耳其西南部（绿色箭头所指）的海岸线出现不同程度的增强效果，海陆交接处的锯齿状轮廓更突出，亮温改变更剧烈，均表明分辨率得到了提高。其中，增强效果最优的是双三次插值算法处理结果，其次是双线性插值算法处理结果，NNI 算法的处理结果最差。相对于增强前，NNI 算法处理结果有比较强烈的块状模糊；双线性插值算法处理结果在一定程度上消除锯齿效应，比 NNI 算法处理结果的轮廓更清晰；双三次插值算法处理结果的边缘更加平滑。

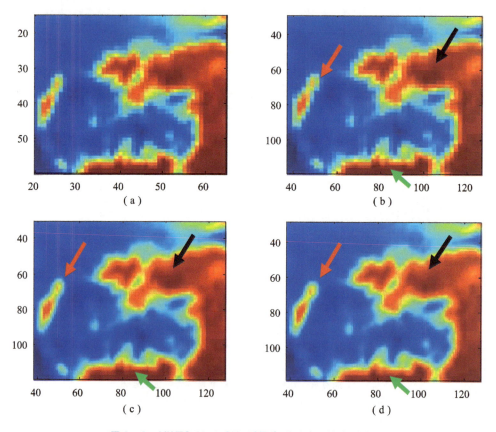

图 8-6　MWTS 50.3 GHz 爱琴海附近地区的实测结果
（a）原始亮温图像；（b）NNI 算法处理结果；
（c）双线性插值算法处理结果；（d）双三次插值算法处理结果

第 8 章　非过采样数据空间分辨率增强

如图 8-7 所示,对 MWHS 89.0 GHz 里海附近地区分别应用上述三种类型插值算法进行遥感图像增强实验,正演亮温图像有 50×50 个像素点,横向幅宽约为 1 000 km,纵向幅宽约为 600 km。在图 8-7(b)~(d)所示的 3 幅增强图像中,卡拉博加兹湾(红色箭头所指)与萨雷卡梅什湖(绿色箭头所指)轮廓出现不同程度的增强效果,表现为双三次插值算法的处理结果最优,双线性插值算法的处理结果次之,NNI 算法的处理结果最差。

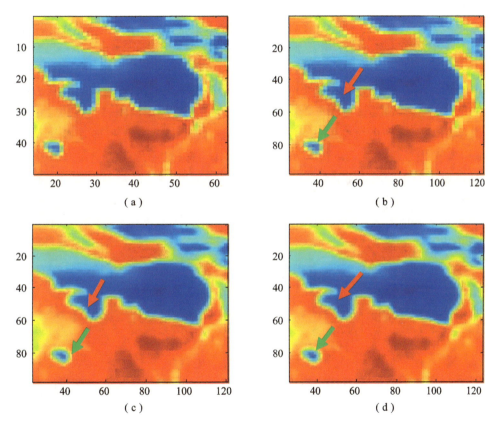

图 8-7　MWHS 89.0 GHz 里海附近地区的实测结果
(a) 原始亮温图像；(b) NNI 算法处理结果；
(c) 双线性插值算法处理结果；(d) 双三次插值算法处理结果

8.3 超分辨重建算法

8.3.1 算法概述

超分辨重建算法的实现需要以下两个步骤[1]：

第1步，对天线亮温图像在规则网格上插值重采样。

第2步，应用逆滤波器对重采样图像进行反卷积，得到重建图像。

其中，第1步相当于人为地增加微波成像仪每条扫描线的采样点数目，模拟过采样情况，但插值过程并未引入新的信息，只是根据周围邻近点的值来估计待插值点，起到平滑空间的作用，这会导致方块效应和图像轮廓模糊。在Dietrich等[2]的研究中，对380 GHz和425 GHz的分辨率增强只是简单地采用了插值算法，并未对逆滤波过程进行介绍；在Gao等[3]的研究中，采用插值算法对亮温图像进行精细化处理，避免了天线方向图的介入，得到了较好的效果。第2步采用去卷积的原理对图像重建，利用了天线方向图的先验知识，引入了更为丰富的信息。

在此对图像分辨率增强进行详细解释。其中，图像分辨率有以下两种解释：

（1）通过图像像素数目的多少来衡量。像素数目越多，分辨率就越大，如相机或手机的图像分辨率。

（2）图像的像素数目相同，用每个像素点所含信息量的多少来衡量。例如，遥感图像的分辨率，同一遥感平台得到的遥感图像的尺度是一致的，但不同波段的分辨率不相同。

超分辨重建算法的分辨率增强对应了前一种解释，即人为地增加图像像素数目，从而实现分辨率增强；第7章介绍的维纳滤波去卷积算法和BG反演算法对应了后一种解释，即通过算法来丰富单一像素的信息量，从而实现分辨率增强。

8.3.2 插值重采样

为了实现插值重采样过程，接下来采用不同的方法——双线性插值、三次样条插值。这些插值算法在MATLAB语言环境下可以直接实现。

1. 双线性插值

双线性插值（linear）是指利用待求亮温的 4 个邻近亮温的值在两个方向上做线性内插，其原理如图 8-8 所示。双线性插值产生的图像在放大倍数较大时，放大后的图像会出现明显的块状，同时它具有低通滤波特性，使图像的高频分量受损，图像轮廓会不可避免地出现模糊。

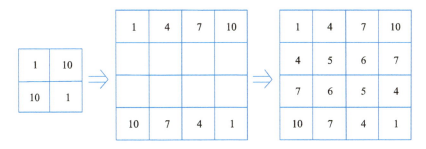

图 8-8 双线性插值原理示意

2. 三次样条插值

相较于双线性插值，三次样条插值（spline）的计算量较大，但是插值图像效果较好。三次样条插值的原理如下。

若函数 $S(x) \in C^2[a,b]$，且在每个子区间 $[x_i, x_{i+1}](i=0,1,2,\cdots,n)$ 上是三次多项式，其中 $a = x_0 < x_1 < \cdots < x_n = b$ 是给定的节点，则称 $S(x)$ 是给定节点上的三次样条函数。若函数 $y = f(x)$ 在区间 $[a,b]$ 上 $n+1$ 个给定节点 $a = x_0 < x_1 < \cdots < x_n = b$ 的函数值为 $y_i = f(x_i)$，且有下式成立：

$$S(x_i) = y_i \tag{8-8}$$

则称 $S(x)$ 为三次样条插值函数。由样条插值函数的定义可知，$S(x)$ 在每个子区间 $[x_i, x_{i+1}]$ 上都是三次函数，即

$$S(x) = A_i + B_i x + C_i x^2 + D_i x^3 \tag{8-9}$$

式中，A_i、B_i、C_i、D_i 是待定系数，且满足条件：

$$S(x_i) = f(x_i) \tag{8-10}$$

$$S(x_i - 0) = S(x_i + 0) = f(x_i) \tag{8-11}$$

$$S'(x_i - 0) = S'(x_i + 0) \tag{8-12}$$

$$S''(x_i - 0) = S''(x_i + 0) \tag{8-13}$$

式（8-10）~式（8-13）共给出了 $4n-2$ 个条件，而待定系数有 $4n$ 个，因此还需要两个条件才能确定 $S(x)$。通常是在区间端点 $a = x_0$、$b = x_n$ 上各加

一个条件，称为边界条件[4]。边界通常有非扭结边界（两端点的三阶导数与这两端点的邻近点的三阶导数相等）、夹持边界（边界点导数给定）和自然边界（边界点的二阶导数为0）。

8.3.3 逆滤波

对插值重采样后的亮温图像进行逆滤波，就得到超分辨重建图像。逆滤波的过程如下[1]。

天线亮温是场景亮温和天线方向图卷积的结果，数学表达式为

$$T_A(x,y) = T_B(x,y) \otimes H(x,y) + N(x,y) \tag{8-14}$$

其频域表示为

$$T_A(u,v) = T_B(u,v) \cdot H(u,v) + N(u,v) \tag{8-15}$$

忽略辐射噪声，可得

$$T_A(u,v) = T_B(u,v) \cdot H(u,v) \tag{8-16}$$

则得到逆滤波的估计值为

$$T'_B(u,v) = T_A(u,v) \cdot I(u,v) \tag{8-17}$$

$$I(u,v) = H^{-1}(u,v) \tag{8-18}$$

与维纳滤波去卷积算法相似，超分辨重建方法中也存在数值不稳定的情况，因此需要设置一个门限值 γ，则可得

$$I_\gamma(u,v) = \begin{cases} H^{-1}(u,v), & |H(u,v)| > \gamma \\ \dfrac{1}{\gamma}, & |H(u,v)| \leq \gamma \end{cases} \tag{8-19}$$

对于非过采样的图像，超分辨方法可以重建一个高质量的图像。

8.3.4 模拟数据分析

本小节对毫米波太赫兹探测仪的 380 GHz 和 425 GHz 的亮温图像用超分辨重建算法进行处理，这里采用相关系数和分辨率相关因子 ρ 对实验结果评价，所得实验结果参数如表 8-2、表 8-3 所示。

表 8-2　380 GHz 不同插值算法的实验结果

插值算法	正演亮温图像	插值图像	超分辨图像	
	R_{TA}	R_{TB}	R_{TB}	ρ
双线性插值	0.935	0.944	0.947	1.013
三次样条插值		0.946	0.948	1.014

表 8-3　425 GHz 不同插值算法的实验结果

插值算法	正演亮温图像 R_{TA}	插值图像 R_{TB}	超分辨图像 R_{TB}	ρ
双线性插值	0.937	0.946	0.948	1.012
三次样条插值	0.937	0.948	0.950	1.013

对两种插值算法的实验结果进行对比，可见算法处理后的各项指标均得到了提高，所得结论如下：

（1）超分辨图像的相关系数均得到了提高，说明超分辨图像更接近正演亮温图像；分辨率相关因子均大于 1，说明分辨率得到了提高。

（2）三次样条插值图像的相关系数均大于双线性插值图像的相关系数，说明三次样条插值的图像效果较好，且经三次样条插值的超分辨图像的相关系数也大于采用双线性插值的，因此最终的三次样条插值超分辨图像的效果较好。实验结果如图 8-9、图 8-10 所示。正演亮温图像有 126×126 个像素点，每个像素点代表 4 km×4 km 的范围。

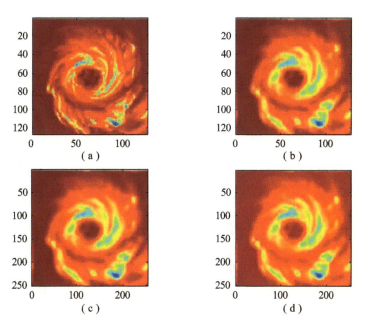

图 8-9　380 GHz 超分辨重建算法实验结果

（a）正演亮温图像；（b）天线亮温图像；（c）三次样条插值图像；（d）超分辨图像

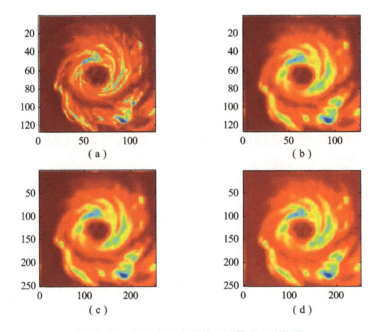

图 8-10 425 GHz 超分辨重建算法实验结果

(a) 正演亮温图像；(b) 天线亮温图像；(c) 三次样条插值图像；(d) 超分辨图像

8.3.5 MWRI 实测数据分析

对 MWRI 的 89 GHz 垂直极化亮温图像应用超分辨重建算法，选择澳大利亚北部海岸区域和俄罗斯北部海岸区域进行研究，实验结果如图 8-11～图 8-14 所示。亮温图像有 254×254 个像素点，横向幅宽约 2 400 km，纵向幅宽约 1 400 km。

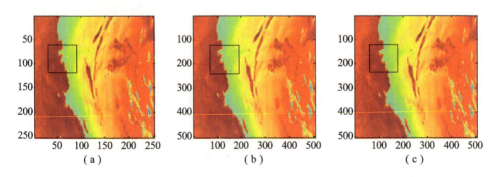

图 8-11 澳大利亚北部海岸区域超分辨重建算法实验结果

(a) 89 GHz 亮温图像；(b) 三次样条插值图像；(c) 超分辨图像

第 8 章　非过采样数据空间分辨率增强

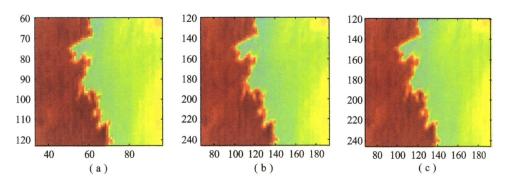

图 8-12　图 8-11 选中区域放大后的效果
（a）89 GHz 亮温图像；（b）三次样条插值图像；（c）超分辨图像

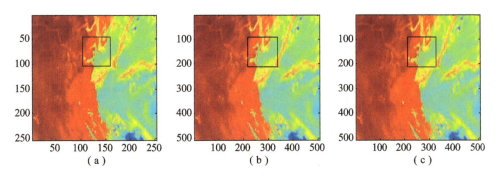

图 8-13　俄罗斯北部海岸区域超分辨重建算法实验结果
（a）89 GHz 亮温图像；（b）三次样条插值图像；（c）超分辨图像

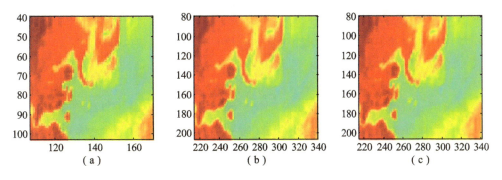

图 8-14　图 8-13 选中区域放大后的效果
（a）89 GHz 亮温图像；（b）三次样条插值图像；（c）超分辨图像

由上述实验结果可以看到，超分辨图像相较于原始亮温图像更平滑、细腻。原始 89 GHz 亮温图像放大后区域像元的方块较为明显，经过三次样条插值的平滑作用后得到了改善，最终的超分辨图像分辨率得到了增强。

185

8.4 图像融合技术

图像融合技术是信息融合和图像处理的交叉学科,是指在时间或空间上互补或冗余的多数据源,按照一定的融合算法经不同方式(或同一方式不同时相下)获取的多幅图像的信息进行多方面、多级别、多层次的处理,利用各自的特征优势来获取对同一目标更丰富、更可靠、更精确的一幅新图像。本节对毫米波太赫兹探测仪和 MWRI 的双通道融合采用基于平滑滤波的亮度调节(Smoothing Filter - based Intensity Modulation,SFIM)算法。

毫米波太赫兹探测仪的 54 GHz、118 GHz 和 425 GHz 频段是 O_2 通道,183 GHz 和 380 GHz 频段是 H_2O 通道,MWRI 的 18.7 GHz 和 36.5 GHz 对冰雪辐射特性敏感程度一致,图像融合算法针对这些对具体物理参数敏感程度一致的通道进行融合处理,以提高低频图像的空间分辨率,达到分辨率增强的目的。

8.4.1 算法概述

基于平滑滤波的亮度调节算法由 Liu[5] 于 2000 年提出,又称灰度调制法,是基于太阳辐射与地物表面光谱反射等物理光学原理的一种算法,在保持图像光谱特性的同时提高融合图像的空间分辨率。此后,Santi[6] 将 SFIM 算法成功应用于 AMSR - E 的 C 波段,提高了 6.925 GHz 通道的空间分辨率。SFIM 算法的基本原理如下。

第 λ 波段图像的灰度值 $DN(\lambda)$ 取决于两个因素:太阳辐射值 $E(\lambda)$ 和地表反射率 $\rho(\lambda)$。如果不考虑大气因素和仪器定标因素,则

$$DN(\lambda) = \rho(\lambda)E(\lambda) \qquad (8-20)$$

如果用 $DN(\lambda)_{low}$ 和 $DN(\gamma)_{high}$ 分别代表第 λ 波段低空间分辨率和第 γ 波段高空间分辨率图像的灰度值,并且假设这两幅图像具有相同的太阳照射条件,则

$$DN(\lambda)_{low} = \rho(\lambda)_{low} E(\lambda)_{low} \qquad (8-21)$$

$$DN(\gamma)_{high} = \rho(\gamma)_{high} E(\gamma)_{high} \qquad (8-22)$$

SFIM 算法定义为

$$DN(\lambda)_{SFIM} = \frac{DN(\lambda)_{low} DN(\gamma)_{high}}{DN(\gamma)_{mean}} = \frac{\rho(\lambda)_{low} E(\lambda)_{low} \rho(\gamma)_{high} E(\gamma)_{high}}{\rho(\gamma)_{low} E(\gamma)_{low}}$$

$$(8-23)$$

对于给定的太阳辐射值和地表反射率,在高空间分辨率和低空间分辨率图

像的 DN 值量化等级相同的条件下,假设两幅图像具有相同的太阳辐射值,当低空间分辨率图像的像元为纯像元时,假设这两幅图像具有相同的地表反射率,则有如下关系:

$$E(\lambda)_{low} = E(\gamma)_{low} \quad (8-24)$$
$$\rho(\gamma)_{high} = \rho(\gamma)_{low} \quad (8-25)$$
$$E(\gamma)_{high} \approx E(\lambda)_{high} \quad (8-26)$$

则 $DN(\lambda)_{SFIM}$ 可以化简为

$$DN(\lambda)_{SFIM} \approx \rho(\lambda)_{high} E(\lambda)_{high} = DN(\lambda)_{high} \quad (8-27)$$

在实际应用中,SFIM 公式可以表示为

$$DN_{SFIM} = \frac{DN_{low} DN_{high}}{DN_{mean}} \quad (8-28)$$

式中,DN_{low}——低空间分辨率图像的灰度值;

DN_{high}——高空间分辨率图像的灰度值;

DN_{mean}——分辨率与低分辨率图像一致的从高分辨率图像采用平滑滤波方法提取出的退化图像的灰度值。

对微波成像仪敏感程度一致的通道采用 SFIM 算法,上述假设是成立的。由于低频退化图像是通过对高频图像进行平滑滤波得到的,因此结果会有一定的误差,同时反射率相等的假设会使边界区域存在问题。

应用于微波遥感仪器的 SFIM 算法可以分为两个步骤:

第 1 步,高频图像的高分辨率通过均值滤波器退化到低分辨率,其目的是与低频图像的分辨率相匹配。整个滤波过程的输出为与低频图像相同分辨率的降分辨高频图像。对均值滤波器尺度的选择是实现该算法的关键步骤,本节采取 3×3、5×5 和 7×7 尺度的均值滤波器进行试验,从中选取最优的滤波器尺度。

第 2 步,采取 SFIM 融合等式进行图像融合。

SFIM 融合等式可表示为

$$T_{bl\_Hres} = \frac{T_{bh\_orig}}{T_{bh\_Lres}} T_{bl\_orig} \quad (8-29)$$

式中,T 表示图像;下标 bl、bh 分别表示低频和高频;下标 Hres 和 Lres 分别表示增强后和退化后;下标 orig 表示原始图像。

SFIM 算法流程如图 8-15 所示。

SFIM 算法实现简单、快捷,不需要天线

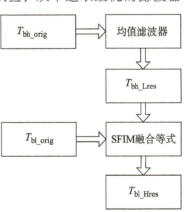

图 8-15　SFIM 算法流程

方向图的先验知识，只需要获取多个波段的图像信息，其能够有效提高低频通道的空间分辨率。但是 SFIM 融合图像存在边缘模糊和空间纹理信息提高不足的问题，而 SFIM 算法的主要优势在于对来自同一遥感仪器不同波段的数据进行融合，以提高低频通道的空间分辨率。

8.4.2 模拟数据分析

本小节对毫米波太赫兹探测仪的 3 个频段组合（54 GHz 和 425 GHz、118 GHz 和 425 GHz、183 GHz 和 380 GHz）进行图像融合处理，分别设置 3×3、5×5 和 7×7 尺度的均值滤波器进行试验，实验参数列于表 8-4~表 8-6。

表 8-4 SFIM 算法处理前后实验结果对比（54 GHz、425 GHz）

滤波器数	图像融合前			图像融合后					
	IFOV /km	R_{TA}	MSE /K	IFOV /km	RC	R_{TB}	ρ	RE	MSE /K
3×3	81	0.667 2	9.19	69	0.974	0.702	1.052	1.174	8.797
5×5	81	0.653 3	9.19	62	0.920	0.755	1.155	1.306	8.314
7×7	81	0.653 3	9.19	48	0.835	0.751	1.150	1.688	8.063

表 8-5 SFIM 算法处理前后实验结果对比（118 GHz、425 GHz）

滤波器数	图像融合前			图像融合后					
	IFOV /km	R_{TA}	MSE /K	IFOV /km	RC	R_{TB}	ρ	RE	MSE /K
3×3	37	0.850 8	3.051	24	0.979	0.915	1.075	1.512	2.426
5×5	37	0.850 8	3.051	9	0.968	0.948	1.114	4.111	1.811
7×7	37	0.850 7	3.052	7	0.945	0.934	1.110	5.286	2.187

表 8-6 SFIM 算法处理前后实验结果对比（183 GHz、380 GHz）

滤波器数	图像融合前			图像融合后					
	IFOV /km	R_{TA}	MSE /K	IFOV /km	RC	R_{TB}	ρ	RE	MSE /K
3×3	24	0.879	8.446	28	0.985	0.886	1.007	0.857	8.232
5×5	24	0.880	8.444	25	0.982	0.896	1.018	0.960	7.874
7×7	24	0.880	8.445	22	0.979	0.905	1.029	1.090	7.487

在此,采用最优均值滤波器数的选择方法:首先,考虑分辨率相关度 RC,分辨率相关度应大于 0.95,这表示所得到的分辨率尺度具有较高的可信度;然后,考虑分辨率增强因子 RE,将较大的分辨率增强因子作为最终结果。所以,对这 3 个频段组合(54 GHz 和 425 GHz、118 GHz 和 425 GHz、183 GHz 和 380 GHz)分别采用 3×3、5×5 和 7×7 的均值滤波器,实验结果如图 8 - 16 ~ 图 8 - 18 所示。从最优滤波器值对应的实验结果可以看到,这 3 个频段组合中低频通道的分辨率都得到了提高,均方误差 MSE 均减小,分辨率相关因子 ρ 均大于 1,且具有较高的分辨率相关度,这说明图像融合 SFIM 算法能够有效提高低频通道的空间分辨率。

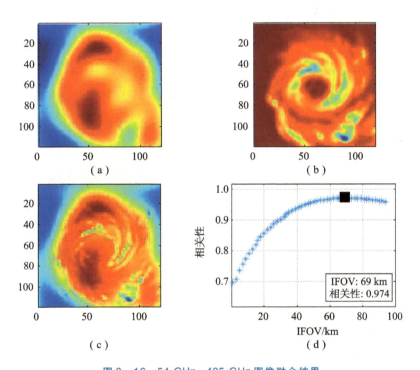

图 8 – 16　54 GHz、425 GHz 图像融合结果
(a) 54 GHz 天线亮温图像;(b) 425 GHz 天线亮温图像;
(c) 融合图像;(d) IFOV 分辨率

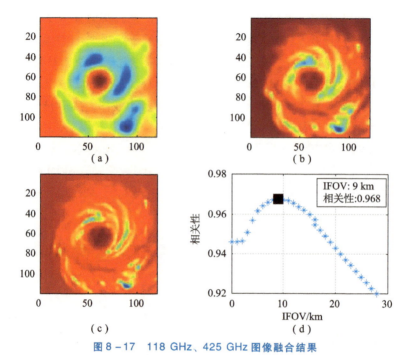

图 8-17 118 GHz、425 GHz 图像融合结果

（a）118 GHz 天线亮温图像；（b）425 GHz 天线亮温图像；（c）融合图像；（d）IFOV 分辨率

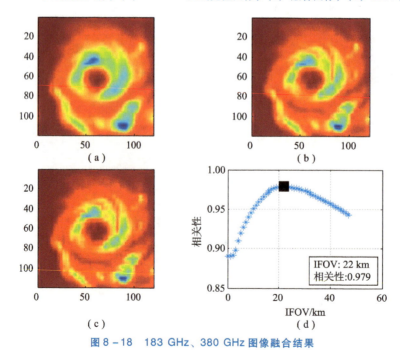

图 8-18 183 GHz、380 GHz 图像融合结果

（a）183 GHz 天线亮温图像；（b）380 GHz 天线亮温图像；（c）融合图像；（d）IFOV 分辨率

8.4.3 MWRI 实测数据分析

本节对 FY-3 星搭载的 MWRI 的 18.7 GHz 和 36.5 GHz 垂直极化通道进行图像融合实验,用于提高 18.7 GHz 的空间分辨率。图像融合的实验结果采用均值、标准差、平均梯度和信息熵来定量评价。均值可以表示亮温的平均水平;标准差和平均梯度可表示图像的清晰度。标准差越大,则包含的信息量越大,图像对比度越大,图像更清晰;平均梯度越大,则图像清晰度越高,视觉效果越好。

1. 俄罗斯北部海岸区域

选择俄罗斯北部海岸作为 SFIM 算法处理区域,在 SFIM 算法中分别采用尺度为 3×3、5×5 和 7×7 的均值滤波器,实验结果如表 8-7 所示。由表可知,5×5 的均值滤波器 SFIM 算法处理结果的各项指标都优于其他尺度滤波器的图像融合实验结果。相较于 18.7 GHz 的各项参数,其标准差、平均梯度更大,说明图像清晰度更高,这与目视评价的结果是一致的;此外,其融合图像的信息熵为 0.006,大于 18.7 GHz 的 0.003 和 36.5 GHz 的 0.004,说明其具有较高的高频信息融入度,且保持了低频信息,融合图像的信息量更高。

表 8-7 俄罗斯北部海岸区域图像融合实验结果

频段/GHz	均值	标准差	平均梯度	信息熵
18.7	254.80	38.05	0.015	0.003
36.5	259.19	28.00	0.016	0.004
18.7-36.5 (3×3)	254.80	38.36	0.017	0.005
18.7-36.5 (5×5)	254.82	39.20	0.021	0.006
18.7-36.5 (7×7)	254.85	39.87	0.023	0.000 33

5×5 的均值滤波器 SFIM 算法处理结果如图 8-19 (d) 所示。同时,将 36.5 GHz 的天线亮温图像和 36.5 GHz 的退化图像作为对比参照,如图 8-19 (b) (c) 所示。相较于 18.7 GHz 待处理图像,18.7 GHz 融合图像显示的细节更清楚。如图 8-20 所示,将图 8-19 中的圆圈区域放大后,融合图像中亚马尔半岛(白色箭头所指)对面的雷岛(绿色箭头所指)清晰可见,马雷金海峡也能够被分辨。

综上所述,与 18.7 GHz 亮温图像相比,融合图像的标准差、平均梯度、信息熵变大,图像显示更清晰,表现出的细节信息更丰富,图像质量更好。无论是从定性分析还是从定量参数分析,都能够说明图像融合算法的有效性。

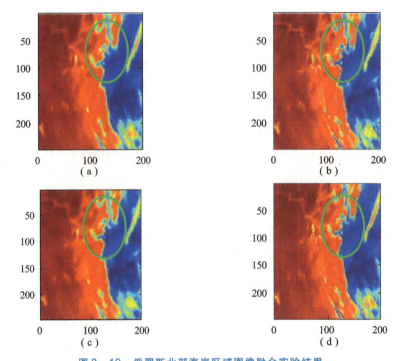

图 8-19 俄罗斯北部海岸区域图像融合实验结果

(a) 18.7 GHz 天线亮温图像；(b) 36.5 GHz 天线亮温图像；
(c) 36.5 GHz 退化图像；(d) 融合图像

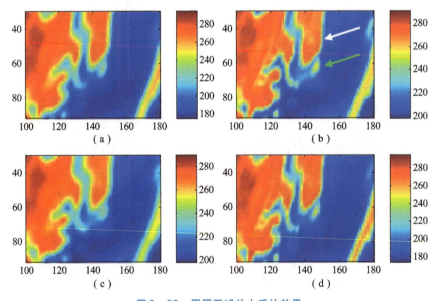

图 8-20 圆圈区域放大后的效果

(a) 18.7 GHz 天线亮温图像；(b) 36.5 GHz 天线亮温图像；(c) 36.5 GHz 退化图像；(d) 融合图像

2. 亚马孙河流域

对亚马孙河流域进行图像融合实验，实验结果的参数指标列于表 8-8 中。由表可知，5×5 均值滤波器融合结果的信息熵与 18.7 GHz 的信息熵相等，考虑到 MWRI 亮温数据包含信息的多样性，此处采用信息熵指标仅作为参考。信息熵用于评价高光谱传感器多波段融合图像中高频信息的融入度，对于微波遥感图像的融合图像采用信息熵来评价是否得当，还需要深入研究。

表 8-8　亚马孙河流域图像融合实验结果

频段/GHz	均值	标准差	平均梯度	信息熵
18.7	277.93	35.91	0.008	0.002
36.5	275.06	24.30	0.009	0.009
18.7 - 36.5（3×3）	277.93	35.88	0.009	0.000 9
18.7 - 36.5（5×5）	277.93	35.91	0.011	0.002
18.7 - 36.5（7×7）	277.94	36.09	0.012	0.000 3

融合图像的平均梯度都是大于 18.7 GHz 的，因此融合图像的质量更高、图像更清晰，分辨率得到了增强。这里选择 5×5 均值滤波器的图像融合结果作为最优解，实验结果如图 8-21 所示。可以看到，融合图像中的亚马孙河流

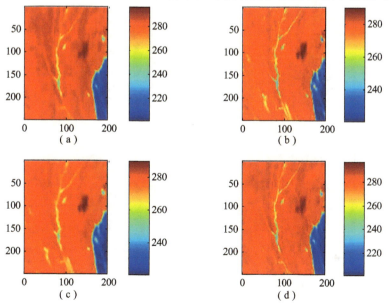

图 8-21　亚马孙河流域图像融合实验结果
（a）18.7 GHz 天线亮温图像；（b）36.5 GHz 天线亮温图像；
（c）36.5 GHz 退化图像；（d）融合图像

域的轮廓更清晰，表现出的细节信息与 36.5 GHz 亮温图像更接近，亚马孙河的分支能够清晰地显示出来，说明融合图像的分辨率得到了增强。

3. 维多利亚湖

图像融合算法对维多利亚湖区域处理的实验结果参数如表 8-9 所示。由表可知，5×5 均值滤波器的实验结果较优，其信息熵为 0.036，大于 18.7 GHz 的 0.027，说明融合图像具有较高的高频信息融入度；其标准差和平均梯度也都变大，说明融合图像的清晰度得到了提高，算法处理的结果有效。融合图像的实验结果如图 8-22 所示。相较于 18.7 GHz 天线亮温图像，维多利亚湖融合图像的轮廓更清晰，与 36.5 GHz 的轮廓更接近，且增添了一些细节信息，显示的信息更丰富，说明分辨率得到了提高。

表 8-9 维多利亚湖图像融合实验结果

频段/GHz	均值	标准差	平均梯度	信息熵
18.7	248.47	43.50	0.122	0.027
36.5	252.45	36.39	0.140	0.009
18.7-36.5 (3×3)	248.46	44.13	0.140	0.013
18.7-36.5 (5×5)	248.54	45.21	0.168	0.036
18.7-36.5 (7×7)	248.68	46.11	0.189	0.009

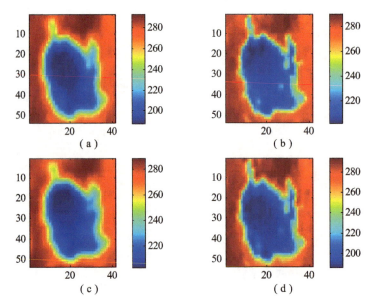

图 8-22 维多利亚湖图像融合实验结果
(a) 18.7 GHz 天线亮温图像；(b) 36.5 GHz 天线亮温图像；
(c) 36.5 GHz 退化图像；(d) 融合图像

抽取上述研究区域的亮温数据分布曲线如图 8-23 所示。

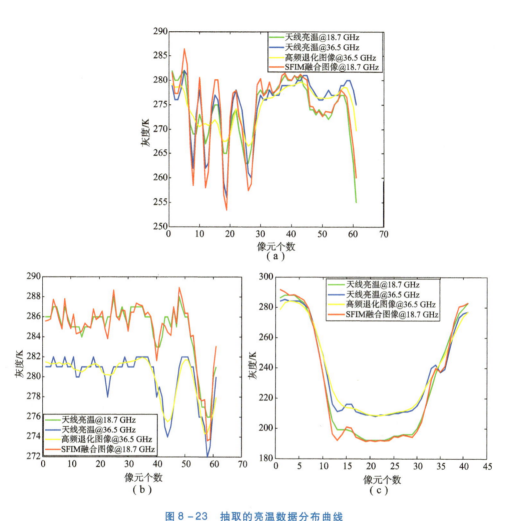

图 8-23　抽取的亮温数据分布曲线
（a）俄罗斯北部海岸区域；（b）亚马孙河流域；（c）维多利亚湖

从图 8-23 可以看出，3 个区域的亮温分布曲线有以下特征：

（1）相较于 36.5 GHz 亮温曲线，高频退化图像亮温曲线更平滑，说明分辨率实现了退化。

（2）相较于 18.7 GHz 亮温曲线，融合图像亮温曲线起伏更明显，峰值处的值更高，谷值处的值更低，表现在亮温的变化更剧烈、图像的对比度更大、分辨率更高。

综合这些特征也可以得出，融合图像的分辨率得到了增强。

参 考 文 献

[1] DI PAOLA F, DIETRICH S. Resolution enhancement for microwave – based atmospheric sounding from geostationary orbits [J]. Radio Science, 2008, 43: RS6001.

[2] DIETRICH S, DI PAOLA F, BIZZARRI B. MTG: resolution enhancement for MW measurements from geostationary orbits [J]. Advances in Geosciences, 2006, 7: 293 – 299.

[3] GAO Y, LIU Q, FU Y F, et al. Research on the resolution enhancement of brightness temperature at TMI 10.7GHz [J]. Journal of University of Science and Technology of China, 2013, 43 (5): 345 – 354.

[4] 吕同富, 康兆敏, 方秀男. 数值计算方法 [M]. 北京: 清华大学出版社, 2008.

[5] LIU J G. Smoothing filter – based intensity modulation: A spectral preserve image fusion technique for improving spatial details [J]. International Journal of Remote Sensing, 2000, 21 (18): 3461 – 3472.

[6] SANTI E. An application of the SFIM technique to enhance the spatial resolution of spaceborne microwave radiometers [J]. International Journal of Remote Sensing, 2010, 31 (9): 2419 – 2428.

第 9 章
基于深度学习的遥感图像复原

观察全社会将如何对待人工智能技术将会很有趣，这一技术无疑会很酷。

——科林·安格尔

卷积神经网络是深度学习研究的热点。借助于其强大的非线性映射能力，同时利用现代计算机 GPU 快速的并行计算能力，将其用于遥感图像复原，可以取得比传统方法更好的效果。

9.1 基于卷积神经网络的遥感图像超分辨

9.1.1 卷积神经网络

20世纪60年代，Hubel和Wiesel[1]通过研究猫的基本视觉，找到了猫在看屏幕上的图像时大脑中有反应的区域，最后获得诺贝尔奖。从实验中可以知道，对皮质中的视觉区域来说，最有效的刺激是图案的边缘。对某个神经元来说，只有一个方向的边缘会刺激它，而其他方向的边缘则不能刺激它，皮层是层级排列的，随着简单到复杂的单元，最后形成非常复杂的东西。这就是神经网络（Neural Network，NN）的发现过程，概括来说，NN就是多个单一神经元连接在一起，其中一个神经元的输出是下一个神经元的输入。福岛邦彦[2]在大概1980年定义卷积神经网络（Convolutional Neural Network，CNN）这一概念以及它如何分辨繁杂内容。目前CNN使用日益广泛，已成功应用在图像分类、图像分割、人脸识别、物体检测[3-5]等方面。

CNN属于包含卷积层的前馈神经网络模型，一般来说，CNN架构含有由训练样本生成的非线性卷积层、子采样层与全连接层。在结构上包括三个特性：局部连接特性；权重值共享特性；池化降采样特性。这些特性就是CNN的优势所在，也使其涵盖一定程度上的平移、缩放和扭曲不变的性质。

如图9-1（a）所示为全连接形式，假设NN每层对应的神经元个数以下列形式表示：第 L 层包含 n_L 个，第 $L-1$ 层包含 n_{L-1} 个……那么连接边就有 $n_L \times n_{L-1}$ 个，对应有 $n_L \times n_{L-1}$ 个权重矩阵，因此当 L、n 比较大时，过多的参数将导致训练效率很低。从图像中空间联系的角度，相距较远的神经元的相关性相对低，所以在 CNN 模型中，根据层与层之间的局部空间相关性，将第 L 层包含的每个神经元都只与第 $L-1$ 层的一个局部窗口内的神经元相连，这就是局部连接，如图 9-1（b）所示。很明显，CNN 局部连接特性能在很大程度上减少连接数目，即能减少该网络架构需要训练的参数数目。

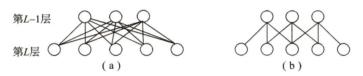

图 9-1　连接特性表示

(a) 全连接；(b) 局部连接

在遥感图像处理中，通常遥感图像以二维矩阵的形式作为 CNN 的输入，根据其局部连接特性，每个二维卷积滤波器对所有神经元都是相同的，其对应的卷积结果作为一组输出，这就是 CNN 的第二个特性——权重值共享。换言之，为了增强 CNN 卷积层的表示能力，使用多个不同的二维卷积滤波器来得到多组输出，每组输出都共享同一个卷积滤波器。如果把每个二维卷积滤波器都看作特征提取器，那么就可将输出的卷积结果看作将输入图像特征提取后，抽取得到的图像局部特征，也称为特征映射。每个二维卷积滤波器与一种特征提取相互对照，滤波器的个数决定了提取特征的种数，也意味着决定了特征图的个数。二维卷积层之间的映射关系如图 9-2 所示。

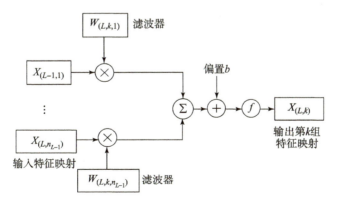

图 9-2　二维卷积层之间的映射关系

假设第 $L-1$ 层的所有组特征映射作为第 L 层的每组特征映射的输入，对

第 $L-1$ 层有 n_{L-1} 组,每组大小是 $m_{L-1} = w_{L-1} \times h_{L-1}$,则第 $L-1$ 层有 $n_{L-1} \times m_{L-1}$ 个神经元,那么第 L 层第 k 组的特征映射 $X_{(L,k)}$ 表示为

$$X_{(L,k)} = f\left(\sum_{p=1}^{n_{L-1}} (W_{(L,k,p)} \otimes X_{(L-1,p)}) + b_{(L,k)}\right) \quad (9-1)$$

式中,$W_{(L,k,p)}$ ——第 $L-1$ 层第 p 组特征映射对应第 L 层第 k 组所需的二维卷积核。

由图 9-2 看出,对应第 L 层的每组特征映射需要 n_{L-1} 个二维卷积滤波器,卷积滤波器在滑动时是有重叠的,所以含有偏置项 b。共享权重值的优点在于提取图像特征时不需要考虑局部特征的位置,而且是能够降低 CNN 模型参数数目的有效方式。

CNN 的前两个特性说明卷积层可以明显减少连接个数、降低模型参数规模,但每个特征映射的神经元个数并没有明显减少,为了防止出现过拟合的情况,CNN 模型中在卷积层得到特征图之后增加池化(pooling)操作,即采取子采样(subsampling)的方式对卷积特征进行降维,以达到空间上压缩的目的。CNN 模型池化降采样特性的主要思路是把特征图划分成多个不重叠子块,分别取它们的最大值或平均值来代表原值,其优点是不仅能简化上层隐含层带来的计算复杂性,不容易出现过拟合的现象,而且这些池化单元具有平移不变的特性。

综上,CNN 属于多层监督类型的神经网络,重要模块是卷积层与池化采样层。简而言之,卷积层通过滑动特征图上的窗口来计算内积,从一个特征图变换到另一个,然后把这些表现通过许多层的处理来进行转化。较低层学习基本特征(如角度、边界),较高层学习更复杂的特征(如物体、场景);池化是用于抽样,并且缩小网络内的特征表现;一个大的全连接层可以理解成一个神经网络,最后一层数据被延展成一个巨大的列向量,然后可通过做矩阵的乘法来得到不同类别的成分。CNN 不仅能有效减少架构中训练参数、简化模型,而且具备很强的适应性。

9.1.2 遥感图像超分辨

图像超分辨(Image Super Resolution,ISR)实质上是指将低分辨率图像(Low Resolution Image,LRI)重构,得到高分辨率图像(High Resolution Image,HRI),属于计算机视觉领域的经典内容。超分辨过程是逆运算求解过程。遥感图像在成像过程中,噪声的不确定性导致退化图像与场景亮温图像不一致,进而使成像系统不可逆,且可能不存在逆运算求解;此外,超分辨问题对 LRI 亮温数据的变化比较敏感,噪声也可能在 HRI 中被重建成伪图像,这就导致

逆运算求解的不稳定性。换言之，对于任意的低分辨率图像，该问题本身就是病态的、不适定的，要解决这个欠确定性质的逆运算，就需要用先验知识来约束解空间。ISR 算法分为频率域角度与空间域角度。前者思路清楚易懂、实现简便，而且可以大规模执行，但是退化过程中的先验知识较难引入；后者常被用于研究基于插值、重建与学习的算法。

基于插值的图像超分辨算法最为简单、直观；基于学习的图像超分辨率算法的思路（图 9-3）是根据高频亮温模型对测试样本中的未知亮温值进行预测，以增强遥感图像质量并提升其分辨率。虽然重构结果可达到很优状态，但训练大量样本会导致耗时较长，所以更适用于离线情况预处理。

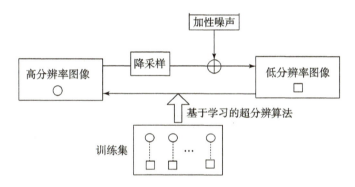

图 9-3 基于学习的超分辨算法处理示意

基于学习的图像超分辨算法可以分为两部分——选择训练集、建立算法模型。常用的学习模型有马尔可夫网络、图像金字塔、神经网络等，本节采取卷积神经网络模型。

9.1.3 遥感图像退化模型

辐射计天线收集到的微波辐射可以表示为[6]

$$t_A(s_0(t_0), v, p) = \frac{1}{\tau} \int_{t_0-\tau/2}^{t_0+\tau/2} \frac{\oiint_{4\pi} t_B(s, v, p) G(s_0(t), s, v, p) d\Omega}{\oiint_{4\pi} G(s_0(t), s, v, p) d\Omega} dt$$

(9-2)

式中，t_0——观测时间；

$t_A(s_0(t_0), v, p)$——在 $s_0(t_0)$ 方向、v 频率和 p 极化时，天线收集到的温度信息；

τ——积分时间；

$t_B(s, v, p)$ ——真实的亮温信息；

$G(s_0(t), s, v, p)$ ——此条件下的天线增益。

值得说明的是，为了简化问题，在此将忽略大气传输效应、亮温毫秒级的短期变化等因素。同时，天线的交叉极化和天线与被测地面间的极化失配也被忽略不计[7]。

将天线的增益归一化，且为了简化叙述而隐去极化方向 p，则式（9-2）可以表示为

$$t_A(s_0(t_0), v) = \frac{1}{\tau}\int_{t_0-\tau/2}^{t_0+\tau/2}\left(\oiint_{4\pi} t_B(s, v) F(s_0(t), s, v) \mathrm{d}\Omega\right)\mathrm{d}t \quad (9-3)$$

式中，$F(s_0(t), s, v)$ ——归一化的天线方向图。

改变时间积分和空间积分的积分次序，则天线亮温可以表示为

$$t_A(s_0(t_0), v) = \oiint_{4\pi} t_B(s, v) \bar{F}(s_0(t_0), s, v) \mathrm{d}\Omega \quad (9-4)$$

式中，$\bar{F}(s_0(t_0), s, v)$ ——考虑了积分时间的等效的归一化的天线方向图[6]，

$$\bar{F}(s_0(t_0), s, v) = \frac{1}{\tau}\int_{t_0-\tau/2}^{t_0+\tau/2} F(s_0(t), s, v) \mathrm{d}t \quad (9-5)$$

值得说明的是，式（9-2）~式（9-5）均在天线视轴坐标系（AVA）[8]下表示。然而，大多数图像处理操作都是在图像域中完成的，此时观测数据都位于矩形网格中。因此，应当完成从天线视轴坐标系到图像域坐标系的转换[8]。此时，在图像域坐标系下的离散的天线亮温可以表示为

$$t_A(x, y, v) = \sum_{x', y'} t_B(x', y', v) h(x, y, x', y', v) \quad (9-6)$$

式中，$t_A(x, y, v), t_B(x', y', v)$ ——图像域坐标系下的天线亮温图像、真实亮温图像。

将天线视轴坐标系下的 $\bar{F}(s_0(t_0), s, v)$ 转换到图像域坐标系下，便生成了点扩散函数（Point Spread Function，PSF）$h(x, y, x', y', v)$ $\left(\sum_{x', y'} h(x, y, x', y', v) = 1\right)$[6]。值得说明的是，由于圆锥扫描几何，PSF 的方向和形状均随着扫描角度的变化而发生变化[8-10]。因此，为了提升模型的精度，后续退化模型摒弃了常规采用的简化条件，即认为 $h(x, y, x', y', v)$ 不随扫描的角度变化而发生变化[10-15]。此时，式（9-6）便可以简化为

$$t_A(x, y, v) \approx t_B(x, y, v) \otimes h(x, y, v) = F^{-1}(T_B(u, v, v) H(u, v, v)) \quad (9-7)$$

式中，$T_B(u, v, v)$ ——$t_B(x, y, v)$ 的频域表示；

$H(u,v,\nu)$——$h(x,y,\nu)$ 的频域表示；

$F^{-1}(\cdot)$——二维的傅里叶逆变换。

考虑到微波辐射计的采样间隔，则式（9-6）可表示为

$$t_A(x_d,y_d,\nu) = \left(\sum_{x',y'} t_B(x',y',\nu) h(x,y,x',y',\nu)\right) D_s^{\downarrow} \quad (9-8)$$

式中，$D_s^{\downarrow}$——降采样因子，用于描述辐射计采样间隔后的降采样过程（本章采用 δ 采样），即 $\Delta x_d = m\Delta x$、$\Delta y_d = m\Delta y$，m 为降采样系数。

若考虑接收机灵敏度，则成像过程可以表示为

$$t_A(x_d,y_d,\nu) = \left(\sum_{x',y'} t_B(x',y',\nu) h(x,y,x',y',\nu)\right) D_s^{\downarrow} + n(x_d,y_d,\nu)$$
$$(9-9)$$

总的来说，考虑到天线方向图、积分时间、扫描模式、扫描间隔和接收机灵敏度等退化因素，本节提出了卫星辐射计的成像过程公式。在式（9-9）所述的成像退化过程中，与 PSF 的积分使真实亮温图像在很大程度上被平滑，这极大地降低了图像的空间分辨率。同时，辐射计的积分过程趋向于在垂直轨道方向上进一步扩大 PSF，从而放大了平滑效果。由于扫描几何的变化，PSF 的形状和方向会随着扫描角度的变化而变化，尤其在垂直轨道方向上[9]，这导致空间分辨率随着图像位置的变化而发生变化。此外，采样间隔限制了图像中的像素数目（采样频率），根据奈奎斯特采样定理，当图像的频率信息超过采样频率的 1/2 时，超出的频率成分将混叠，这将进一步限制图像的分辨率。最后，成像过程还受接收机灵敏度的影响。因此，在遥感图像复原过程中，需要消除上述退化因素的影响。

对于给定遥感低分辨率图像（Low Resolution Image，LRI），先根据大量训练样本获得先验知识，再在遥感 LRI 与高分辨率图像（High Resolution Image，HRI）之间建立端对端的非线性映射，复原高频亮温信息，其流程图如图 9-4 所示。

该流程主要包含以下几个步骤：

第 1 步，把遥感 HRI 根据式（9-9）退化成对应的 LRI，创建网络训练所需的样本集。

第 2 步，搭建 CNN，根据训练样本集来优化网络参数。

第 3 步，将 LRI 输入已训练的网络模型，输出就是重建的 HRI。

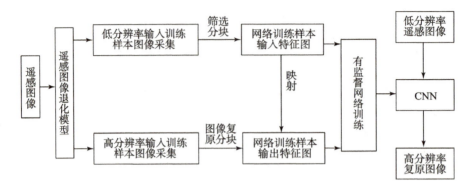

图 9-4　卷积神经网络图像复原框架流程图

9.2　基于 SRCNN 的遥感图像超分辨

本节基于超分辨卷积神经网络（SRCNN）解决成像过程中采样间隔的问题（高频谱分量混叠），因此在式（9-9）所述的遥感图像退化模型中只考虑降采样因子 $D_s^\downarrow$。

SRCNN 算法网络架构主要由三部分组成，分别为遥感图像特征提取和表示、非线性映射、高分辨率遥感图像重建，这三部分的本质都是卷积层，如图 9-5 所示。

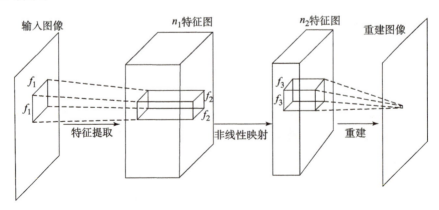

图 9-5　SRCNN 算法网络架构示意

1. 遥感图像特征提取和表示层

遥感图像特征提取是指从输入的低分辨率遥感图像中提取特征图，这些特征图对应图 9-2 所示二维卷积层之间的特征映射。传统提取图像特征的方法是通过密集地提取图像特征并用一系列事先训练出来的基（如 Harr 小波规范正交基、DCT 离散余弦变换矩阵等）表示。那么，在这里可以把这种表示方式看作对低分辨率遥感图像做滤波器卷积运算，则该卷积过程可表示为

$$G_1(T'_A) = W_1 \otimes T'_A + B_1 \quad (9-10)$$

式中，W_1——该层中应用的 n_1 个滤波器组，其大小为 $f_1 \times f_1 \times c$；f_1 表征滤波器的空间大小；c 表示该过程对灰度亮温图 T'_A 处理，故其值为 1；

B_1——与 W_1 对应的偏置组；

$G_1(T'_A)$——对 T'_A 提取的特征图。

对照图 9-5 可以看出，该特征提取的过程相当于用 n_1 个大小为 $f_1 \times f_1 \times c$ 的滤波器组分别对输入图像做卷积运算，得到 n_1 组特征图。

为增强神经网络模型的分类能力和解决数据线性不可区分的问题，可以增加非线性因素，也就是激活函数。常见的激活函数有：Sigmoid 函数，也就是 S 型曲线函数，即 $\text{Sigmoid}(x) = 1/(1+e^{-x})$；双曲正切 tanh 函数，属于一种双曲函数，即 $\tanh(x) = (e^x - e^{-x})/(e^x + e^{-x})$；修正线性单位（Rectified Linear Units，ReLU）函数，即 $\text{ReLU}(x) = \max(0, x)$。这三个激活函数曲线如图 9-6 所示。

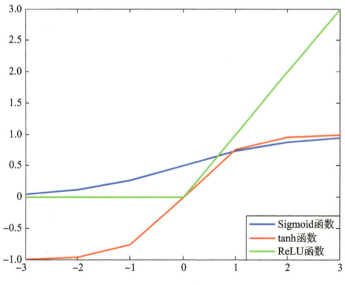

图 9-6 三种激活函数曲线图

由图 9-6 可以看出，Sigmoid 函数可将变量非线性映射到 0~1；tanh 函数可将变量非线性映射到 -1~1；相对而言，ReLU 函数在自变量为负值时，函数值为 0，具有单侧抑制的特点，而且其形式更简单，兴奋边界相对宽广，收敛速度更快，能够很大程度降低计算量并加快训练速度，进而达到高效性。本章采用 ReLU 函数。将卷积得到的特征图经 ReLU 函数处理，则式（9-10）表示的卷积过程转化为

$$F_1(T'_A) = \max(0, W_1 \otimes T'_A + B_1) \quad (9-11)$$

2. 非线性映射层

将上一层卷积层的输出作为非线性映射的输入，其本质是将上一层卷积层得到的 n_1 组特征图从低分辨率转换到高分辨率的 n_2 组特征图。在第二次卷积层操作中，相当于将每个 n_1 组特征图映射成 n_2 组特征图，这就等价于应用 n_2 个 $f_2 \times f_2 \times n_1$ 滤波器对 n_1 组特征图进行滤波处理。该过程的数学表达式为

$$F_2(T'_A) = \max(0, W_2 \otimes F_1(T'_A) + B_2) \quad (9-12)$$

式中，W_2——在非线性映射卷积层中应用 n_2 个滤波器组，其大小为 $f_2 \times f_2 \times n_1$；

B_2——与 W_2 对应的偏置组。

从概念上可以看出，非线性映射卷积层得到的 n_2 组特征图是用来重构高分辨率遥感图像的表示，虽然在原理上可以通过增加卷积层的层数来提高模型的非线性程度，但这样会导致参数过多而增加其复杂程度，进而所需的训练时间相应增加，所以控制卷积层的层数也至关重要。

3. 高分辨遥感图像重构层

高分辨遥感图像重构层是指将上一层非线性映射层得到的 n_2 组特征图作为输入，生成与理想高分辨遥感图像相似的遥感图像。一般的固有方法是通过对 n_2 组特征图求平均来生成所需的完整结果。在此可以把求平均的过程看作对 n_2 组特征图做预定义性质的滤波器卷积运算，该卷积过程表示为

$$F(T'_A) = W_3 \otimes F_2(T'_A) + B_3 \quad (9-13)$$

式中，W_3——在高分辨图像重构层中应用的 n_3 个线性滤波器组，每个滤波器的大小为 $f_3 \times f_3 \times n_2$；

B_3——与 W_3 对应的偏置组。

说明：虽然上述的遥感图像特征提取和表示、非线性映射、高分辨遥感图像重构这三部分在意义层面不尽相同，但它们都采取了与卷积层相同的形式，

进而组成 SRCNN 算法网络架构。这个网络架构不仅模型简单、简洁，而且在这三个操作过程中，滤波器的权重值和偏置值都能达到优化的效果。

4. 模拟数据仿真与分析

根据 SRCNN 算法流程和网络架构，为了获取 LR 与 HR 遥感图像之间端对端的映射 F，就需要确定 SRCNN 网络架构中的相关参数 $\psi = (W_1, W_2, W_3, B_1, B_2, B_3)$，可以通过损失函数来判断训练过程中这些参数的最优化。重构出的高分辨遥感图像 $F(T'_A, \psi)$ 与理想高分辨亮温图像 T_B 之间的最小误差称为损失函数，其表达式为

$$L(\psi) = \frac{1}{n} \sum_{i=1}^{n} \| F(T'_{Ai}, \psi) - T_{Bi} \|^2 \qquad (9-14)$$

式中，n ——训练集中样本的个数；

T_{Bi} ——对理想 HR 亮温图像 T_B 裁剪得到的子亮温图像，是训练过程中的输入数据；

T'_{Ai} ——T_{Bi} 降采样结果。

根据第 8 章分析可知，双三次插值算法的效果最好，因此采取此种方法将 T'_{Ai} 上采样放大到与 T_{Bi} 同等大小。

首先，根据训练样本集确定相关参数。数据特征具有完备性，斯坦福大学机器学习实验室创建的 ImageNet 训练样本数据库包含足够的图像信息与变化，在此将其作为训练样本，输入图像大小是 33×33，步长是 14，训练 1.5×10^7 次。其次，选取三层 SRCNN 算法网络架构的前两层滤波器的个数分别是 $n_1 = 64$、$n_2 = 32$，将其每层大小 f_1、f_2、f_3 和降采样倍数作为变量，以判断其值对重建出的高分辨遥感亮温图像的质量和算法运行时间的影响。

5. 降采样倍数

第一层卷积层滤波器的大小 f_1 决定了提取特征图结构信息的多少，其值越大，则表明特征信息越多，但算法耗时将越长，经综合考虑，选取 $f_1 = 9$。假设 $f_2 = 5$、$f_3 = 5$，取不同降采样倍数对 FY-3A 星搭载的 MWTS 54.94 GHz 模拟台风眼亮温图像进行处理，结果如图 9-7~图 9-9 所示。

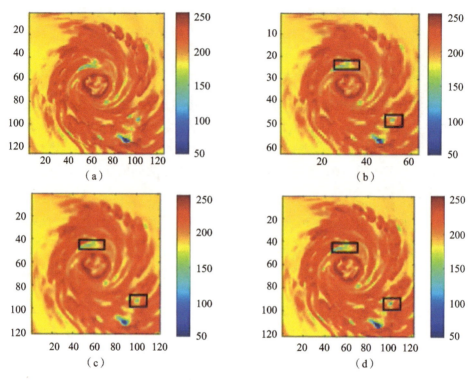

图 9-7　MWTS 54.94 GHz 亮温图像处理结果（降采样倍数为 2）

（a）原始场景亮温图像；（b）降采样亮温图像；

（c）双三次插值亮温图像；（d）SRCNN 重建亮温图像

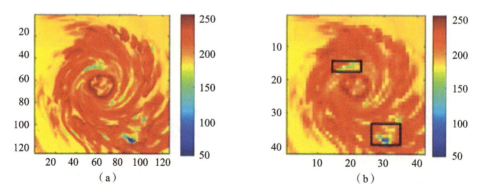

图 9-8　MWTS 54.94 GHz 亮温图像处理结果（降采样倍数为 3）

（a）原始场景亮温图像；（b）降采样亮温图像

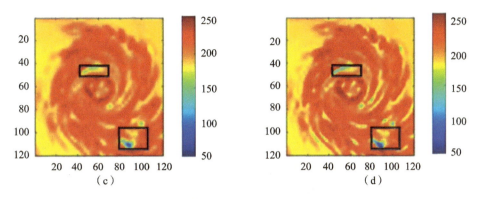

图 9-8 MWTS 54.94 GHz 亮温图像处理结果（降采样倍数为 3）（续）
(c) 双三次插值亮温图像；(d) SRCNN 重建亮温图像

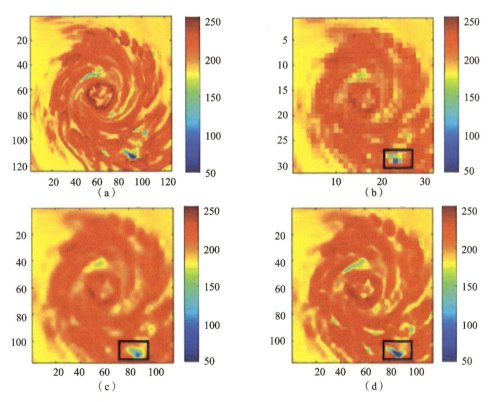

图 9-9 MWTS 54.94 GHz 亮温图像处理结果（降采样倍数为 4）
(a) 原始场景亮温图像；(b) 降采样亮温图像；
(c) 双三次插值亮温图像；(d) SRCNN 重建亮温图像

将 MWTS 54.94 GHz 通道亮温图像处理前后相关参数列入表 9-1，其变化量曲线如图 9-10 所示。

表 9-1　MWTS 54.94 GHz 通道亮温图像处理前后相关参数对比

降采样倍数	评价指标	双三次插值	SRCNN
2	峰值信噪比（PSNR）/dB	35.853 967	37.954 067
	结构相似度（SSIM）	0.923 713	0.949 091
	耗时/s	—	2.911 704
3	峰值信噪比（PSNR）/dB	32.355 543	34.090 560
	结构相似度（SSIM）	0.842 583	0.882 391
	耗时/s	—	2.901 517
4	峰值信噪比（PSNR）/dB	30.514 881	31.550 023
	结构相似度（SSIM）	0.765 489	0.799 115
	耗时/s	—	2.837 906

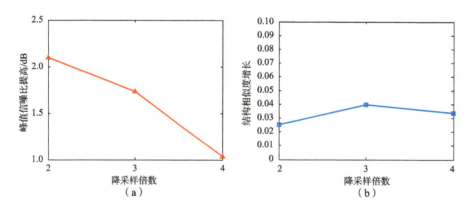

图 9-10　MWTS 54.94 GHz 应用不同降采样倍数评价指标变化量曲线
（a）峰值信噪比提高曲线；（b）结构相似度增长曲线

由表 9-1 看出，降采样倍数越大，则耗时越短；当降采样倍数为 4 时，耗时最短，但其 PSNR 与 SSIM 的增大程度却不如降采样倍数为 3 时。综合发现，降采样倍数为 3 时的重构效果最好。

6. 卷积层滤波器大小

选取降采样倍数为 3，对 FY-3A 星上搭载的 MWTS 50.3 GHz 与 MWHS 183.31 GHz 模拟台风眼亮温图像作处理，结果如图 9-11、图 9-12 所示。

第 9 章 基于深度学习的遥感图像复原

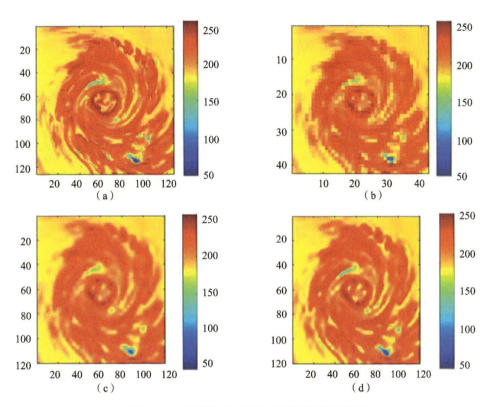

图 9-11 MWTS 50.3 GHz 亮温图像处理结果

（a）原始场景亮温图像；（b）降采样亮温图像；
（c）双三次插值亮温图像；（d）SRCNN 重建亮温图像

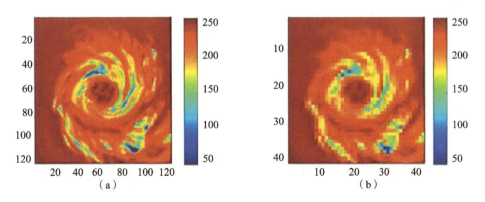

图 9-12 MWHS 183.31 GHz 亮温图像处理结果

（a）原始场景亮温图像；（b）降采样亮温图像

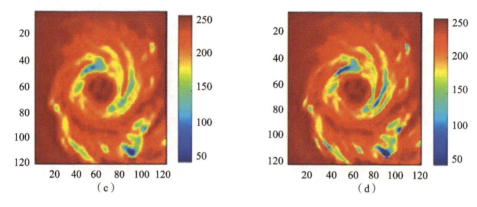

图 9-12　MWHS 183.31 GHz 亮温图像处理结果（续）
(c) 双三次插值亮温图像；(d) SRCNN 重建亮温图像

由图 9-11、图 9-12 可明显看出，无论是对微波温度计（MWTS）还是对微波湿度计（MWHS），SRCNN 重建亮温图像比双三次插值亮温图像都更接近原始场景的高分辨亮温图像，说明了 SRCNN 算法的有效性。在此基础上，改变卷积层滤波器大小 f_2，分别取三组参数（$f_1=9$、$f_2=1$、$f_3=5$，$f_1=9$、$f_2=3$、$f_3=5$，$f_1=9$、$f_2=5$、$f_3=5$）对 FY-3A 星上搭载的微波辐射计亮温图像模拟台风眼数据应用 SRCNN 算法，将相关评价指标列于表 9-2，其变化量曲线如图 9-13 所示。

表 9-2　MWTS、MWHS 不同频段亮温图像处理前后相关参数对比

频段/GHz	评价指标	双三性插值	SRCNN		
			9-1-5	9-3-5	9-5-5
50.3	峰值信噪比/dB	30.752 033	31.685 132	31.335 906	32.091 447
	结构相似度	0.805 527	0.842 426	0.839 988	0.855 078
	耗时/s	—	2.192 616	2.421 179	2.900 676
54.94	峰值信噪比/dB	32.355 543	33.889 863	33.427 230	34.090 560
	结构相似度	0.842 583	0.876 613	0.867 496	0.882 391
	耗时/s	—	2.157 177	2.414 934	2.838 716
150	峰值信噪比/dB	29.731 356	31.787 620	31.602 145	32.019 392
	结构相似度	0.853 847	0.903 493	0.903 888	0.906 369
	耗时/s	—	2.199 627	2.394 942	2.817 082
183.31	峰值信噪比/dB	29.473 490	31.550 299	31.362 382	31.725 106
	结构相似度	0.858 811	0.899 870	0.900 066	0.902 235
	耗时/s	—	2.155 716	2.393 172	2.883 973

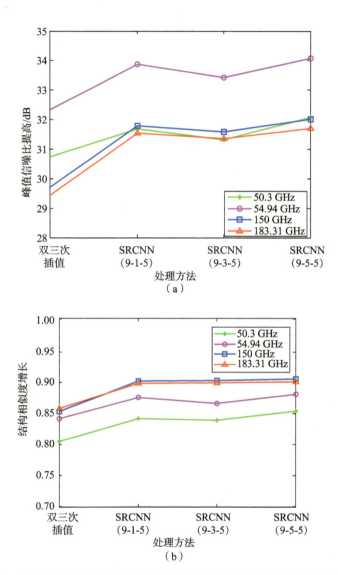

图9-13 MWTS、MWHS不同频段数据应用不同处理方法后的评价指标变化量曲线
（a）峰值信噪比提高曲线；（b）结构相似度增长曲线

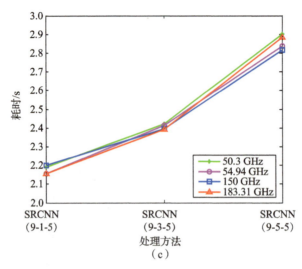

图 9-13 MWTS、MWHS 不同频段数据应用不同处理方法后的评价指标变化量曲线（续）

(c) 耗时曲线

从表 9-2、图 9-13 可以看出，SRCNN 算法各频段对应的峰值信噪比（PSNR）与结构相似度（SSIM）都有很大提高。其中，9-5-5 模型相对增长幅度最大，但其耗时相对较长，且图像质量相对 9-1-5 模型仅略有提高。综合考虑，采用 9-1-5 模型作为基本参数。

7. 实测数据处理与分析

根据上述模拟数据获取的基本参数，对 FY-3C 星搭载的 MWTS 50.3 GHz 与 MWHS 89.0 GHz 通道的遥感图像数据应用 SRCNN 算法，然后分别与 MWTS 51.76 GHz、MWHS 150 GHz 进行对比。

如图 9-14 所示，对 MWTS 50.3 GHz 通道欧洲东南部地中海附近地区应用 SRCNN 算法进行遥感图像增强实验。与原始亮温图像相比，SRCNN 增强图像不仅减少了晕染效果，而且显现出更多细节，更接近 51.76 GHz 通道数据。

把图 9-14 标注地区放大，得到图 9-15 所示的希腊地区放大实测数据处理结果。可以看出，SRCNN 增强图像中的希腊伯罗奔尼撒半岛（白色箭头所指）亮温变化更加突出，边缘及显示细节都比原始亮温图像更鲜明。

第 9 章　基于深度学习的遥感图像复原

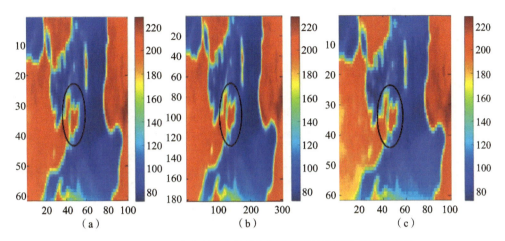

图 9-14　MWTS 欧洲东南部地中海附近地区实测数据处理结果
(a) 50.3 GHz 原始亮温图像；(b) 50.3 GHz 的 SRCNN 增强图像；(c) 51.76 GHz 原始亮温图像

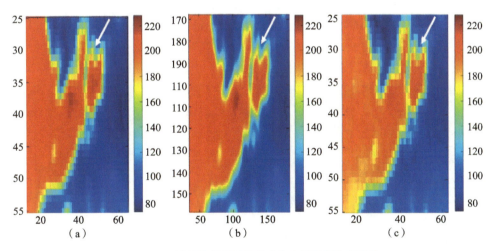

图 9-15　MWTS 希腊地区放大的实测数据处理结果
(a) 50.3 GHz 原始亮温图像；(b) 50.3 GHz 的 SRCNN 增强图像；(c) 51.76 GHz 原始亮温图像

如图 9-16 所示，对 MWHS 89.0 GHz 通道黄海与日本海附近地区应用 SRCNN 算法进行遥感图像增强实验。可以看出，与原始亮温图像相比，SRCNN 增强图像不仅减少了晕染效果，还显现更多细节，更接近 150.0 GHz 通道数据。

将图 9-16 中标注地区的图像放大，得到图 9-17、图 9-18 所示的处理结果。由图 9-17 可以看出，在 SRCNN 增强图像中，韩国内陆及济州岛（红色箭头所指）亮温变化都明显突出，其边缘及显示细节都比原始亮温图像更

215

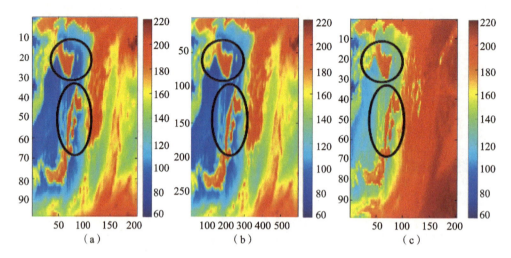

图 9-16　MWHS 黄海与日本海附近地区实测数据处理结果

(a) 89.0 GHz 原始亮温图像；(b) 89.0 GHz 的 SRCNN 增强图像；
(c) 150.0 GHz 原始亮温图像

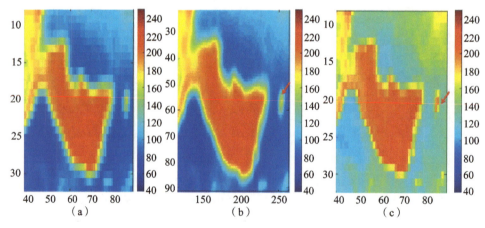

图 9-17　MWHS 韩国的部分地区放大的实测数据处理结果

(a) 89.0 GHz 原始亮温图像；(b) 89.0 GHz 的 SRCNN 增强图像；
(c) 150.0 GHz 原始亮温图像

鲜明。由图 9-18 可以看出，在 SRCNN 增强图像中，日本西南部九州岛（绿色箭头所指）、位于九州岛东北部的四国岛（黑色箭头所指）的轮廓都比原始图像更清晰，亮温变化更加明显。

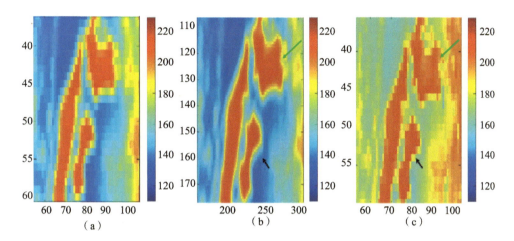

图9-18　MWHS日本南部地区放大的实测数据处理结果
(a) 89.0 GHz 原始亮温图像；(b) 89.0 GHz 的 SRCNN 增强图像；
(c) 150.0 GHz 原始亮温图像

9.3　基于 EDSR 网络的遥感图像超分辨

近年来的研究表明，卷积神经网络的层数十分重要[16]。深层的网络具有更大的感受野，且在端对端的映射过程中可以获取更多低/中/高等级的特征，因而具有更强的映射能力。但是，深层的普通网络（plain network，仅由堆叠的卷积层构成的网络）存在训练困难和梯度消失/爆炸的问题，于是用残差学习来解决这些问题[17]。前者由堆叠的卷积层完成 $H(X)$（X 为输入的特征向量）映射；残差学习由堆叠的卷积层完成 $F(X) = H(X) - X$ 映射，然后通过直连结构来完成最终的输出 $F(X) + X$。虽然这两者的目的相同，但是训练的难易程度大有不同。随着残差学习的引入，深层卷积神经网络更容易被训练，且能实现更好的映射效果[18-20]。因此，引入典型的深层残差卷积神经网络（Enhanced Deep Super-resolution Network，EDSR）[18]来解决遥感图像的复原问题，其网络结构如图9-19所示。

利用深层网络强大的映射能力，综合考虑多种退化因素，如天线方向图、积分时间、扫描模式、扫描间隔和接收机灵敏度，将式（9-9）所示的退化过程重写如下：

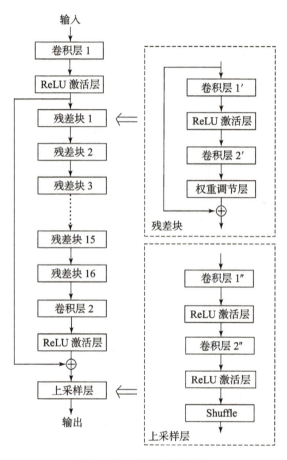

图 9-19 EDSR 网络结构

$$t_A(x_d, y_d, v) = \left(\sum_{x',y'} t_B(x', y', v) h(x, y, x', y') \right) D_s^{\downarrow} + n(x_d, y_d, v)$$
(9-15)

依据式（9-15），完成训练数据集的制作，即

$$t_A^{LR}(x_d, y_d, v) = \left(\sum_{x',y'} t_B(x', y', v) h(x, y, x', y') \right) D_s^{\downarrow} + n(x_d, y_d, v)$$
(9-16)

$$t_A^{HR}(x, y, v) = t_B(x, y, v) \quad (9-17)$$

式中，上标 LR 和 HR 分别表示该图像为低分辨率图像、高分辨率图像。

为了证明该方法的有效性，在此将频率 v 选为 18.7 GHz；同时，由于遥感图像缺乏真实的天线亮温数据 $t_B(x', y', v)$，因而将具有最高空间分辨率的 89 GHz 通道观测数据作为模拟的天线亮温数据，即 $t_B(x, y, v_{18.7}) = t_A(x_d, y_d,$

v_{89});将降采样因子 $D_s^↓$ 设置为 2,即 $\Delta x_d = 2\Delta x$、$\Delta y_d = 2\Delta y$。

为了节约计算量,在生成 LR 图像的过程中,简化式(9-16)的积分计算过程。根据卫星的扫描方式,在顺轨方向,点扩散函数 $h(x,y,x',y',v)$ 的变化不大,其变化主要发生在垂直轨道方向上。因而将该函数简化为 $h(x,-,x',y',v)$,即该函数不随 y 的变化而发生变化。同时,将式(9-16)所示的积分过程简化为

$$t_A^{LR}(x_d,y_d,v_{18.7}) = \left(\sum_{i=1}^{254} w_i(x) \cdot [t_B(x',y',v_{18.7}) \otimes h_t(x,-,x',y',v_{18.7})]\right) \cdot D_s^↓ + n(x_d,y_d,v_{18.7}) \quad (9-18)$$

$$w_i(x) = \delta_{ix} = \begin{cases} 0, & i \neq x \\ 1, & i = x \end{cases} \quad (9-19)$$

式中,$w_i(x)$——权值函数。当垂直轨道方向每一个像素都计算不同的 PSF(点扩散函数)时,权值函数为克罗内克函数。

为了进一步减小计算量,在此适当牺牲计算准确度,而使用具有代表位置的几个像素点($x = 37,67,97,127,157,187,217$)所对应的点扩散函数。此时的权值函数如图 9-20 所示,图像域的 PSF 如图 9-21 所示。

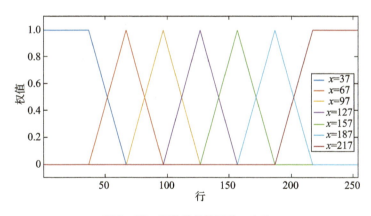

图 9-20 调整的权值函数 $w_i(x)$

数据集计算公式最终表示为

$$t_A^{LR}(x_d,y_d,v_{18.7}) = \left(\sum_{i=1}^{7} w_i(x) \cdot [t_A(x',y',v_{89}) \otimes h(x,y,x',y',v_{18.7})]\right) \cdot D_s^↓ + n(x_d,y_d,v_{18.7}) \quad (9-20)$$

$$t_A^{HR}(x,y,v_{18.7}) = t_B(x,y,v_{18.7}) \quad (9-21)$$

整个方法的工作流程如图 9-22 所示。

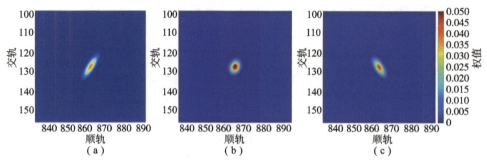

图 9-21 图像域的 PSF

（a） $x=67$ 位置所对应的 PSF；（b） $x=127$ 位置所对应的 PSF；（c） $x=187$ 位置所对应的 PSF

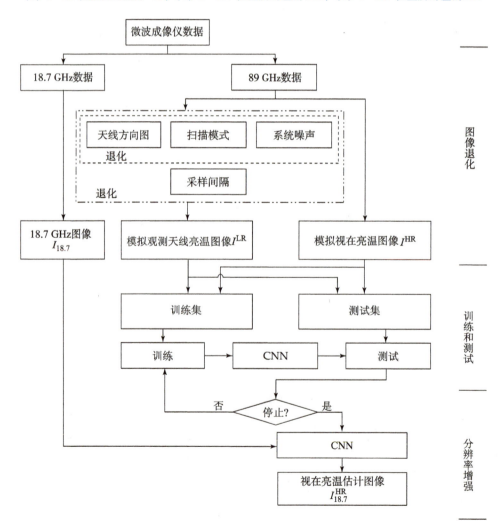

图 9-22 工作流程示意

使用80幅FY-3C微波成像仪（MWRI）89 GHz观测数据（254×1 725）来制作训练集。这80幅数据是从2018年6月28日—7月5日的观测数据中挑选而来的，覆盖了足够丰富的地物特征（如陆地、海洋、岛屿、云等）。其中，随机挑选10幅图像用于生成测试集，将剩下的70幅图像剪裁成480幅254×254像素的HR图像，从而生成网络的训练集。网络的卷积核大小设置为3，特征向量大小为256，所有残差学习均采用直连结构（无参数），残差块的数目设置为16。使用ADAM优化器，并将学习率设置为10^{-4}。

不同于通常将L_2作为损失函数，本方法将L_1作为损失函数，以获取更好的综合效果（综合考虑PSNR、SSIM和IFOV（等效瞬时视场）等指标）[20]。为了进一步证明方法的有效性，在后续的测试过程中还对比了双三次插值的方法、传统的超分辨重建方法（双三次插值+维纳滤波）和SRCNN算法。

1）测试集数据评价与分析

对测试集中的10幅图像的测试结果如表9-3所示。可以看出，EDSR实现了更好的图像复原指标。在平均PSNR上，EDSR与双三次插值相比提高了3.681 dB，与超分辨重建相比提高了3.073 dB，与SRCNN相比提高了1.489 dB；在平均SSIM上，其比双三次插值提高了0.034，比超分辨重建提高了0.029，比SRCNN提高了0.008。EDSR还实现了最小的IFOV，其平均IFOV减少到了18 km，远小于其他方法：双三次插值为37.5 km；超分辨重建为31 km；SRCNN为21.55 km。

表9-3 10幅图像的测试结果

测试图像	评价指标	双三次插值	超分辨重建	SRCNN	EDSR
图像1	PSNR/dB	36.753	37.240	38.611	40.556
	SSIM	0.930	0.933	0.952	0.961
	IFOV/km	39	33	23.5	18.5
图像2	PSNR/dB	36.281	37.436	38.805	41.288
	SSIM	0.926	0.935	0.955	0.966
	IFOV/km	36.5	29	20.5	16.5
图像3	PSNR/dB	37.572	37.845	39.690	40.680
	SSIM	0.931	0.933	0.954	0.959
	IFOV/km	37.5	32.5	22	19
图像4	PSNR/dB	36.242	36.690	38.192	40.750
	SSIM	0.942	0.943	0.960	0.971
	IFOV/km	39	32.5	23.5	16.5

续表

测试图像	评价指标	双三次插值	超分辨重建	SRCNN	EDSR
图像5	PSNR/dB	35.567	36.586	37.676	39.974
	SSIM	0.906	0.917	0.942	0.952
	IFOV/km	39	30.5	22	18
图像6	PSNR/dB	38.089	38.587	40.513	40.948
	SSIM	0.940	0.943	0.962	0.964
	IFOV/km	37.5	30.5	20.5	18.5
图像7	PSNR/dB	35.035	35.765	37.356	38.712
	SSIM	0.914	0.919	0.944	0.953
	IFOV/km	35.5	29	20.5	17
图像8	PSNR/dB	35.816	36.456	37.792	38.658
	SSIM	0.905	0.911	0.937	0.943
	IFOV/km	35.5	30	21	18.5
图像9	PSNR/dB	39.076	39.492	41.341	41.850
	SSIM	0.961	0.962	0.973	0.974
	IFOV/km	38	31.5	21	19.5
图像10	PSNR/dB	34.446	34.858	36.817	38.272
	SSIM	0.887	0.890	0.927	0.938
	IFOV/km	37.5	31.5	21	18
平均	PSNR/dB	36.488	37.096	38.680	40.169
	SSIM	0.924	0.929	0.950	0.958
	IFOV/km	37.5	31	21.55	18

图像2显示了鄂霍次克海（Sea of Okhotsk）附近的俄罗斯东南海岸，其复原结果如图9－23所示。图9－23（a）显示了退化的LR图像。图9－23（b）显示双三次插值的处理结果，尽管可以通过插值将图像的像素加倍，但没有添加额外的信息。超分辨重建方法使用维纳滤波方法来处理插值后的图像，以减弱天线方向图和扫描模式引入的退化，从而提升图像分辨率，如图9－23（c）所示。SRCNN和EDSR都学习端到端映射。SRCNN的处理结果如图9－23（d）所示。EDSR具有更强大的特征提取和映射能力，获得了更好的结果，如图9－23（e）所示，其与图9－23（f）中的图像更加相似。为了进一步比较和评估，图9－23中局部放大（使用双三次插值的方法放大3倍）显示了俄罗斯Penzhina海湾。从放大的图像可以看出，EDSR仍然具有最好的结果。

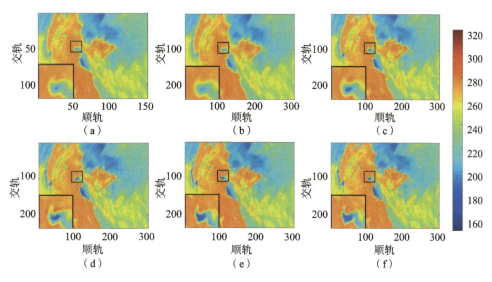

图 9-23 图像 2 的图像复原结果

(a) 退化的 LR 图像；(b) 双三次插值处理结果；
(c) 超分辨重建（双三次插值 + 维纳滤波）处理结果；(d) SRCNN 处理结果；
(e) EDSR 处理结果；(f) HR 图像

图像 8 显示了北太平洋阿拉斯加湾周围的区域，其复原结果如图 9-24 所

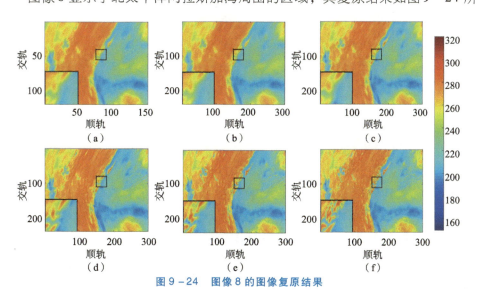

图 9-24 图像 8 的图像复原结果

(a) 退化的 LR 图像；(b) 双三次插值处理结果；
(c) 超分辨重建（双三次插值 + 维纳滤波）处理结果；(d) SRCNN 处理结果；
(e) EDSR 处理结果；(f) HR 图像

示,局部放大显示了阿拉斯加州的库珀拉诺夫岛(Kupreanof Island)。图像10 显示了俄罗斯北部的乌拉尔联邦区,其复原结果如图 9 - 25 所示,局部放大显示了鄂毕海湾(Gulf of Ob)。EDSR 产生的图像也可以达到最佳的视觉效果。

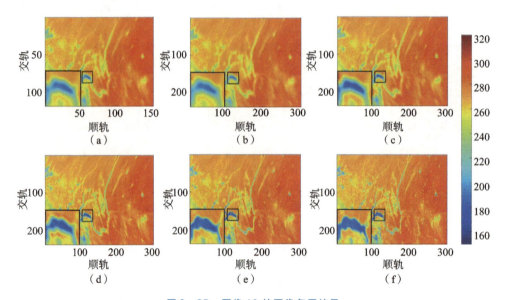

图 9 - 25　图像 10 的图像复原结果
(a) 退化的 LR 图像;(b) 双三次插值处理结果;
(c) 超分辨重建(双三次插值 + 维纳滤波)处理结果;(d) SRCNN 处理结果;
(e) EDSR 处理结果;(f) HR 图像

2) 实测数据的评价与分析

为了证明 EDSR 的有效性,在此使用 18.7 GHz 的 FY - 3C 微波成像仪实测图像进行复原。由于无法获取实测图像的真实亮温值,因而加入了 36.5 GHz 的实测图像(有更高的空间分辨率和相似的地物特征值)作为对照。值得说明的是,为了证明 EDSR 对于遥感图像的超分辨能力(增加图像的像素值,上采样因子为 2),首先对实测 18.7 GHz 图像进行降采样处理。

图 9 - 26 显示了美国密歇根湖周围的实测图像复原结果,其中局部放大显示了格林海湾(Green Bay)区域。图 9 - 26 (a) 显示了降采样的 18.9 GHz 数据,由于降采样因子为 2,因此空间分辨率会进一步降低。图 9 - 26 (b) 显示了双三次插值的处理结果。图 9 - 26 (c) 显示了超分辨重建的处理结果。图 9 - 26 (d) ~ (e) 显示了 SRCNN 和 EDSR 的处理结果。为了进一步比较,

图9-26（f）显示了36.5 GHz实测结果。由于传统方法的分辨率增强能力有限，因此海湾仍然模糊不清，但是EDSR网络显然已经恢复了格林海湾的边界。

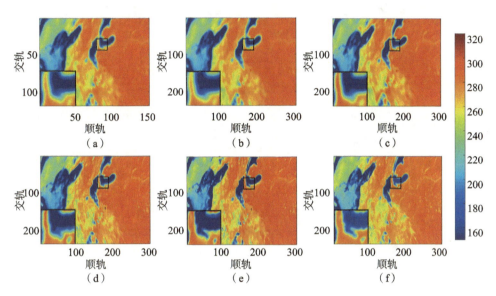

图9-26 美国密歇根湖周围的实测图像复原结果
(a) 降采样的18.7 GHz实测图像；(b) 双三次插值处理结果；
(c) 超分辨重建（双三次插值+维纳滤波）处理结果；(d) SRCNN处理结果；
(e) EDSR处理结果；(f) 36.5 GHz实测结果

图9-27显示了墨西哥和太平洋周围的实测图像复原结果，其中局部放大显示了大天使岛（Archangel Island）和西里奥斯山谷（Cirios Valley）周围的典型区域。可以看出，该岛的特征以前仅在36.5 GHz数据中可见，现在则可以通过EDSR重建。图9-28显示了北太平洋的阿拉斯加海湾的实测图像复原结果，它也是与测试集中图像8相同的区域。其中，局部放大区域显示了阿拉斯加州的库珀拉诺夫岛，与图9-24中的放大区域相同。在这些测试场景中，EDSR同样达到最佳效果。因此，这些结果证明了EDSR在实际使用中强大的空间分辨率增强能力。

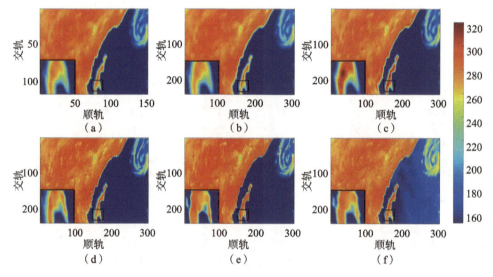

图 9-27 墨西哥和太平洋周围的实测图像复原结果

(a) 降采样的 18.7 GHz 实测图像；(b) 双三次插值处理结果；
(c) 超分辨重建（双三次插值 + 维纳滤波）处理结果；(d) SRCNN 处理结果；
(e) EDSR 处理结果；(f) 36.5 GHz 实测结果

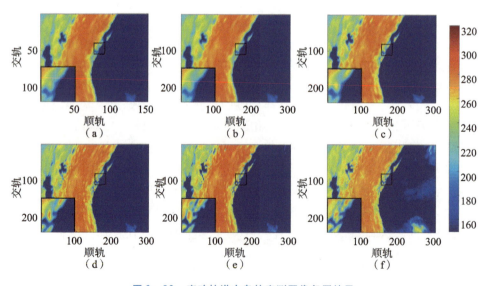

图 9-28 库珀拉诺夫岛的实测图像复原结果

(a) 降采样的 18.7 GHz 实测图像；(b) 双三次插值处理结果；
(c) 超分辨重建（双三次插值 + 维纳滤波）处理结果；(d) SRCNN 处理结果；
(e) EDSR 处理结果；(f) 36.5 GHz 实测结果

9.4 基于可调网络的遥感图像分辨率匹配

安装在卫星上的微波辐射计被广泛用于地表及大气微波辐射观测[21]。它可以全天候工作，且观测面积广[22]。利用其观测结果，可以实现对降水率、云液态水和海冰厚度等大气和地表气象参数的反演[23]。但是当使用多个频段的观测数据进行气象反演时，受不同工作频率空间分辨率不同的影响，反演参数的空间分辨率也受到低频段空间分辨率（最差空间分辨率）的制约，且此问题还会影响气象参数的反演精度[24,25]。对此，通常的解决方式是将高空间分辨率的高频段数据进行模糊，以匹配低频通道的空间分辨率。然而，在进行局部地区气象参数研究时，此种做法会恶化气象参数的空间分辨率。因此，一种较为合适的方法是提升低空间分辨率的低频段数据，使其分辨率匹配到高频数据。

如前文介绍，基于学习的方法已经被用于微波辐射计数据的空间分辨率的增强[9,11]，该方法直接端到端地学习了低分辨率和高分辨率图像之间的映射关系。利用卷积神经网络（CNN）对图像复原问题的强大的映射能力以及现代GPU强大的计算能力[26,27]，多种退化因素可以在学习过程中被同时解决。因此，与常规使用的BG反演算法和维纳滤波去卷积算法相比，这些方法可获得更好的分辨率提升效果。但是，现有的基于学习的方法与实际的分辨率匹配问题并不兼容，主要有以下原因：

（1）训练集中的数据对与实际工作通道的空间分辨率并不匹配，从而导致网络学习的增强级别和实际任务级别之间并不匹配。

（2）在反演各种气象参数时，应考虑不同的匹配等级，这将导致在使用基于监督学习的方法时建立一个非常庞大的训练数据集组。例如，当从风云3C（FY-3C）微波辐射成像仪（MWRI）观测数据中反演全球雪深（SD）时，应匹配10.65 GHz、18.7 GHz和36.5 GHz通道[24]；但在反演中国的区域SD时，应考虑10.65 GHz、18.7 GHz、36.5 GHz和89.0 GHz通道[24,28]。

（3）在多个类似卫星辐射计仪器（MWRI[23]、SSM/I[9,29,30]、AMSR-E[25]等）进行交叉数据验证（或图像数据融合）时[23,24,30,31]，观测数据的空间分辨率也应匹配到同一等级。这使得学习方法的数据集制作变得更加困难。

为了解决上述问题，本课题组提出了一种适应性的微波辐射计数据空间分辨率匹配框架[32]。具体来说，首先借助改进的退化成像模型来生成匹配的数据集，从而可以借助有监督的学习方法来实现低频通道的空间分辨率与高频通道的空间分辨率的匹配。此外，只需简单地调整输入插值系数 γ，就可以实现网络分辨率提升等级的连续调节，而无须进行额外训练。该方法的示意如图 9-29 所示。

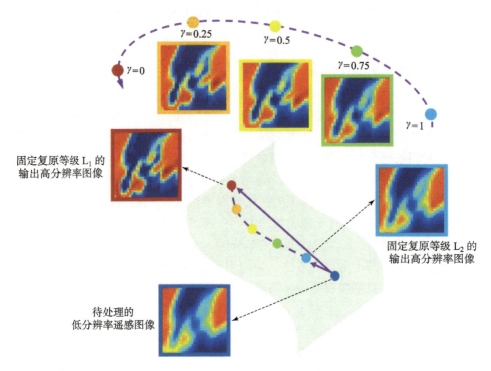

图 9-29　分辨率匹配方法示意

将之前介绍的成像（退化）过程（式（9-9））重写如下：

$$t_A(x_d, y_d, v) = \left(\sum_{x', y'} t_B(x', y', v) h(x, y, x', y', v) \right) D_s^{\downarrow} + n(x_d, y_d, v)$$

(9-22)

由于在分辨率匹配的过程中不涉及提升采样间隔的问题，因而不需要考虑降采样因子 $D_s^{\downarrow}$，因此在分辨率匹配问题中，成像过程表述为

$$t_A(x_d, y_d, v) = \sum_{x', y'} t_B(x', y', v) h(x, y, x', y', v) + n(x_d, y_d, v)$$

(9-23)

基于学习的方法通常受制于数据集制作的灵活性和有效性。利用 MWRI 多个通道（频率）以完全相同的时间和方式对同一地区进行观测的特性，几种 LR/HR 数据集生成方法已经被提出[9,11,15]。但是，这些方法都不适用于实际匹配，导致网络的适应性问题（用于训练的标签丰富的数据与实际使用的缺乏

标签的数据不匹配)。因此，本课题组[32]提出了一种改进的退化模型，以生成合适的数据集来进行分辨率匹配训练。此外，还可以针对各种级别的匹配任务来灵活调整此模型。

根据讨论的成像模型，理想的将低频 v_L 数据分辨率匹配到高频 v_H 数据分辨率的 LR/HR 数据对可以表示为

$$t_{LR}(v_L) = t_A(x,y,v_L) = \sum_{x',y'} t_B(x',y',v_L)h(x,y,x',y',v_L) + n(x,y,v_L) \tag{9-24}$$

$$t_{HR}(v_L,v_H) = \sum_{x',y'} t_B(x',y',v_L)h(x,y,x',y',v_H) \tag{9-25}$$

式中，$t_{LR}(v_L)$ 是低频通道实际观测到的图像，而 $t_{HR}(v_L,v_H)$ 是其对应的低频匹配到高频分辨率的图像。对于 $t_{HR}(v_L,v_H)$ 来说，其相当于被无噪声的具有与 v_H 高频通道相同的空间分辨率观测得到的低频 v_L 通道图像。因此，$t_{HR}(v_L,v_H)$ 的空间分辨率和 v_H 高频通道的空间分辨率相同。然而，由于无法获取理想的亮温图像 $t_B(x',y',v_L)$，因此无法得到理想的 HR 图像。

利用图像域到图像频域的转换（如式（9-21）），文献 [15] 提出了一种 LR/HR 的数据对制作方法，表示为

$$t_{LR}^{simul}(v_L) = F^{-1}\left(\frac{T_A(u,v,v_H)}{H(u,v,v_H)}H(u,v,v_L) + N(u,v,v_L)\right)$$

$$\approx F^{-1}\left(T_B(u,v,v_H)H(u,v,v_L) + \frac{N(u,v,v_H)}{H(u,v,v_H)}H(u,v,v_L) + N(u,v,v_L)\right) \tag{9-26}$$

$$t_{HR}^{simul}(v_H) = t_A(x,y,v_H) \approx F^{-1}(T_B(u,v,v_H)H(u,v,v_H) + N(u,v,v_H)) \tag{9-27}$$

式中，$T_A(u,v,v_H)$、$T_B(u,v,v_H)$、$H(u,v,v_H)$、$H(u,v,v_L)$、$N(u,v,v_H)$、$N(u,v,v_L)$ 分别为 $t_A(x,y,v_H)$、$t_B(x,y,v_H)$、$h(x,y,v_H)$、$h(x,y,v_L)$、$n(x,y,v_H)$、和 $n(x,y,v_L)$ 的图像频域表示；$t_{LR}^{simul}(v_L)$ 为模拟的低频 v_L 数据；$t_{HR}^{simul}(v_H)$ 为实际观测的高频 v_H 数据。

然而，根据之前成像过程部分的讨论，式（9-21）的简化过程忽略了点扩展函数随着扫描位置的变化，因而其增加了模型的误差。此外，在从 LR 到 HR 的映射过程中，在某些情况下，噪声可能被放大（$N(u,v,v_H)$ 有可能比 $\frac{N(u,v,v_H)}{H(u,v,v_H)} \cdot H(u,v,v_L) + N(u,v,v_L)$ 大），因此制约了上述模型的适用性，其在后续的实验部分得到验证。

在 9.3 节中已经介绍,由于 89 GHz 通道具有最高的空间分辨率,因此可用于制作模拟的 LR/HR 数据集,从而对真实的实测数据获得了良好的分辨率增强结果[9,11],其数据对制作方法表示为

$$t_{\mathrm{LR}}^{\mathrm{simu2}}(v_{18.7}) = \sum_{x',y'} t_{\mathrm{A}}(x',y',v_{89}) h(x,y,x',y',v_{18.7}) + n(x,y,v_{18.7}) \quad (9-28)$$

$$t_{\mathrm{HR}}^{\mathrm{simu2}}(v_{18.7},v_{89}) = t_{\mathrm{A}}(x',y',v_{89}) \quad (9-29)$$

式中,$v_{18.7}$ 和 v_{89} 分别表示 18.7 GHz 和 89 GHz。

可以看出,式(9-28)、式(9-29)所示的数据对的映射关系可以消除 PSF 的模糊效应和噪声的影响,因而对于噪声抑制和分辨率提升会很有效。但是对照式(9-24)、式(9-25)可以发现,对于从 18.7 GHz 的分辨率匹配到 89 GHz 的分辨率,式(9-28)、式(9-29)的分辨率提升等级要大于实际需求,因而此数据对和实际问题需求是失配的。

文献[33]提出,介于式(9-28)、式(9.29)之间的中间状态有助于解决上述失配的问题。因此,生成多种中间状态用来解决上述失配的问题,同时解决多种不同分辨率等级的问题。

为了生成用于训练和测试的适应性数据集,以便将学习到的映射关系应用于分辨率匹配任务,本课题组[32]提出了一个改进的 LR/HR 图像对生成方法,可以表示为

$$t_{\mathrm{LR}}^{\mathrm{simu-m}}(v_{\mathrm{L}}) = \sum_{x',y'} t_{\mathrm{A}}(x',y',v_{89}) h(x,y,x',y',v_{\mathrm{L}}) + n(x,y,v_{\mathrm{L}}) \quad (9-30)$$

$$t_{\mathrm{HR}}^{\mathrm{simu-m}}(v_{\mathrm{L}},v_{\mathrm{H}}) = \sum_{x',y'} t_{\mathrm{A}}(x',y',v_{89}) h(x,y,x',y',v_{\mathrm{H}}) \quad (9-31)$$

从空间分辨率的角度来看,89 GHz 的图像具有与理想的亮温图像最相似的分辨率。因而,对于分辨率匹配任务,使用 89 GHz 的图像作为模拟的亮温图像,就像文献[9,11]所做的那样。为了避免失配问题,高频匹配通道的 PSF $h(x,y,x',y',v_{\mathrm{H}})$ 也被作用于模拟的亮温图像。同时,对于不同通道(频率)间的分辨率匹配任务,此数据对制作方法的参数可以被灵活地针对性调整。

因此,本课题组使用 CNN 学习从 $t_{\mathrm{LR}}^{\mathrm{simu-m}}(v_{\mathrm{L}})$ 到 $t_{\mathrm{HR}}^{\mathrm{simu-m}}(v_{\mathrm{L}},v_{\mathrm{H}})$ 的映射过程,然后将此映射过程应用于低频 v_{L} 的实测数据,从而实现空间分辨率从 v_{L} 到 v_{H} 的匹配,同时抑制噪声。

1. 网络结构

1)基本网络

本节采用深层残差 CNN 作为基本网络 N_{b},其结构如图 9-30 所示。所有

网络参数 Θ 都通过训练过程进行迭代优化,在迭代过程中,网络的输出图像 $N_b(t_{LR}^{simu-m}(v_L),\Theta)$ 与其相应的高分辨率图像 $t_{HR}^{simu-m}(v_L,v_H)$ 之间的差异(损失函数)被迭代地最小化。之后,网络便可以实现将低频通道 v_L 的空间分辨率匹配到高频通道 v_H 的空间分辨率。

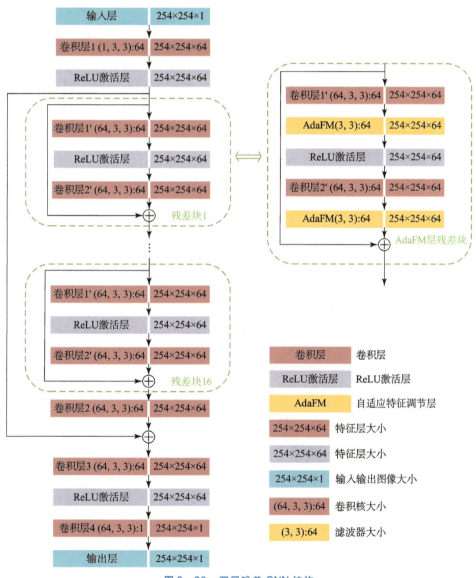

图 9-30 深层残差 CNN 结构

2)可调网络

当在几个相似的卫星辐射计之间进行交叉校准或数据融合[23,24,30,31]时,数据的空间分辨率应匹配到同一水平。例如，当执行 FY-3C MWRI 18.7 GHz 通道（30 km×50 km IFOV）和 Aqua AMSR-E 18.7 GHz 通道（16 km×27 km IFOV）之间的交叉校准时，MWRI 18.7 GHz 的空间分辨率应最好能与之匹配。但是，由于不同卫星的系统参数（如视角、扫描几何形状、带宽等）不同，因此无法生成直接学习的图像对。同时，根据前面的讨论可知，只有固定级别的分辨率匹配可用（18 km×30 km IFOV@36.5 GHz 或 9 km×15 km IFOV@89.0 GHz），而学习到的离散和固定的增强等级使网络无法轻松有效地推广到其他增强等级。因此，本课题组[32]将网络推广到固定增强等级之间的任意等级。

受到以下事实的启发：可以通过 AdaFM 层操纵 CNN 来实现不同的降噪等级而无须额外训练[34]，并且可以通过简单地调整网络输入系数来线性地产生不同目标域之间的定制中间产品[33]。本课题组[32]引入了 AdaFM 层和网络输入系数，以便平滑地调整分辨率增强等级。

AdaFM 层可以表示为

$$\mathrm{AdaFM}_i(\boldsymbol{X}) = \boldsymbol{G}_i * \boldsymbol{X} + \boldsymbol{B}_i \tag{9-32}$$

式中，$\boldsymbol{X}$——输入的特征向量 (m, m, n_{in})，m 为输入图像的尺寸（深度学习中通常选取正方形图形来训练），n_{in} 为输入特征向量的层数；

$*$——群卷积操作（为二维卷积而不是通常的三维卷积[32,34]），如图 9-31 所示；

$\boldsymbol{G}_i, \boldsymbol{B}_i$——滤波器和偏置。

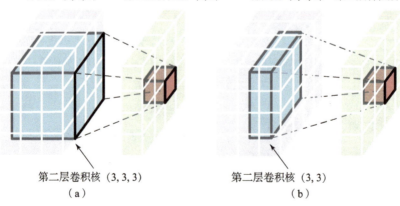

图 9-31 卷积操作示意图

(a) 卷积层中的卷积操作示意；(b) AdaFM 层中的群卷积操作示意

由式（9-32）可知，通过在卷积层后插入 AdaFM 层，卷积层输出的特征向量可以被 AdaFM 层再次调整。换言之，通过插入一个 AdaFM 层，可以调整卷积层的输出特性。

我们的目标是将这些额外的 AdaFm 层加入已经训练完成的基本网络 N_b，以便将新网络匹配到另一个分辨率增强等级。因此，通过在残差块中的每个卷积层之后插入 AdaFM 层，生成了新的适应性网络 N_a。可调网络的原理和工作过程具体如下：

第 1 步，基于数据集 1（$t_{\mathrm{LR}}^{\mathrm{simu-m}}(v_L)$，$t_{\mathrm{HR1}}^{\mathrm{simu-m}}(v_L, v_{H1})$），首先训练生成基本网络 N_b。因此，网络 N_b 具有固定的分辨率提升能力，可将低频通道 v_L 的空间分辨率匹配到高频通道 v_{H1} 的空间分辨率。

第 2 步，将 AdaFM 可调卷积层插入已经训练完成的基本网络 N_b，以生成新的适应性网络 N_a。固定 N_b 中已经训练完成的网络参数，针对数据集 2（$t_{\mathrm{LR}}^{\mathrm{simu-m}}(v_L)$，$t_{\mathrm{HR2}}^{\mathrm{simu-m}}(v_L, v_{H2})$），对适应性网络 N_a 中的新增参数进行训练。因此，新的适应性网络 N_a 可以将低频通道 v_L 的空间分辨率匹配到高频通道 v_{H2} 的空间分辨率。

第 3 步，通过对网络的输入参数 $\lambda(0 < \lambda < 1)$ 进行插值，无须训练，即可直接对 AdaFM 层中的滤波器和偏置进行调节：

$$\begin{cases} G_i^* = I + \lambda(G_i - I) \\ B_i^* = \lambda B_i \end{cases} \quad (9-33)$$

式中，I——单位矩阵；

G_i^*，B_i^*——AdaFM 层中插值后的滤波器和偏置。

因此，通过此插值，网络的分辨率增强能力可在已经学习的固定分辨率增强等级之间调节。

至此，生成了可调网络 N_a^λ。仅通过调节网络的插值系数 λ，可调网络 N_a^λ 就可以生成在固定分辨率提升等级（$v_L \to v_{H1}$）和（$v_L \to v_{H2}$）之间连续且任意的分辨率提升等级。

然而，插值系数 λ 与分辨率提升等级之间的关系有可能不是线性的。如图 9-32 所示，假设存在一个域，其中具有相同空间分辨率的图像可以视为域中的一个点。具体来说，当 $\lambda = 0$ 时，具有 v_{H1} 分辨率的输出图像可以看作点 Start。当 $\lambda = 1$ 时，具有 v_{H2} 分辨率的输出图像可以看作点 Stop。通过在 [0,1] 范围内调整 λ，我们可获得从点 Start 到点 Stop 的一系列点线。但是线的路径根据端点的位置（分辨率）和端点之间的距离而发生的变化大，如图 9-32 中的蓝色虚线所示。

为了探究插值系数与分辨率增强等级之间的线性关系（在图 9-32 中用红色虚线标记），根据测试集中的 M 个典型输出点 $\{R^i, \lambda^i\}_{i=0}^{M-1}$ 来拟合多项式 $\lambda = F(R)$，其中 R 是图像的空间分辨率。通过将分辨率线性映射到 [0,1] 的范

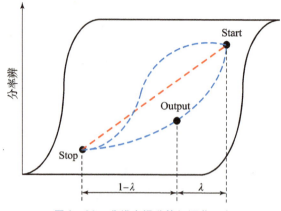

图 9-32 分辨率提升等级调节示意

围，即 $R = M(\gamma)$，则可将式（9-33）修改为

$$\begin{cases} G_i^* = I + T(\gamma) \cdot (G_i - I) \\ B_i^* = T(\gamma) \cdot B_i \end{cases} \quad (9-34)$$

式中，$T(\gamma) = F(M(\gamma)) = \lambda, 0 < \gamma < 1$。

结果，修正后的插值系数 γ 可以线性且连续地调整可调网络的分辨率提升级别。

2. 可调分辨率匹配任务流程

微波成像仪可调的分辨率匹配任务是通过一个有监督的可调网络 N_a^γ 来实现的，整个任务流程如图 9-33 所示。

具体的操作步骤如下：

第 1 步，数据集制作。利用微波成像仪多个通道同时对同一地点进行观测的特点，具有最高空间分辨率的 89 GHz 通道数据被用来当做模拟的亮温图像。充分考虑各通道的退化因素，使用灵活的数据集制作模型（式（9-30）、式（9-31））来生成模拟的 v_L 通道天线亮温图像和具有 v_{H2} 通道、v_{H1} 通道同等分辨率的模拟天线亮温图像，从而生成数据集 1（$t_{LR}^{simu-m}(v_L)$、$t_{HR1}^{simu-m}(v_L, v_{H1})$）和数据集 2（$t_{LR}^{simu-m}(v_L)$、$t_{HR2}^{simu-m}(v_L, v_{H2})$），用于网络训练。

第 2 步，训练和测试。数据集 1 用于训练和测试基本网络 N_b。通过将所有训练后的 N_b 中的网络参数固定，由数据集 2 对自适应网络 N_a 中新插入的且具有插入的 AdaFM 层中的参数进行训练和测试。

第 3 步，分辨率增强。最终，可调网络 N_a^γ 可以被用于将 v_L 通道的数据 $t_{LR}(v_L)$ 提升到 $v_{H2} \sim v_{H1}$ 之间的任意通道分辨率上。

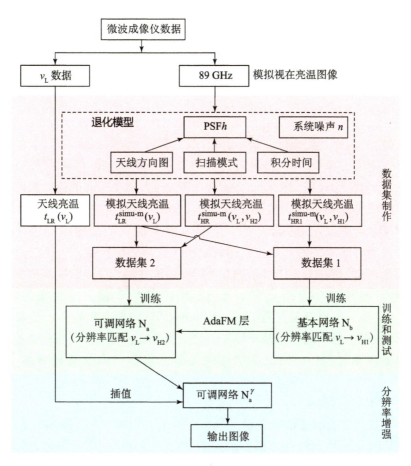

图 9-33 可调分辨率匹配任务流程

为了进行训练和测试，使用水平极化的 MWRI 89 GHz 通道的 437 幅天线亮温图像（254 像素 × 1 725 像素）来生成数据集。这些图像是 2018 年 6 月 1 日—7 月 5 日采集的，包含足够的地理特征。对于每个数据集，基于相应的退化模型（式（9-30）和式（9-31）），共生成 4 370 个裁剪的子图像对（LR/HR 对）（254 像素 × 254 像素）。随机选择 200 个子图像对作为测试集，将其余 4 170 个子图像对作为训练集。值得说明的是，尽管我们在训练过程中使用了固定的子图像大小来减少内存负担，但是在测试和最终的空间分辨率增强过程中，网络可以应用于任意图像大小来进行分辨率增强。

对于所有滤波器和卷积核，将其大小设置为 3，并且对所有卷积操作都使用镜像填充技术，以减少边界效应；将特征向量尺寸设置为 64，并且由于通过网络的尺寸恒定，故所有用于残差学习的直接连接都是无参数的；所有网络都使用 ADAM 优化器来进行训练；将学习率设置为 10^{-4}。

考虑到 PSNR、SSIM 和人工缺陷等因素，本课题组使用 L_1 损失函数来获得更好的网络结果[18,20]，而不是使用通用的 L_2（MSE）损失函数来最大化 PSNR 指数。同时，L_1 损失函数可以实现更好的收敛性。

3. 实验结果

1）固定分辨率匹配等级评价

本节将评估由基本网络 N_b 进行的固定等级分辨率匹配任务。为了便于演示，在此将 18.7 GHz 通道的空间分辨率与最高的 89 GHz 通道进行匹配。其他分辨率匹配任务也可以类似应用。除了测试集（在数据集中）外，模拟场景和实际 MWRI 数据（在数据集外部）也被用于全面评估固定级别的分辨率匹配能力。为了对比方法的有效性，还将展示了几种解析算法，包括广泛使用的基于矩阵求逆的 BG 方法[35,36]和迭代的 Banach 方法[37]。此外，一些基准的 CNN 的学习方法也将作为比较，如 SRCNN[11,26]（3 层，没有插值过程）、VDSR[38]（8 层，没有插值过程）和 SRResNet[19]（16 个残差块，没有 Shuffle 层）。值得注意的是，对于分辨率匹配问题，HR 输出的大小与 LR 输入的大小相同，因此在此过程中，用于增加图像像素的操作已从这些超分辨 CNN 中剔除。

（1）模拟场景评估。

由于不同通道的响应依赖于与其频率相关的发射率[14,39]，因而无法直接从真实的 MWRI 数据中对分辨率增强的图像进行定量评估。但是，仿真数据是一个很好的替代品。我们可以从具有已知噪声的已知场景中创建测试数据，从而对所使用的方法进行定量评估。

仿真图像的位置信息与 2018 年 6 月 25 日的 MWRI 实测数据相同（左上角和右下角坐标分别为（7.6°N，154.6°W）和（11.7°S，172.3°W）），如图 9-34（i）所示。合成场景由 5 个条带组成，这些条带的幅值为 280.5 K，高度为 190 像素，间隔为 10 像素，宽度分别为 1、3、5、10 和 15 像素；5 个正方形高温区域的幅值为 293.7 K，间隔为 10 像素，宽度分别为 2、3、7、11 和 15 像素；还有一个幅值为 214.5 K、宽度为 6 像素的"河流"；本底的幅值为 240.9 K，与实际的 18.7 GHz 数据本底幅值基本相同。根据成像过程，图 9-34（a）（h）分别显示了仿真的 18.7 GHz 和 89 GHz 天线亮温图像。可以看出，受不同的退化参数影响，天线亮温图像被平滑到了不同的水平，并且由于锥形扫描的几何形状，分辨率是随着空间而变化的。为了实现分辨率匹配效果和噪声放大水平的评估，模拟的 18.7 GHz 天线亮温被高斯白噪声污染，其标准差为 0.5 K，而 89 GHz 天线亮温没有被噪声污染。

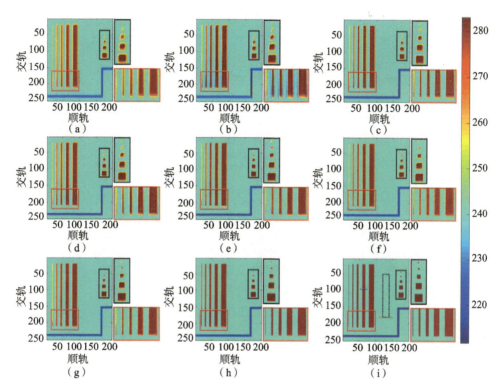

图 9-34 仿真场景的分辨率匹配结果

(a) 模拟的 18.7 GHz 天线亮温图像；(b) BG 方法的匹配结果；
(c) Banach 方法的匹配结果；(d) SRCNN 的匹配结果；(e) VDSR 的匹配结果；
(f) SRResNet 的匹配结果；(g) 基本网络 N_b 的匹配结果；
(h) 模拟的 89 GHz 天线温度图像；(i) 模拟的亮温图像

图 9-34 (b) ~ (g) 分别显示了采用 BG 方法、Banach 方法、SRCNN、VDSR、SRResNet、基本网络 N_b 的匹配结果，目标是使 18.7 GHz 通道的分辨率与 89 GHz 通道匹配。SRCNN、VDSR、SRResNet 和基本网络 N_b 是根据数据集 1 ($t_{LR}^{simu-m}(18.7)$、$t_{HR1}^{simu-m}(18.7,89)$) 进行训练的。条带的局部区域（用红色矩形包围）和方形热点（用黑色矩形包围）也被放大，以便更好地进行视觉评估。

可以看出，基本网络 N_b 的匹配结果与 89 GHz 通道非常相似，热点更加集中，条带的边界更加清晰。此外，基于学习的方法往往会在匹配过程中降低噪声，如图 9-34 中的条带所示。

为了以更直观的方式评估结果，图 9-35 (a) 显示了顺轨方向的截面，其对应图 9-34（i）中的蓝色虚线。可以看出，基本网络 N_b 的结果比其他方法更接近 89 GHz 天线亮温数据，并且没有引入明显的人为缺陷。

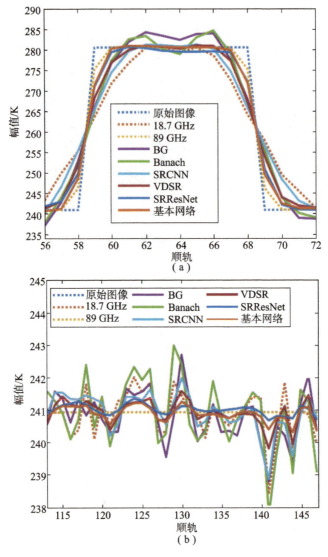

图 9-35　仿真场景的截面
(a) 条带的顺轨截面（在图 9-34（i）中标有蓝色虚线）；
(b) 本底的顺轨截面（在图 9-34（i）中标有红色虚线）

分辨率增强方法通常面临噪声放大的问题，因此通常需要在分辨率增强等级和噪声放大等级之间进行权衡[10,14,29,37]。然而，通过正确设计训练图像对，网络可以在匹配空间分辨率的同时降低噪声。图 9-35（b）显示了场景的顺轨剖线，其对应图 9 – 34（i）中的红色虚线。从图像中可以看出，基于学习的方法可以有效地降低噪声，而求逆的方法倾向于放大噪声。本课题组对 PSNR、SSIM、IFOV 和噪声（图 9 – 34（i）中黑色点划线区域的数据的标准方差）统计评估，进行了 100 次独立实验，将其平均评价结果列于表 9 – 4 中，并以粗体显示最佳结果。

表 9 – 4　综合场景的平均评价指标

方法	PSNR/dB	SSIM	IFOV/km	噪声
18.7 GHz	37.601	0.945	40.00	0.501
BG	38.962	0.960	26.85	0.535
Banach	40.776	0.966	23.73	0.700
SRCNN	39.612	0.962	28.25	0.401
VDSR	42.501	0.980	21.63	0.284
SRResNet	43.077	**0.983**	21.35	**0.140**
基本网络	**43.134**	**0.983**	**20.76**	0.200

值得说明的是，创建此仿真场景是为了直观地评估基本网络 N_b 的分辨率匹配能力、降噪能力以及网络的泛化性能。然而，与用于生成数据集的模拟亮温数据相比，仿真场景边界陡峭，所以仿真场景具有更陡峭的梯度特征和更高的频率分量。因此，基于学习的方法在 PSNR、SSIM 和 IFOV 的评价上相对于测试集有一定程度的下降（泛化问题）。即使这样，基本网络 N_b 仍然取得更好的效果。

（2）测试集评估。

为了进一步证明基本网络 N_b 的分辨率匹配能力，将测试集中的所有 200 幅图像进行评估，结果如图 9 – 36 所示（使用了 3 点平滑，以更好地呈现结果）。表 9 – 5 中列出了几个典型场景的评价指标（在图 9 – 36 中标注为蓝色点），以及整个测试集的平均指标。对于所有测试图像，此方法在 PSNR、SSMI 和 IFOV 指标均得到了更好的效果；在平均 PSNR 上，此方法比 SRResNet 高 0.278 dB，比 VDSR 高 0.684 dB，比 SRCNN 高 2.228 dB，比 Banach 方法高 2.833 dB，比 BG 方法高 4.124 dB；在平均 SSIM 上，此方法与 SRResNet 相同，比 VDSR 提高了 0.001，比 SRCNN 提高了 0.003，比 Banach 方法提高了 0.005，比 BG 方法提高了 0.006。基本网络的 IFOV 为 19.82 km，小于 SRResNet 的 20.12 km、VDSR 的 20.99 km、SRCNN 的 25.20 km、Banach 方法的 22.70 km 和 BG 方法的 25.94 km。

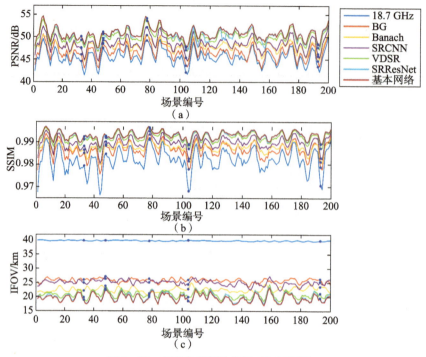

图 9-36 测试集的评估指标（3 点平滑）
（a）测试集的 PSNR 结果；（b）测试集的 SSIM 结果；（c）测试集的 IFOV 结果

表 9-5 测试集的评价指标

测试场景	评估参数	18.7 GHz	BG	Banach	SRCNN	VDSR	SRRestNet	基本网络
场景 33	PSNR/dB	44.459	46.400	47.619	47.888	49.619	50.433	50.617
	SSIM	0.980	0.986	0.987	0.989	0.992	0.993	0.993
	IFOV/km	39.73	25.73	21.73	24.93	19.33	18.13	18.13
场景 48	PSNR/dB	47.104	47.883	49.151	49.238	50.185	48.070	50.716
	SSIM	0.983	0.987	0.988	0.989	0.991	0.991	0.992
	IFOV/km	40.13	26.13	23.53	27.33	24.13	22.93	22.93
场景 78	PSNR/dB	48.550	49.748	50.248	51.986	53.884	54.544	54.544
	SSIM	0.991	0.993	0.992	0.995	0.996	0.997	0.997
	IFOV/km	39.73	26.13	20.93	23.73	19.33	18.13	18.13
场景 104	PSNR/dB	41.459	43.018	44.953	44.624	46.141	46.882	47.037
	SSIM	0.960	0.973	0.978	0.978	0.983	0.986	0.986
	IFOV/km	40.13	26.13	22.53	24.53	20.93	19.33	19.33
场景 193	PSNR/dB	41.129	42.684	43.782	44.523	46.501	47.010	47.390
	SSIM	0.964	0.974	0.978	0.981	0.986	0.988	0.989
	IFOV/km	39.73	27.73	24.93	24.53	19.73	17.73	17.73
200 个场景平均值	PSNR/dB	45.646	46.692	47.983	48.588	50.132	50.538	50.816
	SSIM	0.982	0.987	0.988	0.990	0.992	0.993	0.993
	IFOV/km	39.94	25.94	22.70	25.20	20.99	20.12	19.82

图9-37显示了俄罗斯鄂霍次克海周围的典型场景（测试集中的第33个场景，相关评价见表9-5）。场景左上和右下的坐标分别是（67.0°N，170.3°E）和（46.0°N，127.4°E）。该场景包含陆地、海洋、海湾、海陆界面和小岛的足够特征，因此可用于对这些方法的性能进行综合评估。图9-37显示了Bol'shoy Shantar岛（由黑色矩形包围）和萨哈林岛（Sakhalin Island）最北端（由红色矩形包围）的放大区域。基本网络N_b可以产生清晰的边界和界面，而没有引入明显的人为缺陷。此外，只有通过基本网络N_b和SRResNet，才能区分萨哈林岛下方的小岛，如图9-37（f）（g）中的黑色矩形所示。无论哪种方式，基本网络N_b都具有与测试集中模拟的89 GHz天线亮温图像更相似的分辨率匹配结果。

（3）实际数据测试。

以上结果表明，在仿真场景和测试集中，深层残差CNN具有出色的分辨率匹配能力。但是，该方法对MWRI真实数据分辨率匹配的有效性仍然是未知的。接下来，将水平极化的FY-3C MWRI的真实18.7 GHz数据用于证明基本网络N_b在实际使用中的有效性。由于没有18.7 GHz理想亮度温度图像（没有用于实际数据测试的理想标签），因此使用具有水平极化的FY-3C MWRI的真实89 GHz数据，以作为空间分辨率的参考。另外，为了评估退化模型，还显示了基于其他模型（式（9-26）、式（9-27））[15]的相同基本网络的分辨率匹配结果，以进行比较。

图9-38显示了与图9-37相同的区域，放大的区域显示Bol'shoy Shantar岛（由黑色矩形包围，与图9-37黑色矩形相同的区域）和萨哈林岛的南部（由红色矩形包围的区域）。图9-38（a）所示为实际的18.7 GHz天线亮温图像，图9-38（i）所示为实际的89 GHz天线亮温图像。忽略两个通道的不同辐射特性，由视觉判断，图9-38（f）（g）的空间分辨率最接近89 GHz通道。尽管萨哈林岛的南部在89 GHz通道上被云遮蔽了，如图9-38（i）中的红色矩形所示，但由于低频信道具有很强的穿透能力，仍然可以通过18.7 GHz观测到。在这些方法中，只有基本网络N_b和SRResNet成功地识别了耐心湾（Gulf of Patience）下方的湖泊，如图9-38（f）（g）中的红色矩形所示。此外，基于退化模型（式（9-26）、式（9-27））[15]的分辨率匹配结果如图9-38（h）所示，其所有其他设置都与基本网络N_b保持相同。可以看出，匹配结果与89 GHz数据相当，但是引入了有害的人为缺陷，如图9-38（h）中的绿色箭头所示。

图9-39显示了日本周围的另一个测试区域。该场景的左上角和右下角坐标分别为（53.6°N，152.0°E）和（30.3°N，124.2°E），放大后的区域为北海道南部和九州南部的岛屿。在此场景中，基本网络N_b也获得了出色的与89 GHz通

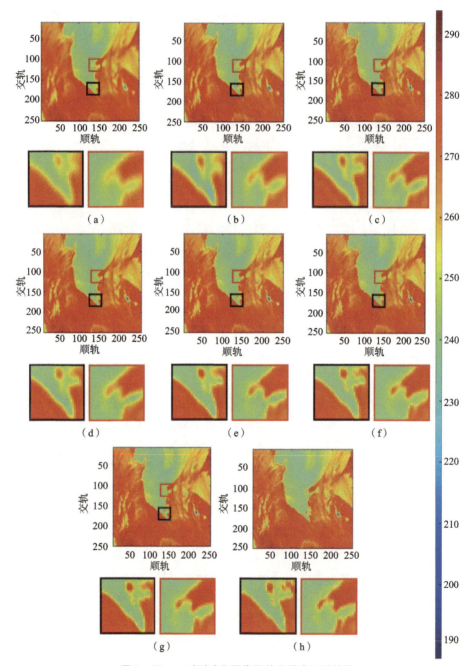

图 9-37 一对测试集图像及其分辨率匹配结果

(a) 模拟的 18.7 GHz 天线亮温图像；(b) BG 方法的匹配结果；(c) Banach 方法的匹配结果；
(d) SRCNN 的匹配结果；(e) VDSR 的匹配结果；(f) SRResNet 的匹配结果；
(g) 基本网络 N_b 的匹配结果；(h) 模拟的 89 GHz 天线亮温图像

第 9 章 基于深度学习的遥感图像复原

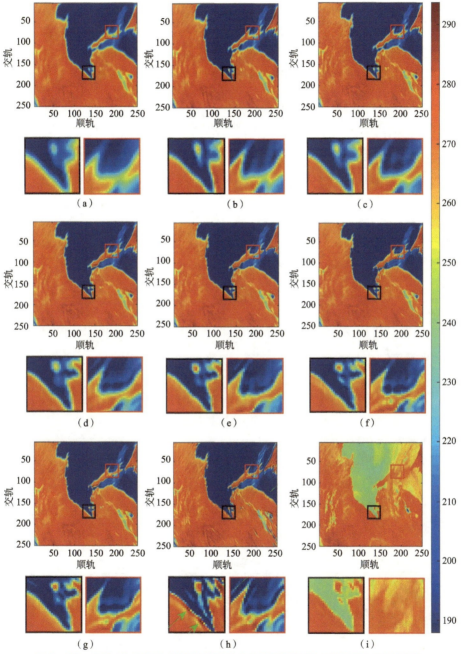

图 9-38　实际 18.7 GHz MWRI 数据的分辨率匹配结果（在鄂霍次克海周围）
（a）真实的 18.7 GHz 天线亮温图像；（b）BG 方法的匹配结果；
（c）Banach 方法的匹配结果；（d）SRCNN 的匹配结果；（e）VDSR 的匹配结果；
（f）SRResNet 的匹配结果；（g）基本网络 N_b 的匹配结果；
（h）基于退化模型的基本网络 N_b 的匹配结果；（i）真实的 89 GHz 天线亮温图像

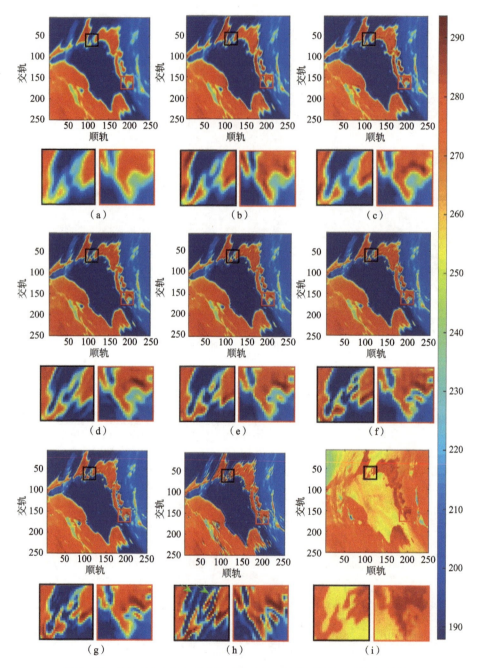

图9-39 实际18.7 GHz MWRI数据的分辨率匹配结果(在日本周围)
(a) 真实的18.7 GHz天线亮温图像; (b) BG方法的匹配结果;
(c) Banach方法的匹配结果; (d) SRCNN的匹配结果; (e) VDSR的匹配结果;
(f) SRResNet的匹配结果; (g) 基本网络N_b的匹配结果;
(h) 基于退化模型的基本网络N_b的匹配结果; (i) 真实的89 GHz天线亮温图像

道分辨率匹配的结果；而基于退化模型（式（9-26）、式（9-27））[15]的分辨率匹配结果引入了严重的人为缺陷，如图9-39（h）中的绿色箭头所示。

至于退化模型（式（9-26）、式（9-27）），正如本节讨论的那样，与LR/HR图像相关的退化模型（模糊核）的不正确估计可能导致伪像锐化（上述展示的结果）或过于平滑的结果[40]。此外，从式（9-26）到式（9-27）的映射过程中，噪声被放大（89 GHz信道的NEΔT为0.8 K，而18.7 GHz信道的NEΔT为0.5 K），这样会进一步恶化输出结果。

值得说明的是，实际的18.7 GHz天线亮温图像与数据集中的LR图像相比，具有不同的辐射特性和更陡峭的梯度特征。这是因为，实测数据是从理想的亮温图像退化而得到的（尽管不可得，见式（9-23）），而LR图像是通过模拟的亮温图像退化而得到的（实际89 GHz数据，见式（9-30））。因此，基于学习的方法在一定程度上遭受了泛化问题的困扰。即使这样，基本网络N_b仍然取得了较好的效果。由于理想HR难以获得，因此对该泛化问题的定量评估目前仍然无法实现。

这些评估结果表明，基本网络N_b的固定级别分辨率匹配能力在某种程度上要优于先进的SRResNet，并且在很大程度上优于其他方法。此外，SRResNet中的batch normalization（BN）层与AdaFM层位于同一位置（在卷积层之后，在激活层之前），且起到类似的作用（BN层使用批处理信息来操纵卷积层的统计信息，而AdaFM层使用特征信息来操纵）。因此，为了后续将网络适用于其他分辨率匹配等级，本课题组[32]只选择了一个相对简单的结构CNN，而没有使用带BN层的网络作为基本网络。这里应该说明的是，其他类型的CNN也可以被用来取代该基本网络。

2）可调网络的分辨率匹配任务

（1）当$v_{H1}=89$ GHz、$v_{H2}=36.5$ GHz时的任务。

如图9-33所示的流程图，基于数据集1（$t_{LR}^{simu-m}(18.7)$和$t_{HR1}^{simu-m}(18.7,89)$）和数据集2（$t_{LR}^{simu-m}(18.7)$和$t_{HR2}^{simu-m}(18.7,36.5)$），训练基本网络$N_b$和自适应网络$N_a$。表9-6评估了自适应网络$N_a$（源自基本网络$N_b$，仅基于数据集2优化了AdaFM层中的21 120个参数）与网络N_a（基于数据集2，从头训练了N_a中的所有1 277 889个参数）之间的差距，可以看出其差距很小，这证明了当将分辨率从18.7 GHz匹配到36.5 GHz时转移训练模式的有效性。最终，创建了可调网络N_a^γ。通过测试测试集中的几个典型输出点（图9-40中的蓝色曲线），我们可以看到IFOV（或γ）与λ之间的关系基本上是线性的，因此在式（9-34）中使用$T(\gamma)=\gamma$。

表9-6 使用不同的训练方法时,自适应网络 N_a 的评估结果

测试场景	网络	PSNR/dB	SSIM	IFOV/km
场景1: $v_{H2}=36.5\ GHz$	N_a(在 N_b 基础上训练)	57.78	0.998 6	26.16
	N_a(从头训练)	57.83	0.998 6	26.23
场景2: $v_{H2}=23.8\ GHz$	N_a(在 N_b 基础上训练)	65.66	0.999 7	35.83
	N_a(从头训练)	65.48	0.999 8	35.76

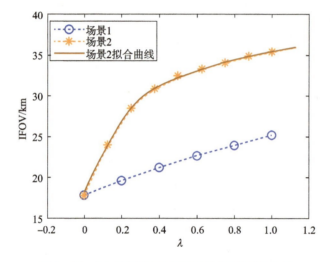

图9-40 可调网络 N_a^γ 的典型输出点及其拟合曲线

为了测试可调网络 N_a^γ 的连续和平滑分辨率增强能力,本课题组测试了一些插值系数($\gamma=0$、0.2、0.4、0.6、0.8 和 1)时的网络输出。测试场景的位置信息与图9-39相同。当 $\gamma=1$ 时,网络等同于自适应网络 N_a,因此输出分辨率与 36.5 GHz 通道匹配,如图9-41(a)所示。当 $\gamma=0$ 时,网络等同于基本网络 N_b。此时,分辨率已与 89 GHz 通道匹配,如图9-41(f)所示。当插值系数从1变为0时,网络产生的结果从 36.5 GHz 分辨率连续平滑地变为 89 GHz 分辨率。如图9-41中红色矩形区域所示,随着插值系数的减小,天草的主岛(Amakusa main Island)逐渐变得更加清晰,这说明了网络的有效性。注意,只需要训练基本网络 N_b 和自适应网络 N_a 一次,而可调网络在后续不需要进一步训练。

(2)当 $v_{H1}=89\ GHz$、$v_{H2}=23.8\ GHz$ 时的任务。

当 $v_{H2}=23.8\ GHz$ 时,自适应网络 N_a 和从头开始训练的网络 N_a 之间的评估差距仍然不明显,如表9-6所示。但是,由于 23.8 GHz 信道和 89 GHz 信道

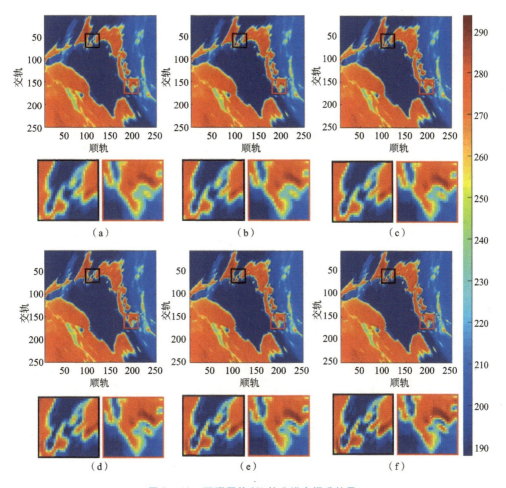

图 9-41 可调网络 N_a^γ 的分辨率提升结果

(a) $\gamma=1$（分辨率与 36.5 GHz 通道匹配）；(b) $\gamma=0.8$；(c) $\gamma=0.6$；
(d) $\gamma=0.4$；(e) $\gamma=0.2$；(f) $\gamma=0$（分辨率与 89 GHz 通道匹配）

之间的分辨率差距较大，因此，IFOV（或 γ）和 λ 之间的关系不再是线性的，如图 9-40 中的红色曲线所示。因此，在式（9-34）中使用拟合的四次多项式函数将插值系数 γ 线性映射到空间分辨率，即 $T(\gamma) = 2.84\gamma^4 - 3.54\gamma^3 + 1.57\gamma^2 + 0.12\gamma$。

在这种情况下，也使用相同的场景进行演示和比较，如图 9-42 所示。可以看出，通过调整插值系数 γ，网络可以连续且平稳地操纵分辨率增强级别，由此可以证明可调网络在分辨率匹配中的有效性。

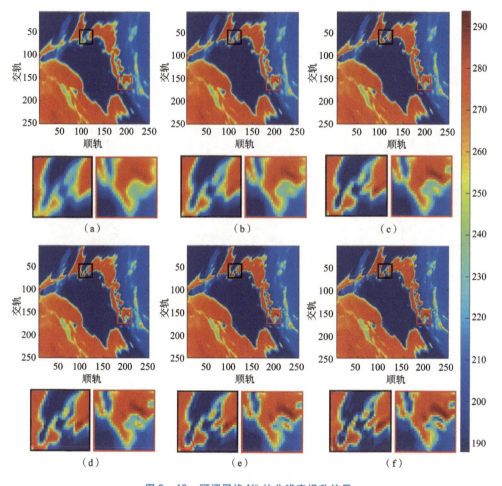

图 9-42 可调网络 N_a^γ 的分辨率提升结果

(a) $\gamma=1$（分辨率与 23.8 GHz 通道匹配）；(b) $\gamma=0.8$；(c) $\gamma=0.6$；
(d) $\gamma=0.4$；(e) $\gamma=0.2$；(f) $\gamma=0$（分辨率与 89 GHz 通道匹配）

参考文献

[1] HUBEL D H, WIESEL T N. Receptive fields of single neurones in the cat's striate cortex [J]. The Journal of Physiology, 1959, 148 (3): 574-591.

[2] FUKUSHIMA K. Neocognitron: A self-organizing neural network model for a mechanism of pattern recognition unaffected by shift in position [J]. Biological

Cybernetics, 1980, 36 (4): 193 – 202.

[3] 钟腾飞. 单幅图像超分辨率重建技术研究 [D]. 天津: 天津大学, 2014.

[4] 朱福珍. 遥感图象 BP 神经网络超分辨重建技术研究 [D]. 哈尔滨: 哈尔滨工业大学, 2011.

[5] 郑宇杰. 特征提取方法及其应用研究 [D]. 南京: 南京理工大学, 2007.

[6] STOGRYN A. Estimates of brightness temperatures from scanning radiometer data [J]. IEEE Transactions on Antennas and Propagation, 1978, 26 (5): 720 – 726.

[7] PIEPMEIER J R, LONG D G, NJOKU E G. Stokes antenna temperatures [J]. IEEE Transactions on Geoscience and Remote Sensing, 2008, 46 (2): 516 – 527.

[8] TANG F, ZOU X, YANG H, et al. Estimation and correction of geolocation errors in FengYun – 3C microwave radiation imager data [J]. IEEE Transactions on Geoscience and Remote Sensing, 2016, 54 (1): 407 – 420.

[9] HU W, LI Y, ZHANG W, et al. Spatial resolution enhancement of satellite microwave radiometer data with deep residual convolutional neural network [J]. Remote Sensing, 2019, 11 (7): 771.

[10] SETHMANN R, BURNS B A, HEYGSTER G C. Spatial resolution improvement of SSM/I data with image restoration techniques [J]. IEEE Transactions on Geoscience and Remote Sensing, 1994, 32 (6): 1144 – 1151.

[11] HU W, ZHANG W, CHEN S, et al. A deconvolution technology of microwave radiometer data using convolutional neural networks [J]. Remote Sensing, 2018, 10 (2): 275.

[12] DI PAOLA F, DIETRICH S. Resolution enhancement for microwave – based atmospheric sounding from geostationary orbits [J]. Radio Science, 2008, 43 (6): 1 – 14.

[13] LIU D, LIU K, LV C, et al. Resolution enhancement of passive microwave images from geostationary Earth orbit via a projective sphere coordinate system [J]. Journal of Applied Remote Sensing, 2014, 8 (1): 083656.

[14] ROBINSON W D, KUMMEROW C, OLSON W S. A technique for enhancing and matching the resolution of microwave measurements from the SSM/I instrument [J]. IEEE Transactions on Geoscience and Remote Sensing, 1992, 30 (3): 419 – 429.

[15] HU T, ZHANG F, LI W, et al. Microwave radiometer data super resolution

using image degradation and residual network [J]. IEEE Transactions on Geoscience and Remote Sensing, 2019, 57 (11): 8954 – 8967.

[16] SZEGEDY C, WEI L, JIA Y, et al. Going deeper with convolutions [C]//IEEE Conference on Computer Vision and Pattern Recognition, Boston, 2015: 1 – 9.

[17] HE K, ZHANG X, REN S, et al. Deep residual learning for image recognition [C]//IEEE Conference on Computer Vision and Pattern Recognition, Las Vegas, 2016: 770 – 778.

[18] LIM B, SON S, KIM H, et al. Enhanced deep residual networks for single image super – resolution [C]//IEEE Conference on Computer Vision and Pattern Recognition, Honolulu, 2017: 1132 – 1140.

[19] LEDIG C, THEIS L, HUSZAR F, et al. Photo – realistic single image super – resolution using a generative adversarial network [C]//IEEE Conference on Computer Vision and Pattern Recognition, Honolulu, 2017: 4681 – 4690.

[20] ZHAO H, GALLO O, FROSIO I, et al. Loss functions for image restoration with neural networks [J]. IEEE Transactions on Computational Imaging, 2017, 3 (1): 47 – 57.

[21] ULABY F T, MOORE R K, FUNG A K. Microwave remote sensing: active and passive (Ⅰ): Microwave remote sensing fundamentals and radiometry [J]. Photogrammetria, 1983, 38 (6): 227 – 228.

[22] YANG Z, LU N, SHI J, et al. Overview of FY – 3 payload and ground application system [J]. IEEE Transactions on Geoscience and Remote Sensing, 2012, 50 (12): 4846 – 4853.

[23] YANG H, WENG F Z, LV L Q, et al. The FengYun – 3 microwave radiation imager on – orbit verification [J]. IEEE Transactions on Geoscience and Remote Sensing, 2011, 49 (11): 4552 – 4560.

[24] YANG H, ZOU X, LI X, et al. Environmental data records from FengYun – 3B microwave radiation imager [J]. IEEE Transactions on Geoscience and Remote Sensing, 2012, 50 (12): 4986 – 4993.

[25] WANG Y, SHI J, JIANG L, et al. The development of an algorithm to enhance and match the resolution of satellite measurements from AMSR – E [J]. Science China Earth Sciences, 2011, 54 (3): 410 – 419.

[26] DONG C, LOY C C, HE K, et al. Image super – resolution using deep convolutional networks [J]. IEEE Transactions on Pattern Analysis and

Machine Intelligence, 2016, 38 (2): 295-307.

[27] ZHANG K, ZUO W M, GU S H, et al. Learning deep CNN denoiser prior for image restoration [C]//IEEE Conference on Computer Vision and Pattern Recognition, Honolulu, 2017: 2808-2817.

[28] LIU X J, JIANG L M, WU S L, et al. Assessment of methods for passive microwave snow cover mapping using FY-3C/MWRI data in China [J]. Remote Sensing, 2018, 10 (4): 524.

[29] LONG D G, DAUM D L. Spatial resolution enhancement of SSM/I data [J]. IEEE Transactions on Geoscience and Remote Sensing, 1998, 36 (2): 407-417.

[30] YANG S, WENG F, YAN B, et al. Special sensor microwave imager (SSM/I) intersensor calibration using a simultaneous conical overpass technique [J]. Journal of Applied Meteorology and Climatology, 2011, 50 (1): 77-95.

[31] WU S L, CHEN J. Instrument performance and cross calibration of FY-3C MWRI [C]//IEEE International Geoscience and Remote Sensing Symposium, Beijing, 2016: 388-391.

[32] LI Y D, HU W D, CHEN S, et al. Spatial resolution matching of microwave radiometer data with convolutional neural network [J]. Remote Sensing, 2019, 11 (20): 2432.

[33] GONG R, LI W, CHEN Y H, et al. DLOW: Domain flow for adaptation and generalization [C]//IEEE/CVF Conference on Computer Vision and Pattern Recognition, Long Beach, 2019: 2472-2481.

[34] HE J, DONG C, QIAO Y. Modulating image restoration with continual levels via adaptive feature modificationlayers [C]//IEEE Conference on Computer Vision and Pattern Recognition, Long Beach, 2019: 11056-11064.

[35] DAMERA-VENKATA N, KITE T D, GEISLER W S, et al. Image quality assessment based on a degradation model [J]. IEEE Transactions on Image Processing, 2000, 9 (4): 636-650.

[36] MIGLIACCIO M, GAMBARDELLA A. Microwave radiometer spatial resolution enhancement [J]. IEEE Transactions on Geoscience and Remote Sensing, 2005, 43 (5): 1159-1169.

[37] LENTI F, NUNZIATA F, ESTATICO C, et al. On the spatial resolution enhancement of microwave radiometer data in banach spaces [J]. IEEE Transactions on Geoscience and Remote Sensing, 2014, 52 (3): 1834-

1842.

[38] KIM J, LEE J K, LEE K M. Accurate image super-resolution using very deep convolutional networks [C]//IEEE Conference on Computer Vision and Pattern Recognition, Las Vegas, 2016: 1646-1654.

[39] DRUSCH M, WOOD E F, LINDAU R. The impact of the SSM/I antenna gain function on land surface parameter retrieval [J]. Geophysical Research Letters, 1999, 26 (23): 3481-3484.

[40] EFRAT N, GLASNER D, APARTSIN A, et al. Accurate blur models vs. image priors in single image super-resolution [C]//IEEE International Conference on Computer Vision, Sydney, 2013: 2832-2839.

第 10 章

太赫兹遥感技术在人体安检中的应用

智力、想象力及知识,都是我们重要的资源。但是,资源本身所能达成的是有限的,唯有"有效性"才能将这些资源转化为成果。

——彼得·德鲁克

空间太赫兹遥感技术的核心设备是辐射计,被动式太赫兹人体安检仪与其原理完全相同,由于其具有"无辐射、无感知、无停留、无触摸"的特点,可应用于机场、地铁、海关、医院等场所。太赫兹安检仪目前是空间太赫兹遥感技术的最好应用。

空间太赫兹遥感技术

10.1 太赫兹人体安检成像技术现状

被动式太赫兹人体安检成像是一种新型的无源探测技术，它采用辐射计接收来自人体和背景的太赫兹辐射，通过亮温的差异来进行图像识别功能[1]。利用人体和违禁物品太赫兹辐射特性的不同以及太赫兹波对织物的穿透能力，可以发现隐匿违禁物品，且成像系统因本身不发射电磁波而对人体无任何伤害，因此太赫兹安检成像技术具有"无辐射、无感知、无停留、无触摸"的特点，可用于机场、地铁、海关、医院等场所快速检测人体隐匿违禁物品，此类应用已成为当前太赫兹技术的应用热点[2,3]。太赫兹人体安检成像系统逐渐向小体积、高频率及低成本方向发展，并将逐渐投入商用。

20世纪90年代中期，欧美的几家公司开始投入第一代被动毫米波成像系统的研究。在隐匿物品探测方面的应用最初采用的是单通道机械扫描。尽管该成像体制成本低，但完成对视场扫描所需的时间过长，不能实现实时成像，因此在检测隐匿物品应用方面实用性较差。为此，各国学者研究了许多种多通道被动辐射成像技术，但随着阵列通道数目的增加出现了新的问题。例如：温度灵敏度较低，辐射计接收机在室内没有足够的灵敏度来分辨隐匿的金属武器；各通道的灵敏度和增益均衡性较差，这严重影响了系统整体的温度灵敏度，导致对隐匿物探测性能的下降；不能提供足够多的像素以覆盖视域。

为解决第一代毫米波成像系统中存在的问题,各国学者采取了多种技术途径,研究了第二代成像系统,技术途径主要包括:为减小系统噪声,在毫米波前端加入 LNA,并且尽量减小低噪声放大器前面部件的损耗;通过采用机械扫描或电扫描方式来减少接收机通道数量,以实现通道之间的最佳平衡,并且精心选用低噪声放大器和检波器使整个通道实现最佳匹配等。

目前,多通道毫米波太赫兹成像系统相对于单通道机械扫描成像引入了许多新的理论和研究方法,其成像体制主要包括焦平面阵列(焦面阵)成像、焦面阵结合线性机械扫描成像、频率扫描结合机械扫描成像等,代表性研究机构主要包括美国的 Millivision、Trex、Lockheed Martin、Brijot、TRW,英国的 QinetiQ 等公司。

欧美对太赫兹成像安检系统的研究较早[4],经过几十年的发展,目前已有一些被动式成像安检仪产品问世。早在 1993 年,美国 Millitech 公司就研制了 2~3 mm 波段的 FPA 成像系统。2000 年年初,美国 NGC 公司从毫米波 FPA 成像的领导公司 TRW 获得毫米波成像技术,推出了一系列 3 mm FPA 成像系统,并将应用从初期对低能见度条件下飞机着陆推广到了室内人体隐匿物品探测。为了降低 FPA 的研制成本,实际中多采用焦面阵技术和机械扫描相结合,在此基础上,Millivision 公司利用楔形透镜旋转研制了 Vela 125 型被动成像仪,Brijot 公司利用凸轮驱动扫描镜的机械结构推出了 GEN1/2 系列产品,英国 QinetiQ 公司则利用折叠光路研制了 iSPO – 30 等被动成像仪。为了兼顾成像距离和分辨率,被动太赫兹成像仪的工作频率逐渐升高。Thruvision 公司利用 8 通道的外差接收机结构研制了工作频率为 250 GHz、作用距离为 3~25 m 的 T4000 等系列产品。德国 Jena/IPHT 的 Safe – visitor 成像仪的工作频率为 350 GHz,利用卡塞格伦天线结构和 0.3 K 吸附制冷机大大提高了 1 mm 波段的辐射计接收灵敏度。芬兰的 VTT/NIST 则利用超导天线耦合的太赫兹辐射计实现了工作频率为 640 GHz 在 5 m 探测距离处的温度分辨率为 0.5 K、空间分辨率为 4 cm 的被动成像仪。表 10 – 1 总结了国外典型代表机构被动太赫兹成像仪的主要技术参数。可见,国外对基于准光学理论的被动太赫兹成像技术的系统开发已步入商用阶段,W 波段的部分产品已经进入室内人体安检市场,研究重点集中在更高性能的器件研究以及对更高频段器件和系统的准光技术探索方面。

表 10-1　国外典型太赫兹安检成像仪产品及参数

国家	公司	中心频率/GHz	成像帧频/Hz	温度分辨率/K	阵元数目/个	空间分辨率
美国	NGC	89	17	2	1 040	2.1 cm@5 m
	Millivision Vela 125	94	10	3	64	5 cm@5 m
	Millitech	94	30	—	64	3 cm@5 m
	Brijot BIS – WDS' GEN2	90	4~12	1	16	6 cm@(3~5 m)
英国	Thruvision T4000	250	—	>1	—	3 cm@3 m
	QinetiQ iSPO – 30	94	15	5	64	2.5 cm@5 m
德国	Jena/IPHT Safe – visitor	350	10	—	10~20	1 cm@1 m
芬兰	VTT/NIST	640	7~10	0.5	64	4 cm@5 m

国内在太赫兹成像技术方面的发展较国外缓慢，主要表现在国外已经从毫米波向 THz 成像技术发展，而国内的技术暂时还停留在 Ka 频段的研究，对 W 频段的研究刚刚起步。导致这种现象的主要原因是太赫兹器件的产品化进程较慢，这是限制国内该技术向更高频段发展的主要因素。

近年来，国内进行被动毫米波太赫兹安检成像技术的主要研究机构有南京理工大学、东南大学、华中科技大学、哈尔滨工业大学、北京理工大学和北京航空航天大学。国内企业纷纷在太赫兹领域投入研发力量，推动了我国太赫兹上下游产业迅速发展。目前国内推出被动式太赫兹安检产品的厂家有博微太赫兹、同方威视、航天易联、欧必翼（OBE）太赫兹、西安天益太赫兹、中盾安民公司（公安部一所）等。

中国电子科技集团公司第三十八研究所自主开发的太赫兹安检系统，能够对人体进行 0.8 m×2 m 大尺寸被动成像，成像速率为 3~5 帧/s，分辨率达到 2 cm，已经开始在民航、公检法系统、交通部（铁路、民航、码头、地铁）、海关、大型演出及体育场馆等进行试用推广，取得了良好的应用效果[4]。

博微太赫兹信息科技有限公司研发了被动式太赫兹人体安检仪，实现了无辐射、无感知、无触摸、无停留的人体安检新概念，该产品可针对公众大客流快速安检，达到公众无伤害、快速粗检、保护隐私等目的。目前，博微太赫兹的被动式太赫兹成像产品主要有以下几种形态：单机版旋转人体安检门，其具有全方位无死角、占地小易部署的特点；智能化人体安检通道，其采用了通道式设计，被检人可以直接通过而无须停留，且其具有隐蔽性，被检人无察觉；车载式移动安全检查站，其具有高机动、灵活部署、即卸即用的特性，同时，其集成了人证对比设备、X光机等产品,实现了一站式安检一体化设计。

随着器件水平和信号处理能力的迅速发展,被动式太赫兹波成像技术取得了突破性进展,出现了四种成像体制——机械扫描成像、焦平面成像、相控阵成像、合成孔径成像。近年来,太赫兹成像安检技术更是向着阵列化、多频段、复合式的方向发展。一方面,阵列化有助于提升成像帧速率;另一方面,多频段、复合式有助于提高探测和识别能力。

太赫兹人体安检成像是空间太赫兹遥感技术在安防领域的重要应用,空间科学技术"飞入寻常百姓家",其成像原理、辐射计系统组成、准光设计、分辨率增强算法及图像复原等基本相同,不同之处体现在两方面:其一,太赫兹人体安检系统不需要精确实时定标,从而降低了成本;其二,辐射计距离人体一般在10 m以内,人体遥感图像容易受环境影响,噪声较大。因此,本章着重阐述太赫兹人体安检成像较为关切的去噪和图像特征提取,其他方面可参考前述各章内容。

10.2 太赫兹人体安检成像指标

被动安检成像系统自身不发射电磁波,不需要发射前端,其依靠高灵敏度接收机(辐射计)接收目标及成像场景发射的太赫兹波进行成像,对被成像物体(或场景)无污染、伤害或干扰。目前被动成像的扫描体制有机械扫描成像、焦平面成像、相控阵成像、合成孔径成像。但不论哪种成像方式,都借助扫描或阵列方式对整个场景进行观测,接收来自各个方位辐射的能量来进行成像。

10.2.1 辐射计性能指标

衡量人体安检辐射计性能的重要指标包括线性度、稳定度、灵敏度、绝对精度等,其中灵敏度和绝对精度是辐射计最重要的指标,决定了辐射计对测量温度的分辨能力以及真实测量中的准确程度[5]。辐射计的灵敏度越高,则系统的分辨能力越强,越有可能分辨出目标的细节,从而越有利于区分危爆品。

1)线性度

线性度是衡量辐射计天线温度与其输出之间线性程度的指标。在辐射计工作过程中,要求在辐射计的动态范围内,辐射计的线性度要能达到大于

0.999，基本可视为绝对线性。辐射计的定标是以辐射计线性为前提的，线性度是辐射计正常工作的基本要求。

2）灵敏度

灵敏度是指辐射计接收机能够分辨的最小输入变化，是辐射计最重要的指标，决定了辐射计成像的质量。灵敏度的定义式为

$$(\Delta T)^2 = \sigma_v^2/(\partial V/\partial T) \qquad (10-1)$$

式中，σ_v——输出电压 V_{out} 的标准差；

$\partial V/\partial T$——定标曲线斜率。

3）稳定度

稳定度是指在辐射计持续工作后，衡量其测量温度误差范围的指标。安检成像系统要求系统可持续工作且对稳定度的要求较高。

4）绝对精度

辐射计的绝对精度是指由输出电压 V_{out} 反演目标实际亮温 T_A 的定标过程的精确程度。定标过程一般分为两步：接收机定标；接收天线定标。接收机定标是指标定接收机输出信息与其辐射计接收端噪声亮温 T'_A 的关系；接收天线定标是指确定接收到的噪声亮温 T'_A 与实际观测场景中目标的辐射亮温 T_A 的关系。经典的定标方法是两点定标法，其需提供已知冷源与热源。绝对精度的测量准确与否会对成像质量造成一定的影响。

10.2.2 图像去噪质量评价指标

在获取安检图像之后，还需要针对图像进行增强、去噪等优化，以提升图像质量及适用性能。针对图像质量的改善可以通过定性或定量指标来进行评价，与其对应的是成像的人类视觉效果、峰值信噪比等具体评价指标。

1. 客观评价

客观评价指标中包括针对单幅图像来进行评价的均值、方差及平均梯度指标，以及增强前后的两幅图像进行对比的最小均方误差、峰值信噪比、结构相似度、边缘保持指数等指标。

1）均值

图像的均值是指安检成像中图像像素的平均值，均值的大小表征在扫描过程中接收信号的整体大小。正常成像情况下，安检图像的均值应该在一个恒定的范围之内，此时的视觉成像效果良好。如果图像的均值过大或过小，则说明成像系统可能没有正常工作。

2）方差

图像的方差参数说明了图像像素的分散程度，安检图像的方差指标越大，则说明图像的像素差异越大、分布越离散，其图像细节越丰富。

3）平均梯度

平均梯度用于衡量图像中边缘信息的差异，梯度的变换率可以衡量图像结构及纹理之间的细小差异，梯度值越大，图像的细节表征能力就越强。

4）均方误差

均方误差（Mean Square Error，MSE）是衡量图像处理前后图像相似程度的评价指标。MSE 值越小，则说明处理前后的图像越接近，失真程度越小。

5）峰值信噪比

峰值信噪比（PSNR）是权衡图像失真或者信号失真的指标。峰值信噪比的值越大，说明图像处理前后图像之间的差异越小，即图像失真程度越低，这表示处理效果越好。值得一提的是，有时处理结果的 PSNR 较好，但人的视觉效果却认为 PSNR 较低的处理算法结果更好，这说明主观观测效果与客观评价结果有一定差异。由于人的视觉效果容易受多种因素影响，因此在评价时应尽量以客观评价指标为准则。

说明：以上5项指标的数学表达式可参见6.2节。

6）边缘保持指数

边缘保持指数（Edge Preserve Index，EPI）为图像处理前后相邻像素之间的对比值，其表达式为

$$\mathrm{EPI} = \frac{\sum |P_\mathrm{s} - P_\mathrm{sn}|}{\sum |P_\mathrm{o} - P_\mathrm{on}|} \quad (10-2)$$

式中，P_s，P_o——处理前后图像像素值；

P_sn，P_on——相邻点像素值。

由式（10-2）可看出，EPI 值越接近 1，则说明处理结果的边缘保持得越好[5]。

2. 主观评价

安检图像常常需要通过人类视觉来判别违禁品，尽管在大多数时候完全依靠客观指标，但安检图像的特殊性要求在客观评价之余还要参考人的主观意见。主观质量评分法是图像质量最具代表性的主观评价方法，它通过对观测者的评分来判断图像质量，如表10-2所示。

表 10 - 2 评价尺度

质量尺度	评价	分值
完全看不出图像变差	非常好	5
能看出图像质量变化，不影响观看	好	4
清楚看出图像变化，影响观看	一般	3
影响观看	差	2
严重影响观看	非常差	1

为得到定量的主观评价结果，需要设计主观评价实验。步骤如下：

第 1 步，准备样本集，样本集中所包含的图像类型要全面。

第 2 步，由观测者对样本集的图像质量进行评价。在此过程中，需考虑设备的配置、观测距离、观测者的来源、观测小组的人员数、观测图像数目、每次观测的时间等方面。

第 3 步，对主观评价结果进行处理，可以对原始数据进行取舍，可用一定数量的观测者给出的平均分数作为最终结果。

图像的主观评价方法能够真实地反映图像的直观质量，评价结果可靠，无技术障碍。但是主观评价方法也有很多缺点。例如，要对图像进行多次重复实验，无法应用数学模型进行描述；从工程应用的角度看，耗时多、费用高，难以实现实时的质量评价。在实际应用中，主观评价结果还受观察者的知识背景、观测动机、观测环境等因素的影响。

10.3 太赫兹人体安检成像去噪算法

影响被动安检图像质量的因素有很多，包括系统噪声、扫描方式、环境因素以及各种不确定因素（包括目标以外存在其他强辐射源、空气密度非均匀导致信号传输误差等）。如果这些影响因素过大，就会造成被动安检图像出现大范围的噪点，致使目标的主要特征模糊，进而影响判断。研究相应的去噪算法，可以提升被动图像的清晰度，增强系统的环境适应能力，突出目标特征信息[6]。

针对噪声进行处理的算法有很多，如应用于空域的高斯滤波、中值滤波及应用于频域的小波去噪算法等，但这些算法在处理噪声的同时会影响图像的结构，降低图像对比度。全变差（Total Variation，TV）是一种效果良好的去噪模型，该模型基于偏微分方程对图像进行非线性去噪，能够很好地保持图像的边缘特征，可有效应用于图像去噪、反卷积和图像修复，对高斯、拉普拉斯、泊松等噪声类型都有很好的效果。

10.3.1 被动安检常见噪声类型

被动安检图像的特点之一是成像噪声较多，图像中含有大量雪花状噪点。为更好地提取图像信息，首先要针对图像噪声进行预处理。常见的被动图像噪声种类有高斯噪声、椒盐噪声。

高斯噪声是指幅度服从高斯分布，功率谱密度均匀分布的噪声函数，其模型可表示为

$$p(x) = \frac{1}{\sigma\sqrt{2\pi}} \exp(-(x-\mu)^2/2\sigma^2) \quad (10-3)$$

式中，x——图像灰度；

μ, σ——函数的均值和标准差。

椒盐噪声的概率密度函数为

$$p(x) = \begin{cases} P_b, & x = g_b \\ P_w, & x = g_w \\ 0, & 其他 \end{cases} \quad (10-4)$$

式中，$g_b = 0$；$g_w = 255$；P_b、P_w 为对应噪声出现的密度。

该类噪声通常在图像的传输处理过程中引入。在被动安检过程中，将接收信号转换为电压时必定会带来椒盐噪声影响图像。噪声表现为黑白相间的噪点，一般称白色点为盐噪声、称黑色点为椒噪声。

附加高斯噪声及椒盐噪声的图像效果对比如图10-1所示。

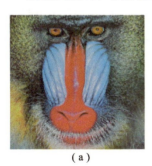
(a)
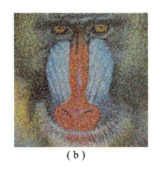
(b)
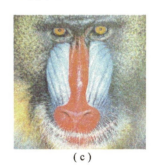
(c)

图 10-1 不同噪声对图像的影响
(a) 原始高清图像；(b) 椒盐噪声图像；(c) 高斯噪声图像

10.3.2　小波域安检图像噪声类型估计

与传统的基于时域频域全局分析的傅里叶变换相比，小波变换从时域与频域的局部变换出发，其强大的时频分析能力能从信号中提取更多有效信息。小波变换对信号进行了多尺度细化，通过对信号的时域或频域的局部细化，最终达到在低频处的频率细分以及高频处的时间细分，从而可以分析信号的任意细节。

小波变换和傅里叶变换有一定相同之处。传统傅里叶变换针对整个时域，缺乏局部特征且对非平稳信号缺少处理能力，短时傅里叶变换（STFT）存在加窗大小选取的问题，而小波变换针对这些问题，直接将傅里叶变换的无限长三角基替换为有限长度可衰减的小波基，在分析频率的同时还能定位时间[7]。

定义小波基的形式为

$$C_\psi = \int_{-\infty}^{\infty} \frac{|\hat{\psi}(\omega)|^2}{|\omega|} \mathrm{d}\omega < \infty, \quad \psi(t) \in L^2(R) \tag{10-5}$$

式中，$\psi(\omega)$——$\psi(t)$ 的傅里叶变换。

通过一系列平移及伸缩操作，可得到小波函数系：

$$\psi_{a,b}(t) = |a|^{-\frac{1}{2}} \psi\left(\frac{t-b}{a}\right) \tag{10-6}$$

式中，a——伸缩因子；

b——平移因子。

式（10-6）的离散形式为

$$\psi_{m,n} = a_0^{-\frac{m}{2}} \psi(a_0^{-m} t - n b_0), \quad m, n \in Z \tag{10-7}$$

一般取 $a_0 = 2$，$b_0 = 1$。小波变换的连续及离散形式分别为

$$W_\psi f(a,b) = \int_{-\infty}^{\infty} f(t) \overline{\psi_{a,b}(t)} \mathrm{d}t \tag{10-8}$$

$$W_{m,n}(t) = \int_{-\infty}^{\infty} f(t) \overline{\psi_{m,n}(t)} \mathrm{d}t \tag{10-9}$$

将其推广到二维：

$$W_\psi f(a, b_x, b_y) = \iint f(x,y) \overline{\psi_{a,b_x,b_y}(x,y)} \mathrm{d}x \mathrm{d}y \tag{10-10}$$

$$\overline{\psi_{a,b_x,b_y}(x,y)} = \frac{1}{|a|} \psi\left(\frac{x-b_x}{a}, \frac{y-b_y}{a}\right) \tag{10-11}$$

二维小波变换类似用低通滤波器和高通滤波器分别对图像行列滤波，再进行二选一的降采样。通过二维小波变换，可将图像分割为：水平、垂直均低通

的低频子代 LL；水平高通、垂直低通的子代 LH；水平低通、垂直高通的子代 HL；水平、垂直均高通的子代 HH。基于高频子代 HH 的直方图估计可以反映噪声的类型和大小[6]。在实验中分别对原始图像添加均值为 0、均方误差为 0.05 的高斯噪声及密度为 0.1 的椒盐噪声，并对高频子代 HH 进行直方图估计，结果如图 10-2、图 10-3 所示。

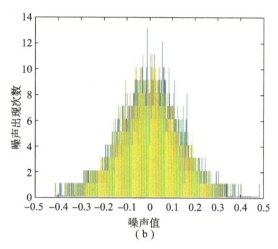

（a）

（b）

图 10-2　高斯噪声图像的直方图估计
（a）高斯噪声图像；（b）直方图

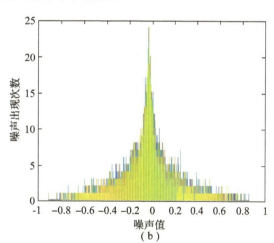

（a）

（b）

图 10-3　椒盐噪声图像的直方图估计
（a）椒盐噪声图像；（b）直方图

根据直方图分布的特点，可以估计噪声种类：高斯噪声的直方图分布类似于高斯函数包络，椒盐噪声直方图中在 0 附近有凸起的较大值。下面使用小波噪声估计方法对被动安检图像进行噪声估计,其原始安检图像及噪声估计直方图分别如图 10-4、图 10-5 所示。

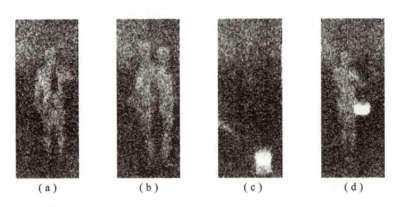

图 10-4 四种被动安检图像样本
(a) 人+凉水;(b) 两个人;(c) 热水;(d) 人+热水

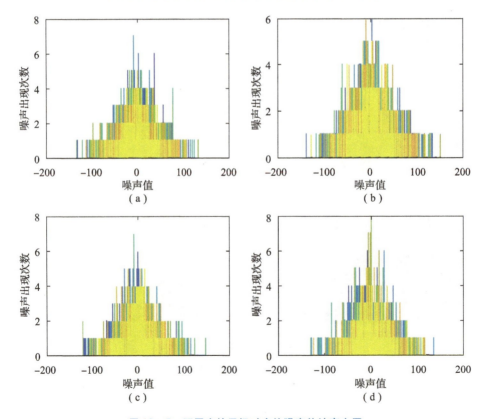

图 10-5 不同安检目标对应的噪声估计直方图
(a) 人+凉水;(b) 两个人;(c) 热水;(d) 人+热水

虽然四种图像中主要目标有一定差别,涵盖了人物、低辐射目标、高辐射目标,但其直方图形式基本相同。根据安检图像的高频直方图估计,可知图像噪声类型以高斯噪声为主。

10.3.3 应用于太赫兹安检成像的全变差去噪

图像去噪是数字图像处理领域中最热门的研究问题之一,其模型可以简单描述为

$$f = u + n \tag{10-12}$$

式中,f——受噪声污染的图像,$f: \Omega \to \mathbf{R}$,Ω 为 $\mathbf{R}^2$ 的一个子集;

n——噪声。

在图像的整个产生过程中,难以避免带来噪声影响成像质量,噪声是一种普遍的图像退化干扰。然而,对于某些高精度图像来说,即便引入的噪声十分微小,所导致的最终成像结果也是灾难性的[8]。

不同种类的噪声有不同的噪声来源,对于不同种类的图像及噪声,需要使用相对应的去噪算法进行处理,若选取的算法不合适,则不仅难以保证去噪效果,往往还会造成原图像的重要特征模糊[9]。对于安检图像来说,最重要的是保持图像的原有特征。在一幅安检图像中,受到关注的并不是图像背景,而是人体成像区域,尤其是携带危爆品的区域,只有该部分的特征得到良好的保真及增强,才有可能提升对危爆品的检测和判别能力。如果在去噪过程中过分地追求整体质量的提升而忽略对关键信息的保持,就可能导致误判误检,甚至导致某些危爆品在某些携带位置出现漏检,这对一个成像系统无疑是致命的,因此安检图像的去噪要在保证图像细节特征的前提下有效去除噪声。

从最大似然原理可知,去噪过程可以认为是寻找一个真实图像 u 的一个最小二乘逼近:

$$\min_{u} \| u - f \|_{L_2}^2 \tag{10-13}$$

然而,式(10-13)的求解是一个病态过程,常用的是正则化方法,即通过引进正则化项来将方程转换为良态方程,从而逼近病态问题的真实解。经典的基于正则化的图像复原模型建立在 Sobolev 空间,但该模型的前提是图像自身较平滑,若图像中出现较多纹理、边缘等结构,降噪效果就会很不明显。全变差(TV)去噪方法可以有效地针对此类问题,基于变分的思想,利用最小化图像能量函数作为正则项来求解方程,在保证边缘清晰度和位置的前提下,可以更好地保存图像纹理中的精细尺度特征。

全变差模型寻求图像 I 的 TV 范数构成的能量函数与噪声图像保真度之间的平衡,其模型为

$$\arg\min_{S} \sum_{p} \left(\frac{1}{2} \lambda (S_p - I_p)^2 + |(\nabla S)_p| \right) \qquad (10-14)$$

式中，I_p——第 p 个通道的输入图像（或图像通道）；

S——输出图像的结构，梯度算子 $\nabla = \left(\dfrac{\partial}{\partial x}, \dfrac{\partial}{\partial y} \right)$；

$\sum_{p} |(\nabla S)_p|$——总变差的正则项，二维的 $\sum_{p} |(\nabla S)_p|$ 可写为

$$\sum_{p} |(\nabla S)_p| = \sum_{p} \left(|(\partial x S)_p| + |(\partial y S)_p| \right) \qquad (10-15)$$

该模型的第一项是残差，用于保证去噪后图像依然能保留输入图像中的主要特征；第二项是引入的正则项，通过有界变差（BV）空间的半范数来降低图像噪声[10]。

可引入 Euler – Lagrange 算子对式（10 – 14）求解，则式（10 – 14）可转换为

$$E_\Phi = \sum_{p} \left(\frac{1}{2} \lambda (S_p - I_p)^2 + \Phi |(\nabla S)_p| \right) \qquad (10-16)$$

若要使能量函数最小，则其 Euler – Lagrange 方程为

$$F \equiv \lambda \sum_{p} (S_p - I_p) + \mathrm{div}\left(\Phi' \frac{\nabla I}{|\nabla I|} \right) = 0 \qquad (10-17)$$

式中，λ 的大小会决定去噪图像和输入图像之间的保真度。

求解的过程可视为寻求 F 的最陡下降：

$$I_t = F, \quad I|_{t=0} = I_0 \qquad (10-18)$$

模型中的正则项用来减少局部区域的退化，方程可以分解为图像纹理边缘的方向和正交两个尺度，扩散算子仅沿图像梯度的正交方向扩散，而朝着梯度方向无扩散，扩散系数为 $1/|\nabla I|$，这使图像的纹理边缘得到最大程度的保存。扩散参数 λ 的选取对结果有很重要的影响，如果选取得过小，则无法保证算法的保真度，而选取过大就会导致方程非凸，边缘结果波动较大。

将峰值信噪比（PSNR）、均方误差（MSE）作为评价指标，对不同 λ 值下的成像结果进行比较，该数据选取了安检中常见的人体 + 液体携带物的模式，其中液体为室温自来水。选取 λ 的值为 0.1 ~ 10，绘制 PSNR 和 MSE 的曲线如图 10 – 6 所示。根据 PSNR 和 MSE 曲线可知，λ 值取 4.6 时图像的峰值信噪比与最小均方误差取得极值。TV 去噪后的成像结果如图 10 – 7 所示。

第 10 章　太赫兹遥感技术在人体安检中的应用

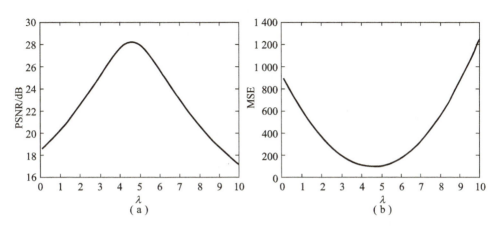

图 10-6　TV 算法不同 λ 对应的 PSNR、MSE 曲线
（a）PSNR 曲线；（b）MSE 曲线

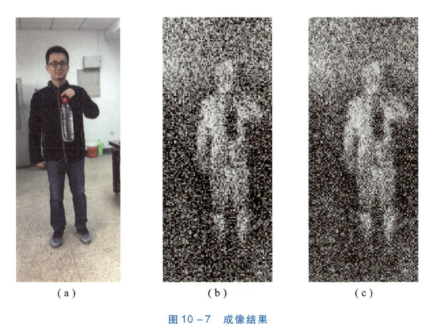

图 10-7　成像结果
（a）可见光图像；（b）原始被动图像；（c）TV 去噪图像

选取其他 4 组原始数据重复测试 λ 的最佳值，测试的原始成像结果如图 10-8 所示。分别计算这四种目标在 TV 去噪算法下，不同 λ 所对应的 PSNR 以及 MSE 对比，结果如图 10-9 所示。

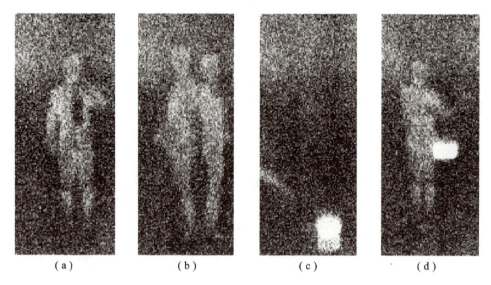

图 10-8　不同目标的 TV 算法去噪结果

（a）人+冷水；（b）两个人；（c）热水；（d）人+热水

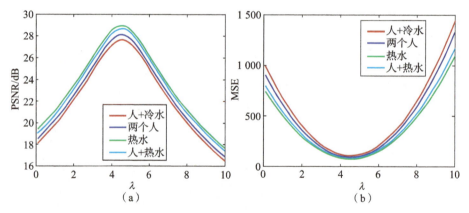

图 10-9　四种目标在不同 λ 时的 PSNR 与 MSE

（a）PSNR 曲线；（b）MSE 曲线

  由图 10-9 所示的结果可知，不同的被测目标对图像去噪曲线没有影响。接下来，选择小波去噪方法与 TV 去噪进行对比，小波去噪结果如图 10-10 所示，TV 去噪效果与小波去噪对比如表 10-3 所示。

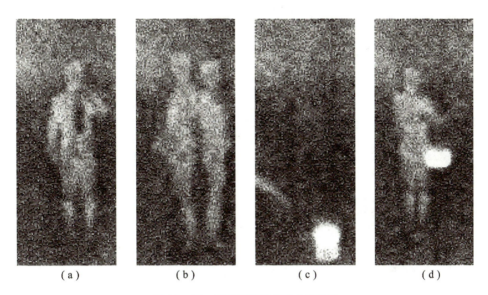

图 10-10 四种目标的小波去噪结果
(a) 人+凉水;(b) 两个人;(c) 热水;(d) 人+热水

表 10-3 TV 去噪算法与小波去噪算法指标对比

指标	目标	人+凉水	两个人	热水	人+热水
PSNR/dB	TV 去噪	28.23	28.11	28.96	28.68
	小波去噪	26.76	26.87	27.17	26.99
MSE	TV 去噪	97.67	100.28	82.61	88.05
	小波去噪	136.99	133.67	124.73	129.81
EPI_H	TV 去噪	0.95	0.94	0.93	0.93
	小波去噪	1.22	1.21	1.23	1.22
EPI_V	TV 去噪	0.94	0.93	0.93	0.94
	小波去噪	1.17	1.16	1.18	1.17

由表 10-3 中的对比结果可知,在被动安检图像中的处理中,TV 去噪较传统的小波去噪方法无论是峰值信噪比(PSNR)还是边缘保持指数(EPI)都有明显的提升。在视觉效果上,TV 去噪算法在去除噪声的同时,很好地保持了图像原有的轮廓特征;小波去噪算法虽然也明显提升了目标和背景的对比度,但同时带来一定的模糊,造成携带物品边缘模糊。

10.4　太赫兹人体安检图像特征提取与图像分割

10.4.1　被动安检图像特征结构分析

被动安检成像的体制决定了被动安检图像（尤其是快速人体安检背景下的被动成像）的图像结构不具有特定的规则性或对称性，如图 10-11 所示。

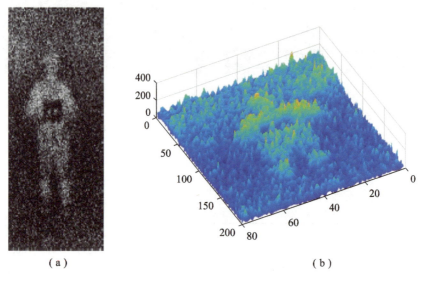

图 10-11　被动安检图像特征
（a）被动安检图像；（b）三维图

被动安检图像的不稳定性除了表现在扫描的人体、隐匿物不稳定外，其背景的像素值往往也会有极大波动，这就导致一般的阈值分割方法或聚类分割方法很难直接应用于被动安检图像。直接使用阈值分割和 K-means 聚类分割的结果如图 10-12 所示。

由图 10-12 可以发现，在二分类任务中，传统算法并不能将隐匿物与其他部分分开，受图像质量及背景噪声影响很大。但是，抛开稳定度因素不谈，单就图像的复杂度来说，被动安检图像较普通图像而言是极其简单的。被动安检成像的原理是根据目标的温度来成像，场景中一般只会出现人体、隐匿物和背景三种主要目标，而任意一幅光学的自然图像都可能包含多种风景和人像，

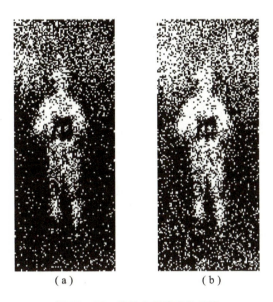

图 10-12 传统分割算法的结果
(a) 阈值分割的结果；(b) K-means 聚类分割的结果

其目标的丰富度以及色彩的复杂性远远大于普通的被动安检图像。基于 10.3 节的内容可知，总变差模型对于图像边缘信息较敏感，这为解决此类问题提供了思路，在进行图像分割工作之前，可以先利用相关全变差算法进行目标结构的特征提取，再对提取结果进行图像分割。

10.4.2 相对全变差算法结构特征提取

相对全变差（Relative Total Variation，RTV）算法最早应用于纹理图像的结构提取。针对图像结构与图像纹理有一定程度融合的"结构+纹理"图像，Xu 等[10]在已有的全变差模型的基础上提出了相对全变差纹理去除方法，通过计算机提取图像的整体结构，消除图像的细节纹理。该模型能有效分解图像中的结构特征和纹理信息，并具有一般性和随意性，适用于处理非统一的或各向异性的纹理图像[11]。

传统全变差模型见式（10-14）。传统的正则化总变差模型在处理图像中纹理信息和结构信息时不具有可分性，这使得图像在优化过程中，图像纹理与主要结构往往受到同等惩罚，从而不能很好地完成对图像主要结构的提取。改进的模型如下：

$$\arg\min_{S} \sum_{p} \left((S_p - I_p)^2 + \lambda \cdot \left(\frac{D_x(p)}{L_x(p) + \varepsilon} + \frac{D_y(p)}{L_y(p) + \varepsilon} \right) \right) \quad (10-19)$$

式中，$D_x(p)$，$D_y(p)$——x、y方向上的像素p的窗口总变差（Windowed Total Variation，WTV），代表了观察窗口中的绝对空间差异，其表达式为

$$\begin{cases} D_x(p) = \sum_{q \in R(p)} g_{p,q} \cdot |(\partial x S)_q| \\ D_y(p) = \sum_{q \in R(p)} g_{p,q} \cdot |(\partial y S)_q| \end{cases} \quad (10-20)$$

式中，$R(p)$——以像素p为中心的矩形参考区域；

$g_{p,q}$——尺度参数为σ的高斯核函数，σ决定了高斯函数的窗口大小：

$$g_{p,q} \propto \exp\left(-\frac{(x_p - x_q)^2 + (y_p - y_q)^2}{2\sigma^2}\right) \quad (10-21)$$

有别于窗口总变差，窗口内固有变差（Windowed Inherent Variation，WIV）项$L_x(p)$和$L_y(p)$用于帮助区分纹理结构，其表达式为

$$\begin{cases} L_x(p) = \left| \sum_{q \in R(p)} g_{p,q} \cdot (\partial x S)_q \right| \\ L_y(p) = \left| \sum_{q \in R(p)} g_{p,q} \cdot (\partial y S)_q \right| \end{cases} \quad (10-22)$$

在式（10-19）中，$(S_p - I_p)^2$项使得输出图像与原图像的差异不至于过大；第二项$\lambda \cdot \left(\frac{D_x(p)}{L_x(p) + \varepsilon} + \frac{D_y(p)}{L_y(p) + \varepsilon}\right)$是引入的相对全变差项，其中$\lambda$为权重系数，$\varepsilon$为防止除0所设置的极小值。

与传统的TV方法相比，RTV方法选取了新的正则项，其原因在于图像的窗口全变差$D_x(p)$、$D_y(p)$对图像的纹理特征和结构特征都较为敏感，这使得其无法单纯提取图像结构特征，而窗口固有变差$L_x(p)$、$L_y(p)$仅对图像的纹理结构有较高的敏感度。RTV方法借助WIV来抑制图像WTV对纹理的敏感，从而使模型能够区别纹理与结构上的梯度差异，并对结构特征进行提取。

10.4.3 被动安检图像分割

图像分割是指根据图像自身的各种特性将图像像素分为不同的具有共同特质区域的过程，其目的在于得到感兴趣的目标信息。在快速人体安检过程中，对目标的具体判据主要依赖于主动成像结果，在被动成像过程中的关注信息是可疑物轮廓和其中心坐标。

主流的图像分割包含各类阈值分割法、统计建模算法、聚类算法、AI分割算法等。按照各类算法的原理可将其分为三类。第一类，基于目标特征，如

阈值算法、K-means 聚类算法、AI 分割算法,其原理是提取图像中的各类目标特征来完成图像分割。这类分割方法能够有效提取图像的像素分布并提供分类方法,但其忽略了图像整体的结构信息,尤其对图像的边缘变化不够敏感,这导致对于特征分布不均匀的目标图像容易进行错误分割。第二类,从空间域出发,代表性算法有区域增长算法,其在图像空间中先判断不同目标的相似度,再根据相似程度来进行图像分割。这类方法对图像的特征考虑得较为全面,但带来合并条件难以确定的问题,容易导致过分割或者欠分割。第三类,结合图像的特征域及空间域,具有代表性的有基于统计建模的分割方法,该方法先假定目标的特征分布和空间结构关系,然后通过迭代来平衡特征分布和空间关系组成的评价函数系数,以获取最优的分割结果。这类方法有较强的鲁棒性和分割能力,但对选择的模型要求较高[12]。

RTV 算法中的正则项就针对了所要提取的图像特征进行建模,经算法处理后可直接通过第一类方法进行分割提取。在此使用基于信息熵的分割算法[13]。

通常,一幅图像中会包含目标、背景和各类噪声,为了区分不同目标,可以根据不同目标的特征像素值来寻找某一合适的阈值 T,从而将图像分成两部分:大于等于 T 的像素群;小于 T 的像素群。其模型为

$$f'(x,y) = \begin{cases} 1, & f(x,y) \geq T \\ 0, & f(x,y) < T \end{cases} \quad (10-23)$$

在实际应用过程中,有时为了突出目标,还可以根据图像分割结果重新设定区域的整体阈值。对一些较复杂的图像,有时真正感兴趣的区域仅为其中的一部分,而目标分布在图像内的多个灰度范围中,此时就需要寻找更多阈值(如 T_1、T_2)来进行区分,则关注区域的分割模型可表示为

$$f'(x,y) = \begin{cases} 1, & T_1 \leq f(x,y) \leq T_2 \\ 0, & \text{其他} \end{cases} \quad (10-24)$$

阈值分割可以分为三步:确定阈值;阈值比较;像素归类。其中最重要的是第一步,即确定阈值。对图像分割而言,最关心的是图像阈值是否选取得合理,换言之,就是分割结果中是否最大限度地保存了人们所关心的图像信息[13]。

基于最大熵的阈值分割方法,其理论来源于信息论中的香农熵原理。图像的信息熵定义为

$$H(X) \cong \sum_{i=1}^{n} p_i \log_a \frac{1}{p_i} = -\sum_{i=1}^{n} p_i \log_a p_i \quad (10-25)$$

引入拉格朗日算子,则式(10-25)变为

$$H(p_1, p_2, \cdots, p_n) = -\sum_{i=1}^{n} p_i(x_i) \ln p_i(x_i) + \left(\sum_{i=1}^{n} p_i - 1 \right) \quad (10-26)$$

式中,x_i——像素的灰度值。

对式(10-26)求导,得

$$\frac{\partial H(A)}{\partial p(x_i)} = -\ln p(x_i) + 1 \quad (10-27)$$

当$p_1 = p_2 = \cdots = p_n = 1/n$时,$\frac{\partial H(A)}{\partial p(x_i)} = 0$,信息熵$H(A)$取得极值。对于一般的灰度图像,可以将图像像素按灰度值分为256份,$p_i(i=0,1,\cdots,255)$表示所有灰度值出现的概率。p_i的计算方法:同一灰度值出现的次数除图像像素之和。对于分割的类别数为N的情况,分割的信息熵为

$$H(I,N) = \sum_{j=0}^{N-1} \| p(I_j) - 1/N \| \quad (10-28)$$

式中,I——输入图像;

$p(I_j)$——分割块内灰度概率之和,$p(I_j) = \sum_{i \in I_j} p_i$。

求取适当的分割阈值,使$H(I,N)$最小时所分割出的各图像所含信息与原图像最接近。

基于最大熵的阈值分割算法流程如下:

第1步,设定分割的类别数N。

第2步,读取图像数据,并将像素值标准化。

第3步,计算各像素出现的概率$p_i = P\{X = x_i\}, i = 1,2,\cdots,n$。

第4步,定义迭代初始值。为了加快收敛速度,可将初代值选取$p(I_j) = 1/N$时I_j包含的像素数目。

第5步,通过判断$H(I,N) = \sum_{j=0}^{N-1} \| p(I_j) - 1/N \|$值是否最小来决定是否跳出循环。当$H(I,N)$取得最小值时,以当前的像素值$x_i$作为分割阈值;否则,改变像素值$x_i$继续搜索。

如果图像整体较大且分割部分设置较多,则可以通过快速优化算法来进一步提高效率,但由于安检的像素值较少且无须过多分割,因此可以直接通过穷举法来选择最优分割阈值。

被动安检图像中,由于危爆品(金属或陶瓷刀具、手枪、水等)自身温度较低,其特征往往与背景相近,因此将分割数目选择两类,只要将危爆品、人体、背景分开即可,分割结果如图10-13所示。背景中温度分布不均匀(在这两幅图中的上半部分温度都要明显大于下半部分),导致分割结果会有一定的误差。针对该问题,可以根据实际情况先将图像分成不同的区域再进行处理,最后将分割结果进行拼接即可。

第 10 章 太赫兹遥感技术在人体安检中的应用

(a) (b)

图 10-13 被动安检图像的光学图像和分割结果

(a) 光学图像；(b) 分割结果

如果想进一步分割出物体，则可以先提取人的整体轮廓，再将目标与背景分离。由于分割结果为二值分布，因此针对隐匿物与人体之间的差异可以轻松完成对隐匿物轮廓的提取，然后可依据分割出来的目标坐标进行下一步的局部主动扫描成像。

空间太赫兹遥感技术起源于空间科学和卫星应用，推广到人体安检成像领域既是继承也是创新。在宇宙空间中，广泛存在着太赫兹辐射。2019 年，人类首次利用太赫兹频段的事件视界望远镜（Event Horizon Telescope）在近邻巨椭圆星系 M87 的中心成功捕获了世界上第一幅黑洞遥感图像。我国发射的"风云"系列气象卫星被动接收大气的太赫兹辐射，从而通过测云观风来向我们提供精确的天气预报。太赫兹人体安检仪则被动接收人体的太赫兹辐射，从而对衣物内的隐匿物品进行探测成像。

因此，"空间"的概念可以是广义的，其既可以指人体和安检仪之间，也可以指大气层、临近空间以及外层太空；空间中"太赫兹遥感"的概念也可以是广义的，其核心是基于普朗克定律的太赫兹辐射成像，感知物体的温度、湿度、成分及其变换规律。随着科技的进步，太赫兹辐射计将具有更高的灵敏度、更高的空间分辨率以及更加多样化的形态，从而能更敏锐地感知人类所处的空间，必将促进新发现和新应用，我们拭目以待。

参 考 文 献

[1] 李良超,杨建宇,姜正茂,等. 3 mm 辐射成像研究 [J]. 红外与毫米波学报,2009,28(1):11-15.

[2] YUJIRI L, SHOUCRI M, MOFFA P. Passive millimeter-wave imaging [J]. IEEE Microwave Magazine, 2003, 4(3):39-50.

[3] STANKO S, NÖTEL D, HUCK J, et al. Millimeter wave imaging for concealed weapon detection and surveillance at up to 220 GHz [J]. Passive Millimeter-Wave Imaging Technology XI, 2008:69480N.

[4] 蒋林华,王尉苏,童慧鑫,等. 太赫兹成像技术在人体安检领域的研究进展 [J]. 上海理工大学学报,2019,41(1):46-51.

[5] 张光锋,张祖荫,郭伟. 绝对值检波狄克辐射计的指标测量与成像实验 [J]. 遥测遥控,2003,24(6):30-34.

[6] 吴雄洲. 被动毫米波图像去噪算法研究 [D]. 南京:南京理工大学,2017.

[7] 张旗,梁德群,樊鑫,等. 基于小波域的图像噪声类型识别与估计 [J]. 红外与毫米波学报,2004,23(4):281-285.

[8] 潘晨. 全变差正则化图像去噪模型的求解算法研究 [J]. 卷宗,2015(5):379-380.

[9] TALEBI H, MILANFAR P. Global image denoising [J]. IEEE Transactions on Image Processing A Publication of the IEEE Signal Processing Society, 2014, 23(2):755-768.

[10] XU L, YAN Q, XIA Y, et al. Structure extraction from texture via relative total variation [J]. ACM Transactions on Graphics, 2012, 31(6):139.

[11] 艾立. 一种改进的各向异性全变差去噪模型 [J]. 计算机工程与应用,2016,52(10):192-195.

[12] 李小双. 小型化 FMCW 雷达测量系统研究与实现 [D]. 西安:西安电子科技大学,2017.

[13] 曹力,史忠科. 基于最大熵原理的多阈值自动选取新方法 [J]. 中国图象图形学报,2002,7(5):461-465.

附录　术语表

AdaFM（Adaptive Feature Modification Layer）	适应性的卷积可调层
AMSR（Advanced Microwave Scanning Radiometer）	先进微波探测器
Antenna Diameter	天线口径
Antenna Direction Factor	天线方向系数
Antenna Noise	天线噪声
Antenna Pattern	天线方向图
ATMS（Advanced Technology Microwave Sounder）	先进技术微波探测仪
ATSR（Along–Track Scanning Radiometer）	顺轨扫描辐射计
AVA（Antenna Viewing Axis Coordinate System）	天线视轴坐标系
Beam Efficiency	波束效率
CFOSat（China France Ocean Sattelite）	中法海洋卫星
CMA（China Meteorological Administration）	中国气象局
CNN（Convolutional Neural Network）	卷积神经网络
CoSSIR（Compact Scanning Submillimeter–wave Imaging Radiometer）	紧凑型扫描亚毫米波成像辐射计
DMSP（Defense Meteorological Satellite Program）	美国国防气象卫星计划
Dynamic Range	动态范围
EDSR（Enhanced Deep Residual Network）	残差卷积神经网络
EOS（Earth Observation System）	对地观测系统

EPI（Edge Preserve Index）	边缘保持指数
ESA（European Space Agency）	欧洲空间局
FY-3	"风云三号"气象卫星
FY-4	"风云四号"气象卫星
Gaussian White Noise	高斯白噪声
GEO（Geostationary Earth Orbit）	静止轨道
GO（Geometric Optics）	几何光学
GTD（Geometric Diffraction Theory）	几何绕射理论
HEB（Hot Electron Bolometer）	热电子辐射热计
HR/HRI（High Resolution Image）	高分辨率图像
HPBW（Half Power Beam Width）	半功率波束宽度
ICI（Ice Cloud Imager）	冰云成像仪
IFOV（Instantaneous Field of View）	瞬时视场
ISAR（Inverse Synthetic Aperture Radar）	逆合成孔径雷达
ISR（Image Super Resolution）	图像超分辨
ISS（International Space Station）	国际空间站
ITU（International Telecommunication Union）	国际电信联盟
JAXA（Japan Aerospace Exploration Agency）	日本宇宙航空研究开发机构
JEM（Japanese Experiment Module）	日本实验舱
JPSS（Joint Polar Satellite System）	美国联合极轨卫星系统
LEO（Low Earth Orbit）	低轨道
LNA（Low Noise Amplifier）	低噪声放大器
LR/LRI（Low Resolution Image）	低分辨率图像
MAP（Maximum A Posteriori）	最大后验概率
MART（Multiplicative Algebraic Reconstruction Technique）	乘法代数重构技术
MEO（Medium Earth Orbit）	中轨道
MetOp（Meteorological Operational Satellite）	欧洲极轨业务气象卫星
MIMO（Multiple Input Multiple Output）	多输入多输出
MIMR（Multifrequency Imaging Microwave Radiometer）	多频成像微波辐射计
MLS（Microwave Limb Sounder）	微波临边探测器
MMIC（Monolithic Microwave Integrated Circuit）	单片微波集成电路

MSE (Mean Square Error)	均方误差
MWHS (Microwave Humidity Sounder)	微波湿度计
MWRI (Microwave Radiation Imager)	微波成像仪
MWTS (Microwave Temperature Sounder)	微波温度计
NASA (National Aeronautics and Space Administration)	美国航空航天局
NEΔT (Noise Equivalent Difference Temperature)	噪声等效温差
NF (Noise Figure)	噪声系数
NNI (Nearest Neighbor Interpolation)	最邻近插值算法
NOAA (National Oceanic and Atmospheric Administration)	美国国家海洋和大气管理局
PO (Physical Optics)	物理光学
PRF (Pulse Repetition Frequency)	脉冲重复频率
PSF (Point Spread Function)	点扩散函数
PSNR (Peak Signal to Noise Ratio)	峰值信噪比
PTD (Physical Diffraction Theory)	物理绕射理论
QAM (Quadrature Amplitude Modulation)	正交振幅调制
QCL (Quantum Cascade Laser)	量子级联激光器
QWP (Quantum Well Photodetector)	量子阱光电探测器
RCS (Radar Cross Section)	雷达散射截面
Reflector Antenna	反射面天线
RFSCAT (Rotating Fanbeam SCAT Terometer)	星载扇形旋转扫描散射计
RTV (Relative Total Variation)	相对全变差
SAR (Synthetic Aperture Radar)	合成孔径雷达
SFIM (Smoothing Filter – based Intensity Modulation)	基于平滑滤波的亮度调节
SIR (Scatterometer Image Restruction)	散射计图像重建
SIS (Superconductor Insulator Superconductor)	超导 – 绝缘 – 超导
SMILES (Superconducting Sub – millimeter – Wave Limb – Emission Sounder)	超导亚毫米波临边辐射探测仪
SMMR (Scanning Multifrequency Microwave Radiometer)	扫描多频微波辐射计
Spatial Resolution	空间分辨率
Square – law Detector	平方律检波器
SRCNN (Super Resolution Convolutional Neural Network)	超分辨卷积神经网络

SSIM (Structural Similarity Index Measure)　　　结构相似度
SSM/I (Special Sensor Microwave/Image)　　　微波专用探测器/图像
SSM/T (Special Sensor Microwave/Temperature)　　　微波专用探测器/温度
STFT (Short–time Fourier transform)　　　短时傅里叶变换
Superheterodyne Receiver　　　超外差接收机
Temperature Resolution　　　温度分辨率
THz (Terahertz)　　　太赫兹
TMR (TOPEX microwave radiometer)　　　TOPEX 微波辐射计
TV (Total Variation)　　　全变差
UARS (Upper Atmosphere Research Satellite)　　　高层大气研究卫星
WIV (Windowed Inherent Variation)　　　窗口内固有变差
WRC (World Radiocommunication Conference)　　　世界无线电通信大会
WTV (Windowed Total Variation)　　　窗口总变差

索 引

0～9（数字）

54 GHz、425 GHz 图像融合结果（图） 189
54 GHz 接收机 99～101
 通道 99
 增益压缩仿真结果（图） 101
 增益压缩仿真链路 99、100（图）
54 GHz 实验结果 137
89 GHz 接收机 101、102
 通道 101
 增益压缩仿真结果（图） 102
 增益压缩仿真链路（图） 101
118 GHz、425 GHz 图像融合结果（图） 190
118 GHz 接收机 83～87、102、103
 本振模块仿真链路（图） 85
 本振模块谐波平衡仿真结果（图） 85、86
 通道 83、102
 原理框图（图） 84
 增益压缩仿真结果（图） 103
 增益压缩仿真链路（图） 102
118 GHz 接收机下变频模块 87～91
 参数（表） 87
 仿真链路（图） 88
 链路预算仿真结果（图） 89
 谐波平衡仿真结果（图） 89～91
118 GHz 实验结果 139
118 GHz 维纳滤波实验结果（图） 129
183 GHz、380 GHz 图像融合结果（图） 190
183 GHz 附近 3 个细分通道（图） 8
183 GHz 接收机 102、103
 通道 102
 增益压缩仿真结果（图） 103
 增益压缩仿真链路（图） 103
183 GHz 实验结果 141
183 GHz 维纳滤波实验结果（图） 130
380 GHz 不同插值算法实验结果（表） 182
380 GHz 超分辨重建算法实验结果（图） 183
380 GHz 接收机 91～98、104
 本振模块仿真链路（图） 93
 本振模块仿真结果（图） 94
 通道 91、104
 原理框图（图） 92
 增益压缩仿真结果（图） 104
 增益压缩仿真链路（图） 104
380 GHz 接收机下变频模块 94～98
 参数（表） 94
 仿真链路（图） 95

链路预算仿真结果（图） 96
　　谐波平衡仿真结果（图） 97、98
425 GHz 不同插值算法实验结果（表） 183
425 GHz 超分辨重建算法实验结果（图） 184
425 GHz 接收机 104、105
　　通道 104
　　增益压缩仿真结果（图） 105
　　增益压缩仿真链路（图） 105

A ~ Z（字母）

ATMS 辐射计（图） 8
Backus - Gilbert 反演算法 131
BG + 小波去噪处理前后的参数对比（表） 144、145
BG 反演算法 119、143、144
　　结果亮温数据分布曲线（图） 144
　　前后参数对比（表） 143
CNN 198、200、230
EDSR 网络 217、218
　　结构（图） 218
　　遥感图像超分辨 217
FY - 3A 星 MWTS、MWHS 150、151、154
　　对应通道模拟台风眼原始场景亮温图像（图） 151
　　对应通道台风眼模拟天线亮温图像（图） 154
　　各频段主要技术指标（表） 150
GRASP 58
Herschel 卫星搭载 HIFI 载荷（图） 10
ISR 200
MetOp 5
MTVZA - GY 辐射计（图） 8
MWHS 89.0 GHz（图） 168、169、179
　　里海附近地区实测结果（图） 179
　　索科特拉岛放大的原始亮温图像和增强图像结果（图） 169
　　亚丁湾附近地区实测结果（图） 168

MWHS 183.31 GHz 176、211、212
　　亮温图像处理结果（图） 211、212
　　图像仿真和处理结果（图） 176
MWHS 216、217
　　黄海与日本海附近地区实测数据处理结果（图） 216
　　日本南部地区放大的实测数据处理结果（图） 217
MWRI 117、145、184、191
　　高斯型归一化天线方向（图） 117
　　实测数据分析 145、184、191
MWTS 50.3 GHz（图） 155、165、166、178、211
　　爱琴海附近地区实测结果（图） 178
　　肯尼亚乌干达和坦桑尼亚地区实测结果（图） 165
　　亮温图像处理结果（图） 211
　　马拉维湖鲁、夸湖放大的原始亮温图像和增强图像结果（图） 165
　　通道（图） 155
　　维多利亚湖、图尔卡纳湖放大的原始亮温图像和增强图像结果（图） 166
MWTS 51.76 GHz（图） 166、167
　　肯尼亚乌干达和坦桑尼亚地区实测结果（图） 166
　　马拉维湖、鲁夸湖放大的原始亮温图像和增强图像结果（图） 167
　　维多利亚湖图尔卡纳湖放大的原始亮温图像和增强图像结果（图） 168
MWTS 54.94 GHz（图） 175、208 ~ 210
　　亮温图像处理结果（图） 208、210
　　图像仿真和处理结果（图） 175
　　应用不同降采样倍数评价指标变化量曲线（图） 210
MWTS 54.94 GHz 通道（图） 156、210
　　亮温图像处理前后相关参数对比（表） 210
MWTS、MWHS 176、212、213

不同频段亮温图像处理前后相关参数对比（表） 212

不同频段数据应用不同处理方法后的评价指标变化量曲线（图） 213、214

对应不同通道数据处理结果参数对比（表） 176

MWTS 两频段模拟数据（表） 157

NEΔT 对比（表） 157

处理结果相关参数对比（表） 157

MWTS 158、215

欧洲东南部地中海附近地区实测数据处理结果（图） 215

希腊地区放大的实测数据处理结果（图） 215

应用传统和改进算法结果的亮温分布曲线（图） 158

NN 198

NNI 173

RTV 算法 273

SFIM 算法 187、188

步骤 187

处理前后实验结果对比（表） 188

流程（图） 187

SIR 49

SRCNN 算法网络架构示意（图） 204

TV 算法 267~269

A~B

安检图像 259

澳大利亚北部海岸区域超分辨重建算法实验结果（图） 184

澳大利亚南部沿海区域 146、147

BG 反演算法结果（图） 147

澳大利亚西北部海岸区域 147、148

BG 反演算法结果（图） 148

巴拿赫空间重建技术 119

被动安检 261、270

常见噪声类型 261

成像 270

被动安检图像 264、272~275

分割 272

光学图像和分割结果（图） 275

样本（图） 264

被动安检图像特征 270、270（图）

结构分析 270

本振模块 85、86、93

输入功率 86

比尔定律 29

编队飞行技术 15

边缘保持指数 259

标准差 110

冰云探测 9

不同目标的 TV 算法去噪结果（图） 268

不同算法对应噪声均值标准差噪声标准差关系（图） 177

不需要参考图像评价指标 110

不依赖参考光的参数提取方法 36

C

参数提取方法 36

测试集评估 239、240

指标（图） 240

指标（表） 240

测试集数据评价与分析 221

插值 172、180

重采样 180

重建算法 172

算法 172

超分辨重建算法 180

实现步骤 180

超分辨算法处理示意（图） 201

成像结果（图） 267

抽取亮温数据分布曲线（图） 195

传统分割算法结果（图） 271

传统全变差模型　271

D

搭载 HIFI 载荷（图）　10
大气传输方程　28
大气对辐射能量传输影响　38
大气分子吸收与散射　29
大气辐射传输　28
大气辐射传输学　28
大气红外吸收气体的吸收带中心波长（表）　30
大气散射　31
大气吸收　29
等离子体鞘套电磁特性　12
迪克型辐射计　46
　　接收机　46
　　系统原理框图（图）　46
地基微波辐射计　78
　　定标　78
　　工作环境　78
地球气象观测　7
第二副反射面　70、71
　　角度变化仿真结果　71
　　位移变化仿真结果　70
第一副反射面　61、62、66
　　角度变化仿真结果　66
　　位移变化仿真结果　62
　　位置变化　61
电磁辐射　28
定标　81、91、99
　　误差分析　81
动态卫星通信网络　15
对地大气观测　7

E～F

俄罗斯 MTVZA-GY 辐射计（图）　8
俄罗斯北部海岸区域　145、146、185、191、192
　　BG 反演算法结果（图）　146
　　超分辨重建算法实验结果（图）　185
　　图像融合实验结果（表）　191、192
二维卷积层之间的映射关系（图）　199
二维小波变换类似　262
反射面天线　56～61
　　工作原理及主要参数　56
　　热形变对天线性能影响　59
　　天线辐射场分析软件　58
　　位变对天线性能影响　61
　　系统建模与仿真　58
反演　118
方差　259
方差和标准差　110
仿真场景（图）　237、238
　　分辨率匹配结果（图）　237
　　截面（图）　238
仿真图像位置信息　236
非过采样数据　171、172
　　空间分辨率增强　171
非线性映射层　206
飞秒激光　34
分辨率　111、238
　　相关因子　111
　　增强方法　238
　　增强因子　111
分辨率匹配　227、228、245
　　方法示意（图）　228
　　任务　245
分辨率提升（图）　234、247、248
　　等级调节示意（图）　234
　　结果（图）　247、248
分割阈值　274
峰值信噪比　112、259
风云四号微波载荷　99
辐射计　8、44、46、50、78

索引

　　定标方法　78
　　灵敏度　46
辐射计性能指标　257、258
　　绝对精度　258
　　灵敏度　258
　　线性度　257

G ~ H

改进维纳滤波去卷积算法　148、149
　　原理　149
高分辨遥感图像重构层　206
高斯噪声图像的直方图估计（图）　263
各通道仿真的天线亮温图像参数（表）　114
工作流程示意（图）　220
固定分辨率匹配等级评价　236
光辐射　31
光和粒子相互作用　31
光谱辐射强度变化规律　28
国内外辐射计定标方法　78
国外典型太赫兹安检成像仪产品及参数（表）　256
过采样数据　125、126
　　空间分辨率增强　125
过采样通道分辨率增强技术　126
航天飞机再入时被热等离子体鞘套包覆情形（图）　12
毫米波太赫兹探测仪　115 ~ 118、186
　　归一化天线方向（图）　116
　　天线亮温图像（图）　117、118
　　五个频段正演亮温图像（图）　115
黑体辐射定律　26
红外探测通道　7

J

基本网络　230
基于 EDSR 网络的遥感图像超分辨　217
基于 SRCNN 遥感图像超分辨　204
基于卷积神经网络的遥感图像超分辨　198
基于可调网络的遥感图像分辨率匹配　227
基于平滑滤波的亮度调节算法　186
基于深度学习的遥感图像复原　197
基于太赫兹链路的动态卫星通信网络　15
基于学习的超分辨算法处理示意（图）　201
激活函数曲线（图）　205
检波与定标　91、99
降采样倍数　207
降水预报　52
椒盐噪声图像的直方图估计（图）　263
接收机　82、83、99
　　参数设置（表）　83
　　关键参数　82
　　通道仿真　83
　　通道增益压缩仿真　99
　　系统仿真　82
　　增益压缩　99
接收通道增益压缩仿真结果数据整理（表）　105
结构相似度　113
静止轨道主要微波通道参数设置（表）　82
具有代表性的太赫兹人体安检成像系统（表）　18
卷积操作示意（图）　232
卷积层滤波器大小　210
卷积神经网络　198、204
　　图像复原框架流程（图）　204
绝对精度　258
均方误差　112、259
均值　110、258
　　表征　110

K

可调分辨率匹配任务流程　234、235（图）
可调网络 N_a^γ（图）　246 ~ 248
　　典型输出点及其拟合曲线（图）　246
　　分辨率提升结果（图）　247、248

可调网络分辨率匹配任务　245
客观评价　258、259
　　边缘保持指数　259
　　方差　259
　　峰值信噪比　259
　　均方误差　259
　　均值　258
　　平均梯度　259
空基微波辐射计定标　79
空间分辨率　47、49
空间概念　275
空间太赫兹　11、108
　　辐射计感知目标　108
　　技术应用　11
空间太赫兹遥感技术　2、3、7、18
　　发展　3
　　应用　7
空间太赫兹遥感　25、107
　　理论　25
　　图像　107
空间探测雷达　16
空间通信　11
库珀拉诺夫岛实测图像复原结果
　　（图）　226

L～N

朗伯定律　29
雷达路径积分衰减估算　53
连接特性表示（图）　199
连续体吸收　40
链路预算仿真　87、96
亮度调节算法　186
临近空间平台测控通信网示意（图）　15
灵敏度　50、258
六个频点的接收通道增益压缩仿真结果数据
　　整理（表）　105
美国 F6 项目示意（图）　16

美国密歇根湖周围的实测图像复原结果
　　（图）　225
米散射　32
　　三种尺度粒子散射光强的角分布（图）　32
　　特点　32
模拟场景评估　236
模拟数据仿真　150
　　分析　175、207
模拟数据分析　137、155、182、188
模拟天线　153、154
　　方向图衰减函数　153
　　亮温图像　154
墨西哥和太平洋周围的实测图像复原结果
　　（图）　226
逆滤波　182

P～R

平滑滤波亮度调节算法　186
平均结构相似度　113
平均梯度　111、259
普朗克黑体辐射定律　26
气体成分探测　9
强对流预警与降水预报　52
全变差　265、271
　　模型　265、271
　　去噪　265
全功率型辐射计　44、45、81
　　系统组成框图（图）　45
　　周期定标方法　81
全功率型微波辐射计接收机　45
权值函数（图）　219
人工增雨潜力判别　52
人体安检成像技术　254
瑞利-琼斯定律　27
瑞利散射　31

S

三次样条插值　181

三反射面天线 GRASP 仿真模型（图） 59
三种激活函数曲线（图） 205
散射计图像重建算法 49
深层残差 CNN 230、231
    结构（图） 231
深度学习技术 120
深空探测 9
神经网络 198
实测数据 163、177、214、224
    处理与分析 163、177、214
    评价与分析 224
实际 18.7 GHz MWRI 数据分辨率匹配结果（图） 243、244
实际数据测试 241
实验结果 128、236
    分析 128
时间分辨太赫兹光谱 37
    技术 37
    系统（图） 37
使用不同的训练方法时自适应网络 N_a 的评估结果（表） 246
输出点及其拟合曲线（图） 246
数值试验研究 53
双三次插值 174
    算法 174
双线性插值 173、174、181
    理论 173
    理论框图（图） 174
    算法 173
    原理示意（图） 181

T

太赫兹安检成像仪产品及参数（表） 256
太赫兹波 2、9、11、33、38
    吸收与衰减 38
    与大气相互作用 33
太赫兹波段 9、14~16
    雷达载荷 16
    探测 9
    星间链路 15
太赫兹波谱 33
太赫兹成像技术 256
太赫兹发射光谱 38
    技术 38
    系统（图） 38
太赫兹反射面天线及其容差分析 55
太赫兹辐射基本理论 26
太赫兹辐射计 44、47、50~52、77~82、118、119、126、163
    空间分辨率 47
    类型 44
    两点定标法 80
    图像复原目的 119
    相关应用 51
    指标 50
太赫兹辐射计定标 77~82
    方法 79
    误差 82
    与接收机链路 77
    原理 79
太赫兹光谱 6、33
    技术优势 33
    应用 6
太赫兹技术研究 6
太赫兹抗黑障干扰测控通信技术 12
太赫兹雷达 16、17
    系统研究情况（表） 17
太赫兹人体安检成像 18、254、257、260
    技术现状 254
    去噪算法 260
    系统 18、18（表）
    指标 257
太赫兹人体安检图像特征提取与图像分割 270

太赫兹人体安检仪 256
太赫兹深空探测载荷 10
太赫兹时域光谱技术 33
太赫兹时域光谱仪系统示意（图） 34
太赫兹通信系统研究情况（表） 11
太赫兹遥感 3、7、43、108、114、253
 大气探测 3
 反演 108
 分辨率增强技术 114
 辐射测量 43
 辐射计 43
 无源遥感技术 7
 在人体安检中的应用 253
太阳紫外辐射 29
天馈系统 56、57
 参数及指标 57
 基本组成及工作原理 56
天线第二副反射面 69~74
 位变方向示意（图） 69
 位变仿真分析 69
 位置变化 69
天线第一副反射面 61~69
 位变方向示意（图） 62、69
 位变仿真分析 61
天线方向图 61、115、136
 投影到地面表示（图） 136
 形状指标变化 61
天线方向系数 57
 增益 57
天线亮温图像 114、117
 参数（表） 114
天线噪声 58
天线主波束效率 57
天线主反射面热形变（表） 60、61
 仿真结果（表） 60
 前后指标对比（表） 61
调整的权值函数（图） 219

图像测试结果（表） 221
图像超分辨 200、201
 算法 201
图像分辨率 180
图像分割 270、272
图像去噪质量评价指标 258
图像融合 186、194
 技术 186
 算法 194
图像特征提取 270
图像域PSF（图） 220

W~X

网络结构 230
微波大气吸收谱（图） 30
微波辐射 201
微波辐射计各通道模拟天线方向图衰减函数（图） 153、154
维多利亚湖图像融合实验结果 194（表）、194（图）
维纳滤波去卷积算法 119、126、128、149
稳定性 51
吸收带中心波长（表） 30
系统噪声 260
下变频模块 87、93
 工作过程 87
线吸收 39
线性度 51、257
相对全变差算法结构特征提取 271
小波变换和傅里叶变换 262
小波去噪结果（图） 269
小波域安检图像噪声类型估计 262
谐波平衡仿真 87、96
星间链路 15
星载辐射计 51
星载微波成像仪观测几何模型（图） 131
星载微波辐射计定标 79

形变数据添加前后天线方向图对比
（图） 60

选中区域放大后效果（图） 185

Y～Z

亚马孙河流域 193
　　图像融合实验结果 193（表）、193（图）

遥感 108、109、114
　　本质反演 108
　　反演研究 109
　　分辨率增强技术 114

遥感图像 108～110、198～201、204、205、217、227
　　超分辨 198～200、204、217
　　处理 199
　　分辨率匹配 227
　　特征提取和表示层 205
　　退化模型 108、109（图）、201
　　质量评价指标 110

遥感图像复原 118、197
　　技术 118

一对测试集图像及其分辨率匹配结果（图） 242

应用于太赫兹安检成像的全变差去噪 265

阈值分割 273、274
　　算法流程 274

原始场景亮温图像 150

噪声 50、151、261、264
　　等效温差 151
　　对图像的影响（图） 261
　　估计直方图（图） 264
　　类型 261
　　系数 50

增强因子 111

真空太赫兹源技术研究 6

周期两点定标法 79

主波束效率 57

主反射面形变 74

主观评价 259、260

自适应网络 N_a 的评估结果（表） 246

综合场景平均评价指标（表） 239

最大熵的阈值分割算法流程 274

最邻近插值 173

（王彦祥、毋栋　编制）

《国之重器出版工程》
编辑委员会

编辑委员会主任：苗　圩

编辑委员会副主任：刘利华　辛国斌

编辑委员会委员：

冯长辉	梁志峰	高东升	姜子琨	许科敏
陈　因	郑立新	马向晖	高云虎	金　鑫
李　巍	高延敏	何　琼	刁石京	谢少锋
闻　库	韩　夏	赵志国	谢远生	赵永红
韩占武	刘　多	尹丽波	赵　波	卢　山
徐惠彬	赵长禄	周　玉	姚　郁	张　炜
聂　宏	付梦印	季仲华		

专家委员会委员（按姓氏笔画排列）：

于　全	中国工程院院士
王　越	中国科学院院士、中国工程院院士
王小谟	中国工程院院士
王少萍	"长江学者奖励计划"特聘教授
王建民	清华大学软件学院院长
王哲荣	中国工程院院士
尤肖虎	"长江学者奖励计划"特聘教授
邓玉林	国际宇航科学院院士
邓宗全	中国工程院院士
甘晓华	中国工程院院士
叶培建	人民科学家、中国科学院院士
朱英富	中国工程院院士
朵英贤	中国工程院院士
邬贺铨	中国工程院院士
刘大响	中国工程院院士
刘辛军	"长江学者奖励计划"特聘教授
刘怡昕	中国工程院院士
刘韵洁	中国工程院院士
孙逢春	中国工程院院士
苏东林	中国工程院院士
苏彦庆	"长江学者奖励计划"特聘教授
苏哲子	中国工程院院士
李寿平	国际宇航科学院院士

李伯虎	中国工程院院士
李应红	中国科学院院士
李春明	中国兵器工业集团首席专家
李莹辉	国际宇航科学院院士
李得天	国际宇航科学院院士
李新亚	国家制造强国建设战略咨询委员会委员、中国机械工业联合会副会长
杨绍卿	中国工程院院士
杨德森	中国工程院院士
吴伟仁	中国工程院院士
宋爱国	国家杰出青年科学基金获得者
张　彦	电气电子工程师学会会士、英国工程技术学会会士
张宏科	北京交通大学下一代互联网互联设备国家工程实验室主任
陆　军	中国工程院院士
陆建勋	中国工程院院士
陆燕荪	国家制造强国建设战略咨询委员会委员、原机械工业部副部长
陈　谋	国家杰出青年科学基金获得者
陈一坚	中国工程院院士
陈懋章	中国工程院院士
金东寒	中国工程院院士
周立伟	中国工程院院士

郑纬民　　中国工程院院士
郑建华　　中国科学院院士
屈贤明　　国家制造强国建设战略咨询委员会委员、工业和信息化部智能制造专家咨询委员会副主任
项昌乐　　中国工程院院士
赵沁平　　中国工程院院士
郝　跃　　中国科学院院士
柳百成　　中国工程院院士
段海滨　　"长江学者奖励计划"特聘教授
侯增广　　国家杰出青年科学基金获得者
闻雪友　　中国工程院院士
姜会林　　中国工程院院士
徐德民　　中国工程院院士
唐长红　　中国工程院院士
黄　维　　中国科学院院士
黄卫东　　"长江学者奖励计划"特聘教授
黄先祥　　中国工程院院士
康　锐　　"长江学者奖励计划"特聘教授
董景辰　　工业和信息化部智能制造专家咨询委员会委员
焦宗夏　　"长江学者奖励计划"特聘教授
谭春林　　航天系统开发总师